MARGARET ALIC

HYPATIAS TÖCHTER

MARGARET ALIC

HYPATIAS TÖCHTER

Der verleugnete Anteil der Frauen
an der Naturwissenschaft

Aus dem Englischen von Rita Peterli

UNIONSVERLAG
ZÜRICH

Der Titel der englischen Originalausgabe lautet *Hypatia's Heritage,*
sie erschien bei *The Women's Press Ltd., London*
© 1986 by Margaret Alic

2. Auflage 1991
© der deutschen Ausgabe by Unionsverlag 1987
Gletscherstraße 8 a, CH-8034 Zürich, Telefon (0041) 01 / 55 72 82

Umschlaggestaltung: Heinz Unternährer, Zürich
Umschlagfoto (Emilie du Châtelet): Archiv für Kunst und Geschichte, Berlin (West)
Gesamtherstellung: Clausen & Bosse, D-2262 Leck

ISBN 3-293-00116-5

INHALT

DANKSAGUNG

Im Laufe der Jahre haben viele Menschen zur Entstehung dieses Buches beigetragen.

Debbie Lev war von Anfang an Teil des Unternehmens. Gemeinsam erforschten wir die Geschichte der Frauen in der Wissenschaft, gemeinsam leiteten wir die Kurse für Frauenstudien, und das war der Nährboden, auf dem dieses Buch entstand. Meine Diskussionen mit Debbie waren äußerst wertvoll. Sie las und kritisierte Teile des Manuskriptes.

John Alic, Nick Allen, Howard Cutler, Esther Lev, Deb Simes, Lillie Wilson und Andy Wiselogle lasen ebenfalls verschiedene Kapitel und brachten hilfreiche Vorschläge und Ideen ein. Lembi Kongas half mir weiter, als ich mich im Labyrinth anthropologischer Theorien zu verlieren drohte. Jim und Anita Alic, Bella Brodzki, Shirley Lev, Jonathan Potkin, Marjorie Speirs, Noam Stampfer und Jeff Zucker, sie alle trugen auf ihre Weise zur Fertigstellung des Buches bei. Ihnen allen bin ich dankbar für ihre unablässigen Ermutigungen.

Dale Spender las nicht nur das Manuskript und machte verschiedene Verbesserungsvorschläge, sie setzte sich auch tatkräftig für die Veröffentlichung des Buches ein.

Den Herausgeberinnen von The Women's Press, Ros de Lanerolle und Jen Green, sowie den Verantwortlichen des Women's Studies Program der Portland University danke ich für ihr Vertrauen in das Unterfangen. Es hätte auch niemals vollendet werden können ohne die wertvolle Unterstützung durch die Bibliothekare an den Fernleihe-Abteilungen der Multinomah County Library, der Portland State University und des Oregon Graduate Center.

Michael R. Smith opferte seine Zeit, um sämtliche Manuskripte zu redigieren, ausgenommen die letzten Kapitel. Wenn das Buch Erfolg hat, ist es zu einem großen Teil seiner Arbeit zuzuschreiben. Er war der perfekte Bearbeiter.

All diesen Menschen bin ich für Beiträge und Ermunterung zu Dank verpflichtet. Alleinige Verantwortung für etwaige Fehler dagegen trage ich. In einem so neuen Gebiet der Geschichtsforschung sind Irrtümer leider unvermeidlich, und die Untersuchung der Geschichte der Frauen hat ja eben erst begonnen.

Margaret Alic, Portland, Oregon, Juli 1985

EINLEITUNG

Naturwissenschaft ist jenes Wissensgebiet, das den Kosmos beschreibt, definiert und soweit als möglich erklärt. Sie handelt von der Materie, aus der das Weltall besteht, den Lebewesen, die es bewohnen, und den physikalischen Gesetzen, denen es gehorcht. Dieses Wissen sammelt sich in einem langsamen, zähen Prozeß des Spekulierens, Experimentierens und Entdeckens an, der so alt ist wie die Menschheit selbst. Und Frauen haben darin stets eine wesentliche Rolle gespielt.

Trotzdem betrachten wir Naturwissenschaft als eine Sache von Männern, mehr noch, wir denken dabei nur an die ganz wenigen Männer – Aristoteles, Kopernikus, Newton, Einstein –, die unser Weltbild drastisch verändert haben. Dabei hat die Geschichte der Naturwissenschaft weit mehr zu bieten. Es ist die Geschichte von Tausenden von Menschen, die Erkenntnisse und Theorien zum Wissensstand ihrer Epoche beitrugen und damit entscheidende Entwicklungen ermöglichten. Viele davon waren Frauen, doch ihre Geschichte blieb bis heute praktisch unbekannt.

Dieses hier ist nun die Geschichte der Frauen in den Naturwissenschaften. Sie beginnt in vorgeschichtlicher Zeit und endet mit der letzten Dekade des neunzehnten Jahrhunderts – dort, wo Marie Curie die Geheimnisse der Radioaktivität entdeckt. Ihr Werk sollte nicht nur unser Verständnis des physikalischen Universums, sondern auch die Strukturen wissenschaftlicher Forschung und die Position der Frau als Naturwissenschaftlerin grundlegend verändern.

Das vorliegende Buch will die Leistungen von Frauen in Naturwissenschaft und Mathematik aufzeigen. Dabei ist anzumerken, daß die Mathematik im neunzehnten Jahrhundert bereits einen Punkt erreicht hat, an dem sie nur noch von Fachleuten wirklich verstanden werden kann. Es ist also hier nicht möglich, die Forschungsbeiträge der Mathematikerinnen im Detail zu erklären. Anderen bleibt es auch überlassen, die immensen Leistungen der Frauen in der Entwicklung der

Sozialwissenschaften zu würdigen. Die Medizin wiederum berührt sowohl das Gebiet der Natur- als auch das der Sozialwissenschaften. Die Stellung der Frau in den medizinischen Berufen war immer eng verbunden mit ihrem Status in anderen Wissenschaftsbereichen, und eine Geschichte der Frauen in den Naturwissenschaften muß daher die Ärztinnen mit einbeziehen. Allerdings wird hier das Gewicht mehr auf ihre wissenschaftlichen Beiträge zur Medizin gelegt als auf ihre Leistungen als praktische Medizinerinnen.

Auch die Unterscheidung zwischen Wissenschaft und Technik ist oft schwierig. In diesem Fall will das Buch vor allem die technologischen Entwicklungen von Frauen hervorheben, die entweder aus ihren eigenen naturwissenschaftlichen Studien hervorgingen oder aber diese Forschung direkt vorantrieben.

Leider ist die Geschichte der Naturwissenschaften, die wir kennen, vorwiegend an westlichen Ländern orientiert. Die Rolle der Frau in der unabhängigen, hochentwickelten naturwissenschaftlichen Tradition Chinas beginnt man eben erst zu entdecken. Andere Gesellschaften und Kulturen der Welt entwickelten ihre eigene, und sicherlich leisteten Frauen auch da namhafte Beiträge. Darauf einzugehen ist jedoch nicht Intention dieses Buches.

Auch das reiche und bedeutsame Erbe amerikanischer Naturwissenschaftlerinnen wird hier außer acht gelassen, obwohl die erste Amerikanerin, die in den Naturwissenschaften Hervorragendes leistete, die Astronomin Maria Mitchell, in der Mitte des neunzehnten Jahrhunderts lebte. Sie war die erste in einer langen, weitverzweigten Reihe hervorragender Wissenschaftlerinnen, die an Frauen-Colleges lehrten. Diese Tradition bestand bis weit ins zwanzigste Jahrhundert hinein. Die Geschichte der Maria Mitchell und anderer amerikanischer Naturwissenschaftlerinnen des späten neunzehnten Jahrhunderts würde den Rahmen dieses Buches bei weitem sprengen.

Voraussetzungen für wissenschaftliche Arbeit sind Intelligenz, Kreativität, Bildung und Zielstrebigkeit. Folgerichtig ist die Geschichte der Wissenschaft immer die Geschichte einer ausgewählten Gruppe von Menschen. Der Anteil der Frauen daran ist leider noch exklusiver. Meist kamen sie aus privilegierten, reichen Familien, die sich Bildung und das Verfolgen wissenschaftlicher Interessen leisten konnten, obwohl die Frauen von den Bildungsinstitutionen und von offiziellen und inoffiziellen Sachverbänden ihrer männlichen Kollegen ausgeschlossen waren. Es gibt nur wenige, wenn auch entscheidende Ausnahmen von dieser Regel.

So wie sich die gesellschaftliche Stellung der Wissenschaftlerinnen grundlegend von der ihrer männlichen Kollegen unterschied, so verschieden war auch der größte Teil ihrer wissenschaftlichen Arbeit. Frauen mußten für eine wissenschaftliche Laufbahn enorme Hindernisse überwinden, sehr oft auf Kosten ihres Privatlebens. Diese Entscheidungen trafen sie ausschließlich in eigener Verantwortung. Die Gesellschaft stützte sie dabei in keiner Weise. Und doch leisteten diese Frauen Wesentliches für die Wissenschaft. Um die Größe dieser Leistungen gerecht zu beurteilen, müssen wir die Bedingungen berücksichtigen, unter denen sie entstanden sind.

Zu gewissen Zeiten war eine Naturwissenschaftlerin eine äußerst seltene Erscheinung, gleichsam ein kulturelles Kuriosum. Zu anderen Zeiten war es durchaus üblich, daß Frauen naturwissenschaftlichen Studien nachgingen, aber ihre Leistungen wurden von der Allgemeinheit nicht zur Kenntnis genommen. So stellen die Naturwissenschaftlerinnen, die in die Geschichte eingingen, sicherlich nur einen winzigen Teil aller Frauen dar, die naturwissenschaftlich tätig waren. Die Geschichte einer einzigen Frau könnte für eine gesellschaftliche Subkultur stehen, die man bisher schlechterdings ignorierte. Deshalb ist es wichtig, nicht nur die Frauen zu berücksichtigen, die nachweisbare Beiträge zur Naturwissenschaft lieferten, sondern auch solche, die sich wissenschaftlichen Interessen widmeten, ohne besondere Spuren zu hinterlassen. Nur so erhält man ein realistisches Bild des nie erlahmenden Interesses und der Fähigkeit der Frauen auf dem Gebiete der Naturwissenschaften. Gerade in Gesellschaften, in denen Frauen sich besonders intensiv mit Naturwissenschaften befaßten, sollten Historiker nach den vergessenen Naturwissenschaftlerinnen der Vergangenheit forschen.

Die überlieferte Geschichte der westlichen Gesellschaften ist eine Geschichte der Männer. Die Geschichtsbücher sind Zeugen dieser Vorherrschaft. Sie lassen die Frauen weitgehend aus. Je wichtiger Wissenschaft und Technik in diesen patriarchalischen Gesellschaften wurden, desto systematischer wurde die wissenschaftliche Arbeit von Frauen abgewertet. Je mehr sich die Menschen, Männer und Frauen, für Wissenschaft und Technik interessierten, desto vehementer wurde die Behauptung verfochten, Frauen seien zu wissenschaftlicher Arbeit nicht fähig. Heute wird unsere Gesellschaft von Wissenschaft und Technik beherrscht, und wiederum hören wir, daß wissenschaftliche Kreativität den Frauen abgehe.

Aber jetzt schlagen die Frauen zurück. Sie wehren sich gegen diese patriarchalische Haltung. Sie behaupten, daß Frauen, auch Wissenschaftlerinnen, die Welt verändern können. Die geschichtliche Rolle der Frauen in der Entwicklung der Naturwissenschaften wiederzuentdecken, ist ein Schritt auf dem Weg zu diesen Veränderungen.

Im März 1696 gelangte der Alchimist, Philosoph und ›gelehrte Zigeuner‹ Francis Mercury van Helmont nach Hannover. Er begegnete dort Gottfried Wilhelm von Leibniz, dem Begründer der modernen deutschen Naturwissenschaft, und dessen engster Mitarbeiterin, der Kurfürstin Sophie von Hannover. Van Helmont brachte ein kürzlich erschienenes Buch mit, ›The Principles of the Most Ancient and Modern Philosophy‹, das zu einem Eckstein für Leibniz' neue Naturphilosophie werden sollte. Es beeinflußte grundlegend die Entwicklung der Naturphilosophie des achtzehnten Jahrhunderts und die Entstehung der modernen Naturwissenschaft. Die Titelseite der ›Principles‹ nannte keinen Autorennamen, aber im Vorwort wurde das Werk einer gewissen englischen Gräfin zugeschrieben, ›einer für ihr Geschlecht überaus gelehrten Frau, die Latein und Griechisch beherrschte und in allen Sparten der Wissenschaft außerordentlich bewandert war‹. Die englische Gräfin war Lady Anne Finch Conway, eine jener von der Wissenschaftsgeschichte ›vergessenen‹ Frauen.

Anne Conway ist kein Einzelfall. Hunderte von Wissenschaftlerinnen werden in den Geschichtsbüchern überhaupt nicht erwähnt. Dabei trugen Frauen in jeder Gesellschaft und in jeder historischen Epoche zur Entwicklung von Wissenschaft und Technik bei. Sie brachten Techniken hervor, entwarfen Apparate und spekulierten über die Natur des Universums. Wie Anne Conway ersannen sie wissenschaftlich-philosophische Systeme, um die Welt, die sie umgab, zu erklären und ihre eigenen empirischen Beobachtungen mit den Anforderungen der herrschenden Moral und Religion in Einklang zu bringen. Und wie Anne Conway wurden sie alle von der Geschichtsschreibung ignoriert.

Die Geschichte der Lady Conway ist eine sehr passende Einführung in die Geschichte der Frauen in der Wissenschaft. Sie verkörpert den Typ der Wissenschaftlerin früherer Zeiten schlechthin: Dem Adelsstand angehörig, erwirbt sie sich ihr Wissen in strengem Selbststudium, leistet ihren Beitrag zur Wissenschaft und wird vergessen. Ihre Naturphilosophie ist einer der letzten Versuche, geistige und materielle Welt zu einer organischen Einheit zu verschmelzen. Eine ganze Epoche lang stand Anne Conways ›vitalistische‹ Naturphilosophie, basierend auf einem Universum von grundsätzlich unteilbaren Partikeln, den ›Monaden‹, deren jede ihre eigene Lebenskraft besaß, in einsamem Gegensatz zum mechanistischen Weltbild, das ausschließlich auf mathematischen Gesetzen beruhte, wie sie René Descartes und Sir Isaac Newton entwickelt hatten.

Auch heute ist Anne Conway praktisch unbekannt, trotz des wiedererwachten Interesses an vitalistischer Philosophie von seiten einiger wissenschaftlicher Schulen. Aufgrund der damaligen Gepflogenheiten versäumte man, ihren Namen auf der Titelseite ihrer wichtigsten Abhandlung zu nennen, und das Werk wurde dem Herausgeber Francis van Helmont zugeschrieben. So wurde Anne Conway aufgrund ihres Geschlechtes um die verdiente Anerkennung gebracht. Vielen anderen Frauen erging es nicht besser. Man schob ihre Arbeiten männlichen Kollegen unter, die man posthum zu Assistenten oder Gehilfen umfunktionierte, oder man unterschlug in der Geschichte ganz einfach ihre Existenz. Von diesen Frauen handelt die vorliegende Chronik. Mit Anne Conway zu beginnen, ist sicher kein schlechter Einstieg.

Anne Finch kam im Dezember 1631 im Londoner Kensington House, dem heutigen Kensington Palace, zur Welt. Mit zwölf Jahren machte sie ein bösartiges Fieber durch, das heftige Migräneanfälle hervorrief. Diese Anfälle sollten sie ihr ganzes Leben hindurch zunehmend häufiger und schmerzhafter plagen. Typisch für das siebzehnte Jahrhundert schrieb ihre Familie diese Kopfschmerzen dem übereifrigen Studium zu. Anne beherrschte nämlich schon sehr früh verschiedene Sprachen und zeigte ernsthaftes Interesse an Naturwissenschaft und Philosophie.

Nur wenige Frauen des siebzehnten Jahrhunderts kamen in den Genuß einer regulären Bildung. Anne Conway war eine von ihnen. Ihr älterer Bruder John beschaffte ihr Bücher und leitete sie zum Studium an. Als erstes machte er sie mit den Ideen des französischen Naturphilosophen Descartes bekannt, dessen Werk zum Brennpunkt der wissenschaftlichen Revolution wurde. Einer seiner Cambridger Professoren, der Platoniker Henry More, verbreitete erstmals in England Descartes' Gedankengut. Ungefähr 1650, kurz bevor John nach Italien abreiste, wandte sich Anne selbst schriftlich an More und bat ihn um Hilfe in ihren Studien. Das war ein recht außergewöhnlicher Schritt. Zu einer Zeit, als man von Frauen im allgemeinen nur Interesse an Hauswirtschaft erwartete. Aber dieser Schritt war der Beginn einer nahezu dreißig Jahre dauernden Beziehung, aus der beide, Anne und Henry More, geistige und emotionale Nahrung schöpften. More begann, für Anne Descartes zu übersetzen, und seine frühesten Briefe, der Anfang einer umfangreichen Korrespondenz, waren Abhandlungen über die kartesianische Philosophie, der sie beide später sehr kritisch gegenüberstehen sollten.

Im Alter von 19 Jahren heiratete Anne Finch den Vicomte Edward Killultagh, den ersten Grafen von Conway. Die häufigen geschäftsbedingten Abwesenheiten des Ehemannes ließen der jungen Gräfin jede nur gewünschte Zeit für wissenschaftliche Betätigung. Sie studierte für sich allein Mathematik und Astronomie und gemeinsam mit einem Privatlehrer die altgriechische Geometrie des Euklid.

Anne Conways Freundschaft mit Henry More wuchs stetig. Nach Übersiedlung der Conways von London nach Ragley Hall in Warwickshire war More anfangs ein häufiger Gast, später wohnte er dann in ihrem Haus. Im Juli 1653 begannen Anne Conway und Henry More mit dem Studium der ›Kabbala‹, der mittelalterlichen jüdischen Geheimlehre, die eine wichtige Quelle aller alchimistischen Theorien bildete. Nicht zufällig stützte Anne ihre Philosophie auf die alten Traditionen von Alchimie und Kabbala, behandeln diese doch männliches und weibliches Prinzip als gleichwertig.

Gleichzeitig verschlechterte sich Anne Conways Gesundheitszustand. Nach einem Pockenanfall, der 1660 ihren zweijährigen Sohn dahinraffte, wurde sie die erschöpfenden Schmerzzustände, die sie häufig an der Arbeit hinderten, überhaupt nicht mehr los. Ihre zahlreichen Ärzte brachten ihr keine Hilfe, im Gegenteil, nach deren Quecksilberbehandlungen entging sie zweimal nur knapp dem Tod. Der große Doktor William Harvey erklärte sie ebenso für unheilbar wie der berühmte Geistheiler Valentine Greatrakes. Nach 1664 verließ Anne Conway Ragley Hall nie mehr.

Der Name des romantischen, schon legendären Francis Mercury

Helmont erscheint erstmals 1654 in den Briefen, die John Finch seiner Schwester aus Italien sandte. Helmont war der Herausgeber der ›Kabbala Denudata‹, der umfangreichsten Sammlung lateinischer kabbalistischer Abhandlungen. Als Sohn eines berühmten Iatrochemikers, eines Arztes also, der den Körper als chemisches System betrachtete und alchimistische Prinzipien in der Medizin anwandte, glaubte man ihn im Besitze eines Allheilmittels. Finch hoffte, dieses Mittel könnte Anne Linderung bringen.

Van Helmont kam 1670 nach England und überbrachte Henry More Briefe einer anderen gelehrten Frau, Elisabeth von Böhmen. Er plante einen vierwöchigen Aufenthalt in England ein und blieb letzten Endes fast zehn Jahre. Die meiste Zeit verbrachte er in Ragley Hall, wo er mit More zusammen ein chemisches Laboratorium einrichtete. Wie allen anderen zuvor gelang es auch ihm nicht, die Migräneanfälle der Gräfin zu mildern. Doch Ragley Hall wurde trotzdem zu einem intellektuellen Zentrum mit Anne Conway als Mittelpunkt.[1]

Anne Conway blieb eine unabhängige Denkerin, obwohl sie im Schatten zweier Männer lebte, die sicher zu den gelehrtesten ihrer Generation zählten. Sie schuf eine neuartige, umfassende philosophische Synthese, die weit über die Werke Mores und Van Helmonts hinausging. Die Wissenschaft des siebzehnten Jahrhunderts begann gerade, die alten christlichen Vorstellungen anzufechten, und Anne hoffte, ihre Religion mit den neuen wissenschaftlichen Theorien in Einklang bringen zu können: Als eine der ersten erörterte sie öffentlich die Philosophie Descartes'. Dieser hatte das Universum als sich mechanistisch bewegende Materie proklamiert, in der jedes organische Lebewesen lediglich als kleine Maschine funktionierte. Nur der Mensch besaß eine Seele, die von der materiellen Welt total getrennt war. Anne Conway bestritt diese Trennung von Materie und Geist und behauptete, die beiden seien unabdingbar miteinander verbunden. Für sie war die Natur nicht eine kosmische Maschine, sondern ein lebendiges Ganzes, bestehend aus individuellen Einheiten, Monaden, mit eigener Lebenskraft, organisiert und zusammengehalten von einem kosmischen Ordnungsprinzip. Materie und Geist waren austauschbar.

Wie viele Naturwissenschaftler des siebzehnten und achtzehnten Jahrhunderts glaubte auch Anne Conway, daß die verschiedenen Pflanzen- und Tierarten Teil einer ununterbrochenen Reihe von Lebewesen seien, die in hierarchischer Ordnung von einfachsten zu immer komplexeren Formen aufstiegen und, auf Erden, im Menschen gipfelten. Die autodidaktische Philosophin und Feministin Lady Mary Lee Chudleigh (1656–1710) schrieb: »So, wie wir unter uns eine Abfolge zahlloser Lebewesen sehen, von denen jedes etwas weniger vollkommen ist als das unmittelbar über ihm stehende, bis sie zuletzt in einem Punkt, einem nicht weiter teilbaren festen Partikel enden, so haben wir Grund anzunehmen, daß auch über uns eine beinah unendliche Anzahl von Wesen existieren, die uns so weit überragen wie wir das kleinste Insekt oder die winzigste Pflanze.«[2] Anne Conways beharrliche Behauptung, daß sich die Materie der Monaden wandeln könne, bereitete den Weg für die Entwicklung der modernen Evolutionstheorien.

Nach dem Tod von Anne Conway im Jahre 1679 kehrte van Helmont mit einer Anzahl ihrer Schriften auf den Kontinent zurück. Darunter befand sich das zwischen 1671 und 1675 geschriebene Notizbuch, das ihr philosophisches System enthielt. Van Helmont glaubte an die bleibende Bedeutung dieses Werkes und sorgte deshalb 1690 in Holland für eine Edition in lateinischer Übersetzung. Zwei Jahre später wurde die Abhandlung ins Englische zurückübersetzt und in London publiziert. Es trug den Titel ›The Principles of the Most Ancient and Modern Philosophy, Concerning God, Christ, and the Creature; that is, concerning Spirit, and Matter in General‹. Die Schrift sollte eine weit größere Bedeutung erlangen, als ihr geringer Umfang und die beschränkte Leserzahl vermuten ließen.

Noch bevor Helmont nach Hannover kam, hatte Leibniz von seiner Schülerin und Freundin, der Kurfürstin Sophie von Hannover, zwei philosophische Schriften Helmonts erhalten und mit ihr lange darüber korrespondiert. Nach seinem Eintreffen konnte Van Helmont den beiden die Ideen Anne Conways in ausführlichen Diskussionen darlegen. Leibniz' eigene Philosophie war erst im Entstehen, und innerhalb weniger Monate gebrauchte er den Begriff ›Monade‹ zur Beschreibung der Urmaterie. So ging Anne Conways Auffassung von der Monade als dem unteilbaren Grundbaustein aller Materie und jeden Lebens in Leibniz' philosophisches System, die ›Monadenlehre‹, ein.

Als Leibniz das Werk Anne Conways las, waren Sir Isaac Newtons ›Principia‹ schon veröffentlicht. Er stellte den willkürlich gesetzten mechanistischen Hypothesen Descartes' ein mechanistisches Weltbild gegenüber, das auf mathematischen Gesetzen beruhte. Im Gegensatz zu beiden, dem kartesianischen mechanistischen Universum und dem Universum Newtons, das aus Partikeln bestand, die der Schwerkraft gehorchten, schlug Leibniz ein Universum der Monaden vor, von denen jede einzelne ihre eigene Lebenskraft und -fähigkeit besaß, und dieses Konzept hatte er von Anne Conway übernommen.

Obwohl die wissenschaftliche Revolution schließlich mit dem Sieg der Weltsicht Newtons endete, gingen die Kontroversen zwischen mechanistischen und vitalistischen Hypothesen noch jahrelang weiter. In den dreißiger Jahren des achtzehnten Jahrhunderts machte Emilie du Châtelet Newtons Werk durch ihre Übersetzung der französischen Wissenschaft zugänglich, und sie stellte die ›forces vives‹, die belebten Monaden von Conway und Leibniz, als metaphysische Basis der Newtonschen Physik dar. Die ›forces vives‹ blieben in Frankreich bis ins späte achtzehnte Jahrhundert ein Diskussionsthema, und die Vitalisten hatten den größten Einfluß auf die deutschen Naturphilosophen und die Entwicklung der modernen Biologie. Trotzdem blieb Anne Conways Beitrag zum Vitalismus unbekannt. Obwohl Leibniz selbst die Gräfin von Kennaway wiederholt als Quelle seiner Ideen erwähnte, wurde ihr Werk unbeirrt van Helmont zugeschrieben.

In der für die Naturwissenschaft entscheidenden Periode der frühen wissenschaftlichen Revolution war Anne Conway eine Naturwissenschaftlerin allerersten Ranges. Aber sie stand keineswegs allein da. Ihr Werk wurde beeinflußt und beeinflußte ihrerseits eine ganze Anzahl weiterer wissenschaftlich tätiger Frauen. Ironischerweise erinnert man sich heute an diese Frauen wegen ihrer sozialen und politischen Stellungnahmen, nicht wegen ihrer wissenschaftlichen Leistungen. Conway lieferte More und van Helmont neue Ideen und Forschungsziele, die Kurprinzessin Elisabeth von Böhmen (1618–1680) hatte größten Einfluß auf ihren Lehrer Descartes, und ihre Schwester, Kurfürstin Sophie von Hannover, inspirierte Leibniz. Elisabeth studierte in späteren Jahren zwar ebenfalls bei Leibniz und korrespondierte mit van Helmont, aber ihre Loyalität gehörte Descartes. Sie war seine engste Vertraute und Mitarbeiterin, und viele Briefe der beiden behandeln die Dualität von Geist und Materie. Elisabeth las kartesianische

Philosophie an der Universität Heidelberg, und Descartes widmete ihr seine ›Grundlagen der Philosophie‹ (1644). Ihr ausführlicher Briefwechsel führte zu seiner ›Abhandlung über die Leidenschaften‹, die er Königin Christine von Schweden zueignete.[3]

Von 1670 an bis zu ihrem Tod im Jahre 1714, dem Jahr, in dem ihr Sohn König Georg I. von Großbritannien wurde, war Kurfürstin Sophia, geboren 1630, sowohl auf politischem wie intellektuellem Gebiet Leibniz' engste Verbündete. Daneben unterhielt sie eine intensive philosophische Korrespondenz mit van Helmont. Auch ihre Tochter Sophie Charlotte (1668–1705) war Schülerin von Leibniz, und sie überredete ihren Gatten, Friedrich I. von Preußen, im Jahre 1700 die Preußische Akademie der Wissenschaften zu gründen und Leibniz zum Präsidenten auf Lebenszeit zu ernennen.

Sophia Charlottes Schützling, Karoline von Brandenburg-Ansbach (1683–1737), studierte 1696 ebenfalls bei Leibniz, kurz bevor sie Prinzessin von Wales wurde. Als sie später Königin von England war, verkehrten Newton, sein Schüler Samuel Clarke und Lady Mary Montagu als häufige Gäste an ihrem Hof. 1716 vermittelte Königin Karoline die berühmte Korrespondenz zwischen Leibniz und Clarke, die den Gegensatz zwischen mechanistischer und vitalistischer Weltauffassung behandelte. Leibniz führte ebenfalls einen naturwissenschaftlich-philosophischen Briefwechsel mit Lady Damaris Masham (1658–1708), die bei John Locke studierte. Sie war die Tochter von Ralph Cudworth, einem Freund Anne Conways.

Innerhalb dieses beeindruckenden Kreises gelehrter Frauen leistete Anne Conway zweifellos den größten Beitrag zur naturwissenschaftlichen Entwicklung.

Überall in der Geschichte wurden Wissenschaftlerinnen übersehen, auf verschiedenste Art ihrer Verdienste beraubt und vergessen. Oft wurden sie von ihren Zeitgenossen durchaus noch anerkannt, gerieten aber durch spätere Geschichtsschreiber in Mißkredit. Vermutlich gab es naturwissenschaftlich tätige Frauen in praktisch allen Kulturen und allen Epochen, aber die Mehrzahl der tatsächlich erfolgreichen Wissenschaftlerinnen finden wir natürlich in Gesellschaften, die den Status der gelehrten Frau, zumindest teilweise, anerkannten. Aber auch da wurde ihre Position um so schwieriger, je ernsthafter sie sich mit ihrer Wissenschaft befaßte. Obwohl in England für Frauen des achtzehnten und neunzehnten Jahrhunderts naturwissenschaftliche Liebhabereien als durchaus akzeptable Beschäftigung galten, zogen es Lady Mary Montagu und auch Mary Somerville vor, sich in Italien niederzulassen, wo die Anerkennung gelehrter Frauen bereits eine tausendjährige Tradition hatte. Da die wenigsten Frauen die Möglichkeit einer allgemeinen Ausbildung hatten, waren sie für ihr Studium auf Väter, Brüder oder Ehemänner angewiesen. Das beinhaltete die Gefahr, daß ihre Werke ihren männlichen Betreuern zugeschrieben wurden. Zwar machten diese selbst ihren Schützlingen die Verdienste kaum streitig, viel eher waren es andere Wissenschaftler oder spätere Geschichtsschreiber, die diese weiblichen Leistungen unterschlugen. Denn jeder intellektuelle Erfolg einer Frau erschütterte die These der männlichen Überlegenheit. In anderen Fällen unterbanden Zeitgenossen und Nachfahren die wissenschaftliche Anerkennung von Frauen durch gemeinste Verunglimpfungen ihres Privatlebens.

Häufig publizierten Wissenschaftlerinnen auch unter einem männlichen Pseudonym, um sicherzustellen, daß ihr Werk ernst genommen wurde. Das erschwert die Identifizierung ebenso wie die Tatsache, daß die Frau bei der Heirat ihren angestammten Namen verliert. Manche Frauen, vor allem die frühen Alchimistinnen, mußten ihre Identität aus politischen und religiösen Gründen verbergen. Darum weiß man gerade von diesen ältesten Wissenschaftlerinnen so wenig.

Einige der Frauen in diesem Buch waren ausgesprochene Feministinnen, doch im allgemeinen waren Wissenschaftlerinnen weder revolutionär noch aktive Frauenrechtlerinnen. Sie waren zu sehr mit ihren wissenschaftlichen Forschungen beschäftigt. Andere, wie die Astronomin Karoline Herschel, litten unter unverkennbaren Minderwertigkeitsgefühlen, die durch die allgemeine Unterdrückung der Frau nur verstärkt werden konnten. Meist unterschätzten sie ihre wissenschaftlichen Leistungen. Die wenigsten Frauen waren bereit, ihre gesellschaftliche Stellung oder die an sie gestellten Erwartungen aufs Spiel zu setzen, nur um wissenschaftliche Anerkennung zu erlangen. So erging es ihnen wie Anne Conway: Ihre Veröffentlichungen blieben anonym oder erschienen unter einem Decknamen.

Damit weist die Geschichte der Wissenschaft eine wesentliche Lücke auf. Es fehlen die Biographien der Frauen, die die Tradition wissenschaftlichen und technologischen Fortschritts von der Vor- und Frühgeschichte bis heute weitergaben. Meine Heldin ist die Frau als Erfinderin und Entdeckerin.

GÖTTINNEN UND SAMMLERINNEN: FRAUEN DER VOR- UND FRÜHGESCHICHTE

Frauen waren wesentlich beteiligt an dem Zustandekommen von Geschichte. In diesem Sinne ist die ganze Geschichte, wie wir sie kennen, erst Vor-Geschichte.

Gerda Lerner[4]

Die ersten Wissenschaftlerinnen

»Selbst das einfachste Werkzeug aus einem geknickten Ast oder einem zersplitterten Stein ist die Frucht langer Erfahrung... Es entstand aufgrund von Beobachtung, Erinnerung und durch Experimentieren. Es mag übertrieben klingen, aber es trifft zu, daß jedes Werkzeug ein Resultat von Wissenschaft ist. Es ist die praktische Anwendung von gesammelten Erfahrungen gleicher Art, die, in ein System gebracht, zu wissenschaftlichen Formeln, Beschreibungen und Vorschriften zusammengefaßt werden.«[5]

Die systematische Entwicklung von Wissen und Technologie, die wir ›Wissenschaft‹ nennen, entstand in vorgeschichtlichen Jahrtausenden, und unter diesen ersten ›Wissenschaftlern‹ waren auch Frauen. Sie erfanden Werkzeuge, sammelten Kenntnisse über eßbare und heilsame Pflanzen und entdeckten vermutlich »die Chemie der Töpferei, die Physik des Spinnens, die Mechanik des Webstuhls und die Botanik von Flachs und Baumwolle«.[6] Diese Entwicklungen zogen sich über lange Zeitspannen hin und verliefen unabhängig voneinander in den verschiedensten Teilen der Welt. Der Fortschritt resultierte aus den Aktivitäten zahlreicher Individuen, Männer und Frauen, denn wahrscheinlich waren die meisten frühen Gesellschaften egalitär. Die Frauen hatten an jedem Lebensbereich Anteil und damit auch an der Entwicklung von Wissenschaft und Technologie.

Seit jeher wiesen die Anthropologen mit Nachdruck auf die Fertigkeiten, Werkzeuge und Waffen der frühen Jäger hin. Das Wissen und die Geräte, die Frauen als Nahrungssammlerinnen entwickelt hatten, ließen sie bis in die neueste Zeit hingegen völlig unbeachtet. Dabei fristeten unsere ältesten Vorfahren ihr Leben wohl zuallererst als Sammler und erst in zweiter Linie als Jäger. Sammlerinnen waren zugleich die ersten ›Botanikerinnen‹. Durch lange Erfahrung und durch Experimente erwarben sie sich Kenntnisse über Hunderte von Pflanzen in den verschiedenen Wachstumsstadien. Sie entwickelten Methoden, Giftstoffe zu neutralisieren oder ansonsten eßbaren Pflanzen zu entziehen. Die Nahrungssuche erfordert auch klare Zeitbegriffe, und so lernten die Frauen der vorgeschichtlichen Zeit, astronomische Phänomene wie die Mondphasen oder das Erscheinen bestimmter Gestirne mit Jahreszeiten und Vegetationsstand der Pflanzen in Verbindung zu bringen. Jede Generation fügte ihre Erkenntnisse dem bestehenden Erfahrungsschatz bei, und die Fähigkeit, immer mehr pflanzliche Ressourcen zu nutzen, wuchs über Jahrtausende kontinuierlich an.

Die Frauen der Frühzeit entwickelten Werkzeuge und Technologien zum Sammeln, Zubereiten und Konservieren von Nahrung. Aus Pflanzenfasern geflochtene Gurte, Traghilfen für Nahrung und Kinder, »stellen vielleicht einen der fundamentalsten Fortschritte der menschlichen Entwicklung dar«.[7] Frauen benutzten Stöcke, Hebebäume, Hacken und einfache Kieselsteine, um Wurzeln auszugraben, Pflanzen zu schaben und zu zerreiben. Später erfanden sie Mörser und Stößel und einfache Mühlen zum Mahlen der Samen und Körner. Noch heute finden sich in den chemischen Laboratorien Geräte, die die Frauen der Vorgeschichte für die Nahrungszubereitung entwickelt haben. Mit der zunehmenden Bedeutung der Jagd lernten die Frauen, Fleisch und tierische Produkte zu verarbeiten, Häute zu gerben und die verschiedensten Gebrauchsgegenstände herzustellen. Sie erfanden die Nadel und entdeckten natürliche Farbstoffe und Farbfestiger.

Frauen waren seit Urzeiten Heilerinnen, Wundärztinnen und Geburtshelferinnen. Als Sammlerinnen lernten sie die Heilkräfte der Pflanzen kennen, lernten, Kräuter zu trocknen, zu lagern und zu Arzneien zu mischen. Durch Erproben und sorgfältiges Beobachten fanden sie heraus, welches Kraut bei welcher Krankheit wirksam war. Man kann ohne weiteres behaupten, daß die medizinische Wissenschaft seit jener Zeit, als die Frauen mit Wurzeln und Kräutern experimentierten, bis zur Entdeckung der Sulfonamide und Antibiotika im zwanzigsten Jahrhundert wenig Fortschritte machte.

Unsere Vorfahrinnen lernten, aus Ton Töpfe zu formen und zu brennen, und sie entdeckten den chemischen Vorgang des Glasierens. Ihre Brennöfen entwickelten sich schließlich zu den Schmieden der Metallzeitalter. Im Cro-Magnon stellten Frauen Schmuckstücke her und mischten Schönheitsmittel – wiederum Ansätze zu chemischer Wissenschaft.

Die wichtigste Umwälzung der Menschheitsgeschichte geschah vor rund 14 000 Jahren mit dem Beginn des systematischen Ackerbaus und der Domestizierung von wilden Tieren. Niemand weiß genau, wie es vor sich ging, aber in einer kurzen Periode des Gartenbaues, zwischen dem Zeitalter der Sammler und Jäger und jenem der Ackerbauern, wählten Frauen bestimmte Wildpflanzen zur Züchtung aus und entwickelten neue, eßbare Arten. Im ›Fruchtbaren Halbmond‹, von den Tälern des Euphrat und Tigris in Mesopotamien bis zum Niltal in Ägypten, zogen Frauen Gerste, Flachs, Hirse und Weizen aus wilden Gräsern. In China gelang ihnen die Züchtung von Reis, in Nordamerika waren es Kartoffeln und Mais. Alles in allem wurden in vorgeschichtlicher Zeit rund 250 Pflanzensorten kultiviert. Diese Züchtung von Nutzpflanzen und Tieren stellt den Beginn der Vererbungswissenschaft dar.

In Gesellschaften mit Gartenbaukultur war das Pflanzen normalerweise Aufgabe der Frauen. Ihr Fortschritt in der Herstellung von Werkzeugen, in Handwerk und Landbau, einschließlich der Erfindung der Hacke und eines primitiven Pfluges, befreite die Männer nach und nach von der Anstrengung der Jagd. So wurde mit dem Einsatz des Pfluges und der Bewässerung fester Felder der Ackerbau allmählich zur Domäne der Männer.[8] Mit der zunehmenden Bedeutung von Großviehhaltung schwand auch die Rolle der Frau als Kleintierzüchterin. Dieser Wandel trat im Bereich des ›Fruchtbaren Halbmonds‹ ungefähr um 10 000 v. Chr. ein.

Mit der Entwicklung der Landwirtschaft nahm der technische Fortschritt rasant zu. Um das Jahr 6000 v. Chr. veränderten die Völker des ›Fruchtbaren Halbmonds‹, des Industals und Chinas zum ersten Mal das Antlitz der Erde. Eine geplante Kultivierung erforderte systematische astronomische Beobachtungen und einen Kalender. Das Rad wurde erfunden, und Räderkarren transportierten Waren und Menschen. Durch die Töpferscheibe wurde die Anfertigung von Tonwaren, ursprünglich für den Hausgebrauch gedacht, zu einem eigenen Handwerk. Textilindustrien blühten auf, und Stoffe wurden zur bevorzugten Handelsware der Phönizier, die das Mittelmeer durchsegelten und Kontakte und den Handel zwischen den Völkern des ›Fruchtbaren Halbmonds‹ vermittelten. Um 1100 v. Chr. waren metallene Waffen und Werkzeuge bereits weit verbreitet. Die Zivilisationen hatten die Eisenzeit erreicht.

Landwirtschaftliche Überschüsse ernährten die neue städtische Bevölkerung, spezialisierte Handwerker, Händler, Verwaltungsbeamte und Priester. Größere und komplexere Gesellschaftsstrukturen sowie die speziellen Anforderungen einerseits von gezieltem Ackerbau, andererseits von Industrie und Handel führten zu ausgeklügelten Zahlenschriften, zu Gewichts- und Maßsystemen und zuletzt zur geschriebenen Sprache. Landwirtschaft und Töpferei waren nun fest in den Händen der Männer. Mit der Aufgabe ihrer führenden Stellung bei der Produktion und Verarbeitung der Nahrung verringerten sich die Möglichkeiten der Frau und damit ihr ökonomischer und politischer Status. Zu Beginn der schriftlich überlieferten Geschichte spielt die Frau für die Entwicklung von Wissenschaft und Technik zwar noch eine wichtige Rolle, aber ihr Niedergang hat bereits begonnen.

Trotzdem gerieten die Beiträge der vorgeschichtlichen Frauen nicht völlig in Vergessenheit. Die Mythen und Religionen des Bronzezeitalters, in denen die Frauen einen hervorragenden Platz einnehmen, basieren auf den von Mund zu Mund weitergegebenen Geschichten der früheren Gesellschaften. Göttinnen und Heldinnen erfinden die Werkzeuge, entwickeln den Landbau und studieren Astronomie und Medizin. So legt die mündliche Überlieferung Zeugnis ab für die frühe wissenschaftliche Tätigkeit der Frauen.

Göttinnen und Heldinnen

Die in der Bronzezeit weitverbreiteten Religionen der Mutter-Gottheit werden üblicherweise als Fruchtbarkeitskulte abgetan. Auch wenn es stimmt, daß männliche Götter in frühen Religionen oft bedeutungsvoller sind, sollten Macht und besondere Merkmale der Göttinnen nicht unterschätzt werden. Weibliche Gottheiten, wie die vorolympische Gaia und ihre Tochter Themis, schufen die Erde und ihre Bewohner und verwandelten das Chaos in Ordnung. Spätere Göttinnen trugen die für den Fortschritt der Zivilisation entscheidenden Mittel bei. Im Neolithikum schrieb man Frauen oft magische Kräfte zu, nicht nur wegen ihrer Fähigkeit, Leben zu spenden, sondern auch wegen ihrer überlebensnotwendigen Fertigkeiten in Töpferei, Landbau, Tierzucht und Heilkunde. Diese Leistungen personifizierten die frühen Kulturen in ihren Göttinnen.

Die wichtigste aller antiken Göttinnen war Isis, die Mutter-Gottheit der alten Ägypter. Länger als in den umliegenden neolithischen Gesellschaften behielten die Frauen in Ägypten ihre führende Rolle, und Isis wurde oft als die Göttin angesehen, die für die Gleichheit aller Menschen stand. Vielleicht zogen deshalb die Isis-Kulte Frauen, Sklaven und das breite Volk so besonders an. Diese Kulte blühten in Rom und im ganzen Mittelmeerraum bis weit in die christliche Ära hinein. Die Isis zugeschriebenen Eigenschaften und die mit ihrer Verehrung verbundenen Rituale sind typisch für Göttinnenkulte auf der ganzen Welt. So wie Ishtar den Assyrern gab Isis den Völkern des Niltals Gesetze, Religion, Schrift und Heilkunde. Sie erfand die Kunst der Einbalsamierung und die Alchimie. Sie lehrte die Ägypter vor allem, wie man das Land bebaute und aus Getreide Nahrung herstellte. In Hafenstädten wurde sie die Patronin von Schiffahrt und Handel, vielleicht auch, weil man ihr die Erfindung des Segelbootes zuschrieb. Im Zuge der Ausbreitung ihres Kultes wurde sie mit zahllosen anderen mediterranen Göttinnen identifiziert.

Im Gegensatz zu Ägypten spielte die Magie in der griechischen Mythologie nur eine geringe Rolle. Möglicherweise gedieh hier deshalb die frühe Naturphilosophie, das Studium der Natur und des physikalischen Universums, so gut, denn die griechischen Götter waren sehr bodenständig, obwohl sie auf dem hohen Olymp wohnten. Rein äußerlich glichen sie menschlichen Wesen, und sie verkörperten auch deren Tugenden und Laster, erlitten deren Erfolge und Mißerfolge. Einzig ihre Unsterblichkeit unterschied sie von ihren menschlichen Ebenbildern. Die Etrusker und später dann ihre römischen Nachfahren machten in dieser Hinsicht große Anleihen bei der Mythologie der Griechen. Pallas Athene, die Schutzgöttin der Stadt Athen, die römische Minerva, besaß zwar nicht die höchste Macht einer Isis, aber sie war eine der wichtigsten Gottheiten der Griechen und für verschiedene Bereiche zuständig. Sie war das Sinnbild der Weisheit und Reinheit, ihr Symbol war die Eule. Wie Isis schrieb man auch der Athene viele der Fortschritte zu, die Frauen im Laufe der vorgeschichtlichen Jahrtausende errungen hatten. Als Ackerbaugöttin erfand sie Zaumzeug und Pflug, sie lehrte die Griechen, die Ochsen ins Joch zu spannen und Pferde zu zähmen. Sie schuf den Olivenbaum und preßte das erste Olivenöl. Sie stand dem Handwerk vor und erfand eiserne Waffen und Rüstungen, als Kriegsgöttin symbolisierte sie auch Kriegskunst und List. Sie erfand die Zahlen und verfertigte die erste Flöte, obwohl sie selbst nie lernte, auf ihr zu spielen.

Demeter, die griechische Göttin von Getreide- und Samenkörnern, Nisaba bei den Sumerern, regierte gemeinsam mit Dionysos die Erde als oberste Herrin. Die römische Göttin von Korn und Fruchtbarkeit, Geburt und Tod, Ceres, verschmolz allmählich mit der Figur der Demeter. Die späteren christlichen Geschichtsschreiber sträubten sich, diesen Göttinnen großes Gewicht beizumessen: Boccaccio machte aus Ceres eine sterbliche sizilianische Königin, die den Ackerbau eingeführt, Pflug und Pflugschar erfunden, Ochsen gezähmt und als erste gesäuertes Brot gebacken hätte.

Im allgemeinen wurde den Frauen die Erfindung von Spinnen und Weben zugeschrieben. Isis, Athene und Minerva lehrten ihre Völker, Leinen zu spinnen und zu weben. Die ägyptische Neith verkörperte, wie auch Athene, zwei so ungleiche Gebiete wie Krieg und Hauswirtschaft, einschließlich der Webekunst. In der ›Naturgeschichte‹ des Plinius kommt dagegen einer Sterblichen, der Pamphila von Cea in Griechenland, das Verdienst zu, erstmals Baumwolle gepflückt, gekämmt, mit der Spindel zu Faden gesponnen und zu Tuch verwebt zu haben.[9] Dasselbe wird auch von Arachne von Kolophon, einer asiatischen Bäuerin, berichtet. Sie soll den Gebrauch gewebter Stoffe und die Herstellung von Netzen für Fisch- und Vogelfang eingeführt haben. Aber sie war tollkühn und behauptete, die bessere Weberin als Minerva zu sein. Die Göttin erfuhr von ihrer Überheblichkeit und forderte sie zu einem Wettbewerb heraus. Die einen sagen, Arachne sei Minerva unterlegen, die anderen, die beiden seien sich ebenbürtig gewesen. Jedenfalls wurde Minerva wütend, zerschnitt das Netz der Rivalin und verprügelte sie mit dem Weberschiffchen. Da erhängte sich Arachne aus Scham, die Göttin aber verwandelte sie in eine Spinne, damit sie weiterhin weben konnte.

Man brachte Frauen aber auch mit weniger traditionellen Leistungen in Verbindung. Die ägyptische Seshat war Schutzpatronin von Schreibkunst, Literatur und Geschichte und hatte damit dieselbe Funktion wie die griechischen Musen. Seshat war aber zugleich auch die Göttin der Gestirne. Sie befähigte die Baumeister, Tempel und andere Gebäude nach den Sternen auszurichten. Auch Isis wurde zuweilen als Schutzherrin der Astronomie angesehen. Die griechische Muse der Astronomie, Urania, stellte man mit einer Himmelskugel in der linken Hand dar, auf die sie mit einem zierlichen Stab hinwies.

Daß Frauen auch mit mathematischen Prinzipien vertraut waren, wird durch die Geschichte der Dido belegt, deren Name ›die Heldenhafte‹ bedeutet. Als ihr Bruder, der König Pygmalion, ihren Gatten in der phönizischen Stadt Tyrus ermordete, entfloh sie mit einem Segelboot, nicht ohne das Geld ihres Mannes mitzunehmen. Bei der Fahrt täuschte sie vor, die Münzen über Bord zu werfen, und lenkte damit ihre Verfolger wirksam ab. Schließlich landete sie an der Küste Nordafrikas, wo sie die Stadt Karthago gründete. Als geschickte Geschäftsfrau hatte sie den Einheimischen vorgeschlagen, ihr für die Errichtung der Stadt so viel Land zu verkaufen, wie eine Kuhhaut umspannen könne, alles zu einem vorher festgesetzten Preis. Dann studierte sie das mathematische Problem, mit einem vorgegebenen Umfang die größtmögliche Fläche einzuschließen. Sie schnitt die Haut in schmale Streifen, nähte diese jeweils an den Enden zusammen und legte das so entstandene lange Band in einem Halbkreis über das Land, das auf der anderen Seite vom Meeresufer begrenzt wurde. Damit hatte sie eine Lösung gefunden, deren mathematischer Beweis erst im neunzehnten Jahrhundert erbracht wurde.

Da die Heilerinnen der antiken Welt Frauen waren, stand im allgemeinen auch Göttinnen die Entscheidungsgewalt über Gesundheit und Krankheit zu. Die meisten Gottheiten besaßen gewisse heilende Kräfte, denn in einer Welt voller Krankheiten waren Gebete um Genesung häufiger als solche bei astronomischen oder literarischen Problemen. Selbst in Kulturen, die Medizingötter verehrten, wie die Griechen, waren für Geburt und spezifische Frauenleiden weibliche Gottheiten zuständig. Die Römer trieben den Kult medizinischer Gottheiten auf die Spitze, es scheint, daß sie für praktisch jedes einzelne Krankheitssymptom einen einschlägigen Gott oder eine Göttin kannten. Bei letzteren handelte es sich wohl oft um zu Göttinnen erhobene frühere Ärztinnen. Die für die Medizin wichtigsten Göttinnen waren Isis, Artemis und Minerva. Die griechische Göttin Ilithyia herrschte über Niederkunft und Wochenbett, Hygieia, von der das Wort Hygiene abgeleitet ist, bei den Römern Salus, war die Göttin der Gesundheit. Sie war die Tochter des Gottes Asklepios, eines möglicherweise vergöttlichten thessalischen Arztes, und die Schwester der Panakei, die die angegriffene Gesundheit wiederherstellte. Die Tempel von Hygieia und Panakei dienten als frühe Hospitäler und beschäftigten Ärztinnen.

Homers Epen aus dem achten vorchristlichen Jahrhundert erzählen die griechischen Sagen aus der späten Bronzezeit. Homer faßte die Legenden in Verse, die man mündlich überlieferte, bis sie im sechsten Jahrhundert v. Chr. aufgeschrieben wurden. In der Ilias wirkte die Königstochter Agamede als Ärztin auf dem Schlachtfeld in der Ebene vor Troja, »und sie kannte sämtliche Arzneien, die auf der weiten Welt wuchsen«[10]. In der Odyssee berichtet Homer, daß Helena von Troja, eine ausgezeichnete Ärztin, zusammen mit der Ärztin Polydamna, deren Name ›Bezwingerin vieler Krankheiten‹ bedeutet, in Ägypten Medizin studiert hatte. Polydamna gab Helena Nepenthes, einen Zaubertrank aus Opium, »der alles Leid vergessen machte«[11]. Auch die Schriften der römischen Dichter Virgil und Ovid bezeugen, daß die Heilkunst sowohl in den Händen von Frauen als auch von Gottheiten lag.

Die Hauptgöttin der alten Perser, die ihr Volk in Heilkunde unterwies, trug den Namen ›Unsterblichkeit‹. Ihre Behandlungsmethoden bestanden in der Übermittlung des Gesetzes, operativen Eingriffen, dem Gebrauch von Pflanzen, Texten und Aufrichtigkeit. Sie wurde von ihren beiden Schwestern unterstützt, der Windgöttin Adisina, welche Unpäßlichkeiten einfach wegblies, und Agastya, die Krankheiten mit Arzneien heilte. Die assyrische Göttin der Medizin war Ishtar, die Sumerer nannten sie Inanna, die Phönizier Astarte. Die Göttin Gula der Assyrer herrschte über Tod und Auferstehung, wie die griechische Persephone, und trug den Beinamen ›Große Ärztin‹. Nin-Karrak war die Göttin der Gesundheit. Auch die assyrischen Priesterinnen wirkten als Heilerinnen.

Einige dieser Göttinnen waren vermutlich sterbliche Frauen, die sich durch ihre Leistungen hohes Ansehen beim Volk erworben hatten. Ihr Ruhm bildete den Grundstock der Überlieferung, die sich dann allmählich zu einer Legende entwickelte. So wurden außergewöhnliche Frauen vergöttlicht oder bestehenden Göttinnen einverleibt. Einmal in die lokale Götterwelt aufgenommen, wurden sie auch von Kulturen der weiteren Umgebung adoptiert. Andere Göttinnen existierten von Anfang an nur in der reichen Vorstellungswelt der antiken Menschen. Wie auch immer die Quelle ist, die Mythologie beweist, daß die frühen wissenschaftlichen Errungenschaften Frauen durchaus zugetraut wurden. Die Tradition wissenschaftlich tätiger Frauen setzte sich fort bis in die Zeiten niedergeschriebener Geschichte.

FRAUEN UND WISSENSCHAFT IN DER ANTIKE

Es scheint selbstverständlich, daß der Ruhm großer Frauen der Vergangenheit in unserer wechselvollen, schnellebigen Geschichte zuallererst in Vergessenheit gerät.

Joseph McCabe [12]

Die ersten niedergeschriebenen Zeugnisse

Die geschriebene Wissenschaftsgeschichte beginnt im Ägypten des Alten Reiches (ca. 2770–2260 v. Chr.), im Zeitalter der Pyramiden. Das Interesse der Ägypter galt den praktischen Aspekten der Wissenschaft. Priester und Priesterinnen entwickelten mit Hilfe der Mathematik und Astronomie Lösungen unmittelbarer Probleme, wie die Errichtung von Lagerhäusern für den Getreidehandel oder die Behauung von Steinquadern für riesige Bauten. Ägypterinnen der Frühzeit verfügten über eigenen Besitz, kontrollierten die staatliche Textil- und Parfümindustrie und betätigten sich als Schreiberinnen. Zeitberechnungen gaben den ersten Anstoß zu systematischer Sternenbeobachtung, aber sehr bald interessierten sich die Ägypter auch für die babylonische Astrologie. Aganike oder Athyrta, die Tochter oder Schwester des legendären Königs Sesostris, versuchte aus dem Studium des Himmelsgewölbes und der Gestirnskonstellationen die Zukunft vorauszusagen.

Medizinheilkunde war in Ägypten schon vor dem Jahr 3000 v. Chr. ein anerkannter Beruf, und gebildete Frauen arbeiteten als Ärztinnen und Chirurginnen. Die medizinischen Fakultäten von Sais und Heliopolis zogen Studentinnen und Dozentinnen aus der ganzen antiken

Welt an. Eine Inschrift im Tempel von Sais, nördlich von Memphis, lautet: »Ich kam von der Medizinschule zu Heliopolis und studierte an der Frauenschule zu Sais, wo mich die göttlichen Mütter Krankheiten heilen lehrten.«[13] Moses und seine Frau Zipporah studierten vermutlich um 1500 v. Chr. in Heliopolis Medizin, und Zipporah könnte auch die Schule von Sais besucht haben. Zur gleichen Zeit sandte die Ärztin und Königin Hatschepsut der achtzehnten Dynastie eine Expedition zur Suche von neuen Heilpflanzen aus.

Medizinische Papyrusrollen behandeln die Gynäkologie, das Spezialgebiet von Ärztinnen. Die Rolle von Kahun (ca. 2500 v. Chr.) könnte von Studentinnen von Sais geschrieben worden sein. Sie berichtet von Spezialistinnen, die Schwangerschaftsdiagnosen stellten, das Geschlecht des Kindes voraussagten – wenn das Gesicht der Mutter grün war, würde es ein Knabe werden – Unfruchtbarkeitstests durchführten und unregelmäßige Monatsblutungen, Dysmenorrhöe, behandelten. Chirurginnen führten Kaiserschnitte durch, operierten Brustkrebs und schienten Knochenbrüche. ›Ärztin‹ war oft gleichbedeutend mit ›Priesterin‹, denn in den ältesten Urkunden war es die Göttin Isis, welche die Heilbehandlungen vorschrieb.

Nicht die Ägypter, sondern die Völker Mesopotamiens – Sumerer, Babylonier und Assyrer – machten die größten Fortschritte in der Wissenschaft, insbesondere in beobachtender Astronomie. Sie stellten die Planetenbahnen graphisch dar und zeichneten Karten der Tierkreiskonstellationen, wobei sie als Nebenprodukt auf die Halbwissenschaft der Astrologie stießen. Bis zum siebten Jahrhundert v. Chr. hatten die chaldäischen Astronomen Babylons den saronischen Zyklus von 6585 Tagen für die Wiederkehr von Finsternissen entdeckt und waren damit in der Lage vorauszusagen, ob zu einer bestimmten Zeit an einem bestimmten Ort eine Finsternis theoretisch möglich sei. Die Gelehrsamkeit lag in den Händen von Priesterinnen und Priestern, und diese hinterließen bedeutende Sammlungen beschriebener Tontafeln. Die Medizin war weniger differenziert als in Ägypten, aber sie kannte zusätzlich zu magischen Praktiken auch wirksame Heilmittel, und Frauen spielten als Heilerinnen eine hervorragende Rolle.

In der sumerischen Kultur, die von den nachfolgenden Eindringlingen übernommen wurde, besaßen die Frauen einen relativ hohen Status und große Unabhängigkeit. Nach dem Gesetzbuch des Hammurabi, der wichtigsten babylonischen Gesetzessammlung, konnten Frauen eigene Geschäfte betreiben und eigenen Besitz erwerben, sie konnten Richterinnen und ›Älteste‹ werden. Außerordentlich wichtig war im alten Babylon die Parfümindustrie, da aromatische Substanzen sowohl für Medizin und Religion als auch für Kosmetika gebraucht wurden. Zur Parfümherstellung benötigte man Geräte und Rezepte, ähnlich wie zum Kochen, und es waren Frauen, die die Techniken des Destillierens, Extrahierens und Sublimierens entwickelten. Keiltafeln aus dem zweiten Jahrtausend v. Chr. nennen zwei dieser frühen Chemikerinnen, Tappūti-Bēlatēkallim und ...-ninu, der Titel ›Bēlatēkallim‹ bedeutet ›Palastaufseherin‹. Die Tradition der Chemikerinnen fand ihren Höhepunkt in den Alchimistinnen von Alexandria im ersten Jahrhundert v. Chr.

Die pythagoreischen Frauen

Griechische Wissenschaft beginnt mit den Pythagoreern, und innerhalb dieser Bewegung wurden Frauen zu wichtigen Personen in der Weiterentwicklung von Naturwissenschaft und Mathematik. Pythagoras von Samos (ca. 582–500 v. Chr.) hatte bei zahlreichen Lehrern der mediterranen Welt studiert. Nach Aussagen des griechischen Philosophen Aristoxenus soll er seine Sittenlehre vor allem von Themistoklea, einer Priesterin von Delphi, erhalten haben.[14] Zwischen 540 und 520 v. Chr. ließ er sich schließlich in der griechischen Kolonie von Croton, im südlichen Italien, nieder und gründete eine halb religiöse, halb politische Gemeinschaft, die sich mathematischen und philosophischen Fragestellungen widmete. Diese Pythagoreer-Gemeinschaft wird oft als ›Bruderschaft‹ überliefert. Dadurch wird die Tatsache verschleiert, daß ihr Frauen und Männer völlig gleichberechtigt angehörten. Mindestens achtundzwanzig Lehrerinnen und Studentinnen befanden sich an der Schule. Pythagoras war bekannt als der ›feministische Philosoph‹[15].

Die Kosmologie des Pythagoras – so, wie sie Platon übernahm, Eudoxus und Aristoteles modifizierten und Ptolemäus weiter ausbaute – sollte die naturwissenschaftliche Basis für das ganze Mittelalter sein. Wir werden ihr noch in den Werken Hildegards von Bingen im zwölften Jahrhundert begegnen. Die Spekulationen und Entdeckungen der Pythagoreer waren Gemeingut der Gemeinschaft und wurden als mystische Geheimnisse streng gehütet.[16] Da alle Mitglieder der Schule unter dem Namen ›Pythagoras‹ schrieben, ist es unmöglich, die einzelnen Beiträge ihren individuellen Urhebern zuzuordnen. Frauen waren ein integrierter Bestandteil der Gruppe, und man kann davon ausgehen, daß auch sie zur Ausarbeitung der mathematischen Kosmologie beitrugen und damit den weiteren Verlauf der Wissenschaft direkt beeinflußten.

Die Pythagoreer postulierten als erste die Unstetigkeit der Materie. Sie nahmen an, das Universum basiere auf Zahlen und einfachen Zahlenverhältnissen. Da sie sich gleichzeitig mit Ästhetik befaßten und die Kugel als die ›vollkommene geometrische Form‹ betrachteten, folgerten sie daraus, daß die Erde und alle Planeten kugelförmig seien und das Universum selbst aus konzentrischen Sphären, Kugelbahnen, bestehe. Eine Sphäre gehörte den Fixsternen, je eine den sieben Planeten Saturn, Jupiter, Mars, Venus und Merkur, der Sonne und dem Mond. Die neunte war die Sphäre der Erde, und um die magische Zahl Zehn zu erreichen, führten sie eine ›Gegen-Erde‹ ein. Jeder dieser Himmelskörper bewegte sich in seiner Sphäre auf einer kreisförmigen Bahn von Westen nach Osten um ein zentrales Feuer. Von Griechenland aus konnte man das Feuer nicht sehen, da es ihrer Meinung nach auf der gegenüberliegenden Erdseite lag, und auch dort war es der Sicht entzogen durch die Gegen-Erde. Die Umlaufzeit nahm mit der ›Erhabenheit‹ des Himmelskörpers zu. Die Erde als niedrigster Stern des Universums hatte ihren Kreislauf in einem Tag vollendet. Der Mond brauchte einen Monat, die Sonne ein Jahr, die übrigen Planeten noch weit länger. Die Fixsterne verblieben unbeweglich in ihrer Sphäre. Die Entfernung zwischen den Umlaufbahnen der Planeten und dem zentralen Feuer wiesen, nach Ansicht der Pythagoreer, die gleichen Zahlenverhältnisse auf wie die Intervalle der Tonleiter, daher der Begriff ›Sphärenmusik‹[17].

Die bekannteste Kosmologin, die von Croton gebürtige Theano, heiratete Pythagoras, als er bereits ein alter Mann war. Sie war seine Schülerin gewesen, später gehörte sie zu seinem Gefolge und lehrte an seiner Schule. Sie soll die mathematischen, physikalischen und medizinischen Abhandlungen sowie den pythagoreischen Lehrsatz vom

›goldenen Schnitt‹ aufgezeichnet haben. Heute sind nur noch wenige ihrer Schriften erhalten. Theano und ihre Töchter hatten den Ruf ausgezeichneter Heilerinnen. Sie sollen eine Debatte mit dem Physiker Euryphon über die uralte Frage der Entwicklung des Fötus gewonnen haben. Die Frauen vertraten die Ansicht, der Fötus sei schon vor dem siebten Monat lebensfähig. Sie betrachteten den menschlichen Körper als das mikrokosmische Abbild des Makrokosmos, des gesamten Universums also. Dieses Konzept erscheint häufig in den Physiologien der Antike und des Mittelalters, in verfeinerter Form finden wir sie dann in den Schriften der Hildegard von Bingen.

Die Pythagoreer-Gemeinschaft in Croton zählte schließlich dreihundert Mitglieder und gewann die Oberhand in der lokalen Regierung. Doch die demokratische Bevölkerung Crotons rebellierte gegen die elitäre Vorherrschaft. Sie zerstörte die Schule und tötete oder verjagte deren Mitglieder. Pythagoras soll beim Aufstand umgekommen sein. Seine Nachfolgerin als Oberhaupt der nun zerstreuten Gemeinschaft wurde Theano. Zusammen mit zweien ihrer Töchter verbreitete sie das religiöse und philosophische System der Pythagoreer in ganz Griechenland und bis nach Ägypten hinein.[18]

Die Abkömmlinge der pythagoreischen Schule zählten weiterhin Frauen zu ihren Mitgliedern. Einige Namen aus dem fünften Jahrhundert v. Chr. überlebten: Phintys, Melissa, die über die weiblichen Pflichten schrieb, und die in Croton geborene Spartanerin Tymicha. Die Legende erzählt, daß Dionyson, der Tyrann von Syrakus, von ihr und ihrem Mann verlangte, die Mysterien der pythagoreischen Wissenschaft preiszugeben. Trotz hoher Belohnung weigerten sich die beiden, die Geheimnisse zu verraten. Sogar ihre Zunge biß sich Tymicha ab und spuckte sie dem Tyrannen ins Gesicht.[19]

Philosophinnen des Goldenen Zeitalters in Griechenland

Außerhalb der Pythagoreer-Gemeinde hatten Wissenschaftlerinnen in der griechischen Gesellschaft wenig Möglichkeiten. Im Prinzip waren die Griechen patriarchalisch organisiert, und nur im kleinen, militaristischen Stadtstaat Sparta hatten Frauen einen gewissen Einfluß.[20] Die Athenerinnen, zumindest die Ehefrauen der reichen Bürger, lebten so abgeschirmt wie später die Mohammedanerinnen. In einer Gesellschaft, die Gelehrsamkeit als höchsten Wert ansah, konnten die Frauen weder lesen noch schreiben. Trotzdem gelang es ihnen, die kulturelle Barriere ihres Geschlechts zu überwinden und einen Beitrag zur Entwicklung der Naturwissenschaften zu leisten.[21]

Aglaonike von Thessalien wurde im fünften Jahrhundert v. Chr. für ihre Fähigkeit, Sonnen- und Mondfinsternisse vorauszusagen, berühmt. Obwohl sie sich dabei zweifellos auf den von den Chaldäern entdeckten Saronischen Zyklus stützte, wurde sie weithin als Zauberin angesehen. Ihren Ruf baute sie weiter aus, indem sie sich brüstete, Sonne und Mond nach Belieben verschwinden lassen zu können. Plinius schrieb 77 n. Chr.: »Die Methode, Sonnen- und Mondfinsternisse nicht nur auf den Tag oder die Nacht, sondern auf die Stunde genau vorherzusagen, ist seit langer Zeit bekannt. Dennoch ist im gemeinen Volk noch heute die Überzeugung weit verbreitet, diese Phänomene unterstünden der Macht von Zauberformeln und magischen Kräutern und seien die hervorragende Domäne der Frauen.«[22]

Die Grundlagen für Naturwissenschaft, Metaphysik und politische Ideologie der westlichen Zivilisation wurden im klassischen Athen gelegt. Im fünften Jahrhundert v. Chr. begann für diesen Stadtstaat nach einigen politischen und militärischen Erfolgen eine Periode blühenden Wohlstandes und intellektueller Größe. Die freien Bürger Athens, rund zehn Prozent der Bevölkerung, konnten sich, dank der Arbeitskraft der Frauen, der Ausländer und der Sklaven, für politische und kulturelle Aktivitäten freihalten. Das Entstehen einer demokratischen Regierungsgewalt zog Philosophen und Mathematiker rund um das Mittelmeer nach Athen, viele von ihnen waren Pythagoreer. Man nannte sie Sophisten, Weise, weil sie, wie man behauptete, Wissen und Weisheit lehrten. In Wirklichkeit jedoch unterrichteten sie ihre Schüler in Rhetorik und brachten ihnen bei, Debatten mit mathematisch-logischen Argumenten zu gewinnen, eine nützliche Kunst in einer ›demokratischen Gesellschaft‹. Unter den Athener Philosophen wurde die Wissenschaft empirischer. Diese Männer unterschieden als erste klar zwischen Wissenschaft und Religion. Sie empfahlen die direkte, sorgfältige Naturbeobachtung und den Gebrauch deduktiver Logik. Und sie folgten dem Grundsatz, die beobachteten Phänomene eher natürlichen als übernatürlichen Ursachen zuzuschreiben.

Prostitution war ein blühendes Gewerbe. Die Oberklassen-Prostituierten waren die ›Hetären‹, d. h. Gefährtinnen. Sie kamen normalerweise aus dem Ausland und durften von Gesetzes wegen keine Athener Bürger heiraten. Sie waren oft künstlerisch und intellektuell gebildet und bildeten eine eigene Klasse, die den Einschränkungen der Athener Frauen nicht unterlag.

Die berühmteste der Hetären war Aspasia (470–410 v. Chr.). Sie war in Milet in Ionien als Tochter des Axiochus, eines gebildeten Mannes, geboren und hatte von diesem eine fundierte Erziehung erhalten. Sie zog nach Athen, um am regen Geistesleben der Stadt teilzuhaben, sah sich als Fremde aber umgehend als Kurtisane eingestuft. Nach 445 v. Chr. lebte Aspasia mit Perikles, dem militärischen und politischen Führer Athens, zusammen. Sie soll seine berühmte Totenrede von 430 v. Chr. geschrieben haben. In Platons ›Dialogen‹ erscheint sie als Lehrerin des Sokrates, und Aischines erwähnt sie in seinem sokratischen Gespräch mit dem Titel ›Aspasia‹ als Lehrerin der Sophistik. Plutarch berichtet, daß sie manch vornehmen Athener in Rhetorik unterrichtet habe: »Sokrates selbst pflegte sie zu besuchen und brachte seine Bekannten mit, und die Bekannten kamen mit ihren Frauen, damit auch diese ihr zuhörten.« Das geschah trotz ihres Gewerbes, das »alles andere als anständig war«. Denn Aspasia führte einen Salon – oder, wie Plutarch es nennt, »ein Heim für junge Kurtisanen«[23] –, in dem sich die führenden Männer Athens trafen, um Politik und Wissenschaft zu erörtern. Zu ihrem Salon gehörte auch der bedeutende ionische Philosoph Anaxagoras, der als erster behauptete, Erde, Mond und Planeten seien gleich und der Schein des Mondes sei reflektiertes Licht. Anaxagoras und Aspasia wurden wegen Ungläubigkeit verfolgt und nur auf Intervention des Perikles hin verschont.

In Platons ›Gastmahl‹ nimmt Sokrates auf seine Lehrerin Diotima Bezug, die Priesterin von Mantinea und wahrscheinlich Pythagoreerin war. Auch Platons Mutter Periktione kannte sich in pythagoreischer Mathematik und Philosophie aus. Unter den Athener Philosophen plädierten einzig Sokrates und Platon für die Frauenbildung.

Im allgemeinen studierten Ausländerinnen an Platons Akademie. Da das Gesetz Frauen die Teilnahme an öffentlichen Versammlungen verbot, trugen sie womöglich Männerkleidung, um den Vorlesungen unbemerkt zu folgen. Lasthenia und Axiothea hatten Platons Werke gelesen und kamen zur Akademie, um Naturwissenschaft zu studieren. Axiothea aus der peloponnesischen Stadt Phlius interessierte sich speziell für Physik. Nach Platons Tod studierte sie bei seinem Neffen Speusippus weiter und wurde schließlich selbst Dozentin. Lasthenia aus Arkadien wurde Philosophin und die ›Gefährtin‹ des Speusippus. Gleichzeitig mit den beiden besuchte auch Arete von Kyrene (ca. 400–330 v. Chr.) die Akademie. Sie war die Tochter des Aristippus, des Gründers der kyrenäischen Philosophenschule, und wurde als Nachfolgerin ihres Vaters zu deren Vorsteherin gewählt. Sie soll in Attika fünfunddreißig Jahre lang Naturwissenschaft, Moralphilosophie und Ethik gelehrt und mindestens vierzig Bücher geschrieben haben, darunter Abhandlungen über Sokrates, über Landwirtschaft und über Erziehung. Rund einhundertzehn Philosophen gingen aus ihrer Schule hervor. Die Inschrift auf ihrem Grab nennt sie »der Glanz Griechenlands mit der Schönheit der Helena, der Tugend der Thirma, der Feder des Aristippus, der Seele des Sokrates und der Zunge des Homer«.[24]

Mehr als jeder andere griechische Philosoph beeinflußte Aristoteles die Wissenschaftsgeschichte. Er ersetzte in seiner Kosmologie die mathematischen Sphären des Universums durch physikalisch kristalline und führte zusätzliche Sphären ein, um die ›unregelmäßigen‹ Planetenbewegungen erklären zu können.

Seine größte Errungenschaft war sein späteres biologisches Werk, das auf strenger Naturbeobachtung gründete. Er klassifizierte und analysierte Hunderte von Tierarten und notierte, worin sie sich glichen und worin sie sich unterschieden. Im Lyzeum, das er in Athen einrichtete, folgte ihm sein Schüler Theophrastus nach, der dieselbe Klassifizierung und Analyse für das Pflanzenreich durchführte. Für Aristoteles waren die Frauen den Männern ganz klar unterlegen. Diese Einstellung war für die griechische Denkweise repräsentativer als die seines Lehrers Platon. In seiner einflußreichen Arbeit über Embryologie, ›De Generatione Animalium‹, argumentiert er, das weibliche Geschöpf sei ein ›deformierter Mann‹ und der männliche Same bringe die Seele hervor.[25] Aristoteles' Ansicht zu diesem wie auch anderen Themen sollte für die nächsten zweitausend Jahre maßgebend sein. Das Vorurteil gegenüber Frauen wurde von den meisten naturwissenschaftlichen Systemen übernommen und trug zu der unter Frauen und Männern weitverbreiteten Meinung bei, Naturwissenschaft sei die Domäne der Männer.

Um 300 v. Chr. ließ sich Epikur in Athen nieder. Er lehrte, die Welt werde vom Zufall gelenkt, und er brachte den ›Atomismus‹ von Demokrit und Leucippus wieder in die Diskussion. In der Schule des Epikur wurden Frauen, wie bereits in der Akademie, in gleicher Weise wie Männer aufgenommen. Epikur stand in laufendem Briefwechsel mit Themista, die er als ›weiblichen Solon‹ bezeichnete.[26] Leontium war Schülerin und wahrscheinlich ›Gefährtin‹ Epikurs. Sie schrieb eine kritische, von Cicero sehr gelobte Abhandlung über Theophrastus.[27] Boccaccio gibt zu, daß Leontium zwar eine anerkannte Gelehrte gewesen sei, aber die pure Eifersucht ihre Kritik diktiert hätte. Sicher »hätte sie ihre weibliche Würde bewahrt, wäre ihr Name ruhmreicher und großartiger geblieben, denn zweifellos hatte sie außerordentliche intellektuelle Fähigkeiten«, schrieb er. Er redete von ihr, als hätte sie die Philosophie in den Schmutz gezogen. Frauen wie Leontium »beschmieren die Philosophie mit Schande, treten sie mit unkeuschen Füßen und ziehen sie durch den Unrat der Gosse«[28]. Bei derartigen ›Lobpreisungen‹ berühmter Frauen wundert es nicht, daß so wenige Philosophinnen in unseren Geschichtsbüchern erscheinen.

Historiker des Altertums und des Mittelalters waren oft mehr an Keuschheit oder ausschweifendem Lebenswandel ihrer weiblichen Forschungsobjekte interessiert als an deren intellektuellen Leistungen. So wurde den Liebesgeschichten einer Theano, Aspasia, Lasthenia und Leontium weit mehr Aufmerksamkeit entgegengebracht als ihrer Gelehrsamkeit. Die Werke römischer Frauen wie Lais, Elephantis und Salpe wurden schlechtgemacht wegen der überlieferten Unmoral ihrer Verfasserinnen. Diese Frauen konnten wohl nur außerhalb der anerkannten Normen des Ehestandes Bildung erwerben und wissenschaftliche Ziele verfolgen. Vielleicht waren die Angriffe auf ihr Privatleben auch nur schlecht verhüllte Versuche, sie um die verdiente Anerkennung zu bringen und jegliche Nachfolgerinnen zu entmutigen. Trotz dieser Erschwernisse waren die Frauen der Athener Schulen wesentlicher Bestandteil der platonischen Tradition, die die Wissenschaft bis in das christliche Zeitalter hinein beeinflußte.

Die Medizinerinnen des klassischen Griechenland

Die relativ geringe Neigung der Griechen zu Aberglauben ermöglichte der medizinischen Wissenschaft neue Aufschwünge. Die Lehre des Hippokrates unterstützte die Theorie von den vier Körpersäften, dem Blut, der gelben und der schwarzen Galle und dem Schleim – entsprechend dem sanguinischen, dem cholerischen, dem melancholischen und dem phlegmatischen Gemüt. Die Ansicht, daß eine gute Gesundheit auf einem Gleichgewicht der vier Flüssigkeiten beruhe, beeinflußte die Medizin nachhaltig für beinahe zweitausend Jahre.

In den meisten griechischen Städten praktizierten Ärztinnen und Chirurginnen, die von den Fortschritten der ägäischen Medizinschulen profitierten. Doch sie wurden mehr und mehr auf das Gebiet der reinen Geburtshilfe zurückgedrängt, ein Vorgang, der sich durch die ganze Geschichte hindurch fortsetzte, bis der Frau im neunzehnten Jahrhundert schließlich auch noch diese Domäne entzogen wurde. Man sagt zwar, Hippokrates habe Schulen für Frauen- und Geburtsheilkunde für weibliche Studierende gegründet, seine eigene Schule auf der Insel Kos jedenfalls, dem Zentrum für empirische Medizin, blieb den Frauen verschlossen. Die Konkurrenzschule in Knidos, an der Küste Kleinasiens, ermutigte dagegen Frauen zum Studium, obwohl sie rein wissenschaftlich weniger fortschrittlich war.

Hippokrates erkannte den Wert der Volksmedizin, der von Heilerinnen entdeckten Kräuterarzneien an. Eine der frühen kräuterkundigen Frauen war Artemisia, die mächtige Königin von Karien in Kleinasien. Artemisia soll jedes Kraut gekannt haben, das man in der Medizin brauchte, und Theophrastus, Strabo und Plinius rühmten ihre Fähigkeiten.[29]

Medizin zu praktizieren war für Frauen des gewöhnlichen Volkes bedeutend weniger einfach als für Königinnen. Im Athen des vierten Jahrhunderts v. Chr. wurde den Ärztinnen unter dem Vorwurf, Abtreibungen durchzuführen, die Berufsbewilligung entzogen. Dabei waren Abtreibungen in frühesten Zeiten allgemein üblich, wurden periodisch aber immer wieder für illegal erklärt, vor allem in ausgesprochen frauenfeindlichen Zeiten. Hyginus, der römische Geschichtsschreiber und Bibliothekar des Kaisers Augustus, wird als Zeuge für die Geschichte genannt, die Mrs. Celleor, eine englische Hebamme,

1687 in einem Brief veröffentlichte: Eine geraume Zeit lang verbot ein Gesetz der überaus gerissenen Athener den Frauen bei Todesstrafe, Medizin oder Physik zu studieren oder auszuüben. Dabei starben viele Frauen bei der Niederkunft oder an Frauenkrankheiten, weil ihnen ihr Schamgefühl nicht gestattete, einen Mann zur Geburt oder zur Behandlung zuzulassen.[30]

Mehr als zweitausend Jahre sind vergangen, und jetzt sind es die Feministinnen, die fordern, Ärztinnen seien nötig, um die weibliche Intimsphäre zu schützen.

Die Geschichte der Agnodike zeigt, was Frauen, die gemeinsam für eine Sache einstehen, sogar in der hoch-patriarchalischen Gesellschaft des klassischen Athen fertigbrachten. Agnodike ging um 300 v. Chr. nach Alexandrien, um als Mann verkleidet beim berühmten Arzt und Anatomen Herophilus Medizin und Geburtsheilkunde zu studieren. Er war der beste Lehrer, den sie hätte finden können. Herophilus war der erste, der öffentlich sezierte. Er identifizierte das Gehirn als den Sitz der Intelligenz und erkannte die Funktion der Nerven, und er unterschied als erster zwischen Venen und Arterien.

Nach Athen zurückgekehrt, baute Agnodike, immer noch in Männerkleidung, eine erfolgreiche Praxis für die Frauen der Aristokratie auf. Eine amüsante Version der Geschichte erzählt folgendes: Die Athener Ärzte, die seit frühesten Zeiten ihre Berufsinteressen eifersüchtig zu wahren versuchten, hätten den neuen Arzt aus Neid auf dessen Erfolg verklagt als einen, »der die Frauen anderer Männer verführte«[31]. Zu ihrer aller Überraschung gab sich Agnodike daraufhin als Frau zu erkennen. Damit war sie zugleich der Verfolgung preisgegeben, einerseits als weiblicher Arzt, zum anderen, weil sie unter falschen Angaben praktiziert hatte: »Sie sollte wegen Gesetzesübertretung zum Tode verurteilt werden...Als die Damen der oberen Gesellschaft das vernahmen, eilten sie auf den Areopag, wo sie das Gerichtsgebäude schon von beinah sämtlichen Frauen der Stadt umlagert fanden. Die Damen verschafften sich Einlaß und erklärten den Richtern, sie betrachteten sie nicht länger als ihre Ehemänner und Freunde, sondern als ihre erbittertsten Feinde, da sie die Frau verurteilten, die ihnen die Gesundheit wiederhergestellt hätte. Sie drohten, gemeinsam mit Agnodike zu sterben, falls sie hingerichtet würde.«[32] Der organisierte Widerstand führte zum Ziel. Agnodike wurde freigesprochen und erhielt die Erlaubnis, ihre Praxis weiter zu führen und Haare und Kleider nach ihrem eigenen Gutdünken zu tragen. Als Folge dessen wurde auch das Gesetz geändert, frei geborene Frauen durften Medizin studieren und praktizieren, dabei allerdings nur weibliche Kranke behandeln. So wandten sich die Frauen der griechischen Oberschicht dem Medizinstudium zu, und ihr Einfluß wurde bis ins Römische Reich hinein wirksam.

Die römischen ›Matronen‹

Die Römer waren an den Naturwissenschaften weniger interessiert als die Griechen, und auch die Mathematik förderten sie kaum. Statt ihre eigene Kunst und Wissenschaft zu entwickeln, versuchten sie, sich der der Griechen zu nähern. Da römische Intellektuelle aber ebenso fließend Griechisch wie Latein sprachen, wurden wenig griechische Texte übersetzt. So wurde mit dem Zerfall des Römischen Reiches im Westen und der Isolation des Byzantinischen Reiches im Osten die lateinisch sprechende Welt schließlich von dem Wissen Griechenlands abgeschnitten.

Nach dem römischen Recht unterschied sich die Stellung der Frau nicht sehr von der der Sklaven. Immerhin war sie weniger schlecht als im klassischen Athen, und sie verbesserte sich zusehends in den fünf Jahrhunderten des Römischen Imperiums. Römische Frauen lernten Lesen und Schreiben, und die angesehenen Damen der Oberschicht, die Matronen, erhielten ihre Bildung durch Privatlehrer. Plutarch erwähnt in seiner ›Biographie des Pompejus‹ Cornelia Scipio, die Kinderbraut des römischen Generals, als gebildet und vor allem versiert in Geometrie und Philosophie.

Julia Domna, die Frau des Kaisers Septimius Severus, hatte große Kenntnisse in Philosophie, Geometrie und anderen Wissenschaften. Sie nahm an der Regierung ihres Mannes teil und war berühmt für ihren Salon, in dem so bekannte Leute wie der Historiker Diogenes Laertius und der Arzt Galenus verkehrten.

In den frühen Jahrhunderten kannte Rom keine Berufsärzte. Nach der Eroberung Griechenlands im zweiten Jahrhundert v. Chr. kamen Ärztinnen als Sklavinnen nach Rom, und die Römer begannen allmählich, die griechische Medizin genauso wie andere Wissenschaften zu übernehmen, zusammenzutragen und systematisch zu ordnen. Im Laufe der ersten zwei Jahrhunderte n. Chr. war der Arztberuf im Römischen Reich zu einem blühenden Metier geworden. Die Römer waren auch führend in der Gründung medizinischer Fakultäten mit staatlich bezahlten Lehrern und in der Errichtung öffentlicher Hospitäler in Rom und in den Provinzen. Das Personal der Krankenhäuser setzte sich oft aus gebildeten Damen der Oberschicht zusammen. Zahlreich waren die Ärztinnen, und es gab auch für Frauen aus dem breiten Volk Möglichkeiten, diesen Beruf zu ergreifen. Ihr Status näherte sich dem ihrer männlichen Kollegen an, und mittlerweile behandelten sie Männer ebenso wie Frauen und Kinder.

Soranus von Ephesus (98–138 n. Chr.) schrieb für seine Studentinnen einen griechischen Text über Geburtshilfe und Frauenheilkunde. Er war der Ansicht, Frauen sollten nur von Frauen behandelt werden und diese ›Medizinerinnen‹ sollten solide Kenntnisse in Anatomie besitzen: »Die beste Hebamme ist jene, die... neben ihrer praktischen Erfahrung ein gründliches theoretisches Wissen aufweist... und vertraut ist mit den verschiedenen Therapien. Denn manche Fälle müssen mit Diät, andere durch chirurgische Eingriffe und wieder andere mit Medizinen behandelt werden.«[33] Er schrieb einen Stil, der sich leicht einprägte, und für Hunderte von Jahren blieben seine Instruktionen für Ärzte und Hebammen gleichermaßen wichtig.

In den Werken des Soranus und des Galenus, des einflußreichsten schreibenden Arztes, sowie in der ›Naturgeschichte‹ des Plinius werden zahlreiche Medizinerinnen erwähnt. Trotz des allgemein geringen Fortschrittes in medizinischer Wissenschaft schrieben viele von ihnen Abhandlungen und leisteten Beiträge zu Geburtshilfe und Frauenheilkunde. Leider sind die meisten dieser Werke verschollen.

Zu den frühesten Frauenärztinnen gehörten Elephantis (oder Philista) und Lais. Elephantis schrieb medizinische Bücher und war Gelehrte in Rom. Laut Soranus war sie so schön, daß sie ihre Vorlesungen hinter einem Vorhang halten mußte, um die Studenten nicht zu verwirren.[34]

Plinius geht mit beiden Frauen hart ins Gericht: »Lais und Elephantis sind sich weder bei Fehlgeburten einig... noch in anderen ungeheuerlichen oder widersprüchlichen Aussagen, indem die eine Fruchtbarkeit, die andere Unfruchtbarkeit den nämlichen Ursachen zuschreibt. Besser ist es, keiner von beiden Glauben zu schenken.«[35] Er hätte hinzufügen können, daß es besser war, überhaupt keinem Mediziner zu glauben, männlich oder weiblich. Plinius erwähnt auch Salpe und Olympias. Salpe von Lemnos bezeichnet er als »Kurtisane mit einer Vorliebe für tierische Heilmittel wie geröstete Regenwürmer und Tierkot«. Sie schrieb über Augenkrankheiten, ein häufiges Spezialgebiet von Ärztinnen, und empfahl ihren Patienten, »die Augen zur Stärkung mit frischem Urin zu baden«.[36] Die Thebanerin Olympias, die vermutlich zur Regierungszeit des Tiberius (14–37 n. Chr.) lebte, schrieb in ihrem Rezeptbuch unter dem Kapitel ›Frauenkrankheiten‹ eine Anwendung von Malven und Gänseschmalz vor, zur Verhütung von Fehlgeburten und zur Einleitung von Abtreibungen. Plinius zitiert eine ganze Reihe ihrer Heilmittelrezepte für Frauenkrankheiten.[37]

Scribonius Largus, der Arzt des Kaisers Claudius, reiste im Jahre 43 n. Chr. mit dem Kaiser durch das westliche Europa und erstellte dabei eine Liste aller Heilmittel, die er in den fremden Kolonien vorfand, auch solche, die man in Rom bereits kannte. Dabei zitierte er, mit einem Seitenblick auf seinen kaiserlichen Schutzherren, häufig aus den Rezeptbüchern der noch lebenden adeligen Frauen. Diese experimentierten besonders gern mit selbstgemischten Präparaten, die dann jeweils an ahnungslosen Mitgliedern des Haushalts ausprobiert wurden. Scribonius zitierte unter anderem Messalina, die dritte berühmt-berüchtigte Frau des Kaisers Claudius, Livia, die Frau von Kaiser Augustus, seine Schwester Oktavia, seine Tochter Julia und Antonia, die Tochter von Oktavia und Mark Anton. Livia, die 29. n. Chr. mit sechsundachtzig Jahren starb, besaß mehr Bildung als jeder ihrer Gatten. Sie studierte bei ausländischen Gelehrten, die an ihrem Hof lebten, Philosophie. Ruellius, der 1529 die Abhandlungen des Scribonius Largus herausgab, behauptete, diese Frauen seien zu ihrer Zeit als Medizinerinnen ebenso berühmt gewesen wie Galenus.[38]

Eine grausame Sage existiert auch von Königin Kleopatra VII. (69–30 v. Chr.), der Gemahlin Cäsars und Mark Antons. Angeblich brachte ihr Interesse an der Entwicklung des menschlichen Fötus sie dazu, Sklavinnen in unterschiedlich weit fortgeschrittener Schwangerschaft sezieren zu lassen. Ein späterer Bericht beruft sich auf diese

Experimente für die Behauptung, der männliche Embryo sei nach ein-
undvierzig, der weibliche erst nach einundachtzig Tagen voll ausgebildet. Dagegen wurde argumentiert, die Opfer der Experimente
seien früher als angenommen schwanger gewesen, da man erst von
dem Zeitpunkt an gerechnet habe, als Abtreibungsmittel nicht zum
Ziel geführt hätten.[39]

Antiochis, die Freundin des Galenus, arbeitete mit diesem zusammen an der medizinischen Schule auf dem Esquilinischen Hügel in
Rom. Sie spezialisierte sich auf Arthritis und Erkrankungen der Milz,
und es ist wahrscheinlich, daß Galenus einige ihrer Rezepte kopierte.
Ihre Heimatstadt in Kleinasien errichtete ihr ein Denkmal mit folgender Inschrift: »Antiochis, Tochter des Diodotos von Tlos. Rat und
Gemeinde der Stadt Tlos errichteten ihr zu Ehren auf eigene Kosten
dieses Denkmal, in Anerkennung ihrer hohen ärztlichen Kunst.«[40]

Metrodora, eine Zeitgenossin des Soranus, schrieb eine Abhandlung über Krankheiten der Gebärmutter, des Magens und der Nieren.
In der Biblioteca Medicea Laurenziana in Florenz gibt es eine im
zwölften Jahrhundert angefertigte Handschrift dieser Aufzeichnun-
gen, die aus 263 Pergamentseiten besteht und in 108 Kapitel unterteilt
ist.

Kleopatra und Aspasia waren die bedeutendsten unter all den
Frauen, die über Frauenheilkunde und Geburtshilfe schrieben. Kleopatra lebte im Rom des zweiten Jahrhunderts. Ihre Abhandlung ›De
Geneticis‹ galt als maßgebend bis mindestens ins sechste Jahrhundert
hinein. Dann wurde sie allmählich mit den Schriften des ›Muscio‹,
eines lateinischen Übersetzers von Soranus, vermischt, und auch andere Schreiber kopierten vieles daraus. Erst in der Renaissance sammelte man alles, was von ihrem Werk noch existierte, und gab es neu
heraus. Sie könnte mit jener Kleopatra identisch sein, die über Schönheitsmittel und Hautkrankheiten schrieb, denn diese Fachgebiete wurden früher praktisch in jedem Aufsatz über Gynäkologie automatisch
mit behandelt. Aspasia war eine griechisch-römische Ärztin des zweiten Jahrhunderts, die sich auf Geburtshilfe, Frauenkrankheiten und
Chirurgie spezialisierte. Aetios von Amida, Hofarzt eines byzantinischen Kaisers aus dem sechsten Jahrhundert, zitiert sie ausgiebig in
seiner medizinischen Enzyklopädie. Nicht weniger als elf Kapitel seines Buches über Frauenheilkunde und Geburtshilfe sind ihr gewid-

met. Die Werke Kleopatras und Aspasias machten bis zu Trotula im elften Jahrhundert den größten Teil aller von Frauen verfaßten medizinischen Schriften aus.[41]

Medizin war die einzige wissenschaftliche Betätigung, welche die Römer förderten, und folgerichtig wohl der einzige Beruf, der den Frauen jederzeit offenstand. Frauen waren schon immer spezialisiert auf Kräuterheilkunde, waren Heilerinnen und Hebammen gewesen, und sie würden das auch immer bleiben, aber den hohen beruflichen Status der römischen Ärztinnen sollten sie nie mehr erreichen. Ihre Arbeit sollte mehr und mehr eingeschränkt werden, zuerst auf die ausschließliche Behandlung von Frauen, dann auf reine Hebammentätigkeit. Obwohl die schreibenden Medizinerinnen des Römischen Reiches aus naheliegenden Gründen das größte Gewicht auf Schwangerschaft, Geburt, Abtreibung und Frauenkrankheiten legten, gingen ihre Beschreibungen und Anweisungen doch weit über dieses Gebiet hinaus und deckten das ganze Spektrum menschlicher Leiden ab. Darin verkörperten sie das Ende einer Ära. Medizinische Autorinnen späterer Jahrhunderte behandelten, von wenigen Ausnahmen abgesehen, viel enger begrenzte Fachgebiete.

Das aufkommende Christentum war den Wissenschaften wenig förderlich. Die Kirche war anti-intellektuell: Glaube war alles, ›Beweise‹ konnte es nicht geben, wissenschaftliche Forschung war überflüssig, da die Wiederkunft Christi immer bevorstand. Der karthagische Kirchenvater Tertullian aus dem dritten Jahrhundert machte seiner Wut auf Ärztinnen und Hebammen Luft, indem er sie samt und sonders als Abtreiberinnen anklagte. Trotz solch reaktionärer Tendenzen gab es auch unter den frühen Christen Verfechter der weiblichen Gleichberechtigung. Ein Beweis dafür ist die Tatsache, daß im dritten und vierten Jahrhundert Ärztinnen, und ganz speziell Christinnen, die sich medizinischer Tätigkeit auf karitativer Basis widmeten, freien Zugang hatten zu Bibliotheken und damit zu den Werken des Galenus und Soranus sowie denen früher Medizinerinnen. Wenn diese Christinnen den Löwen vorgeworfen wurden, was nicht selten geschah, erhöhte ihr Märtyrerinnentum unweigerlich ihren Ruf als Heilerinnen.

In ihrer Oase Palmyra in Kleinasien gelang es Königin Zenobia, den römischen Legionen über Jahre hinweg die Stirn zu bieten, da sie

»wohl bewandert war in Naturwissenschaft, Geschichte und Militär-kunst«[42]. Der berühmte griechische Gelehrte Longinus war ihr ober-ster Berater in Staatsangelegenheiten und zugleich ihr Lehrer. Nach der Ermordung ihres Mannes, des Königs Odenathus, im Jahre 267, führte Zenobia dessen kriegerische Unternehmungen weiter und er-nannte sich selbst zur Königin des Ostens. Damit forderte sie den rö-mischen Kaiser Aurelian zum Krieg heraus. Nach jahrelanger Belage-rung wurde Zenobia schließlich überwältigt und 273 gefangen nach Rom gebracht. Sie wurde begnadigt und führte hinfort das Leben einer römischen Matrone. Ihre gelehrte Tochter wurde als Aurelians Frau Kaiserin, und ihre Enkelin wurde Königin von Persien. Sie führte die griechische Medizin in Persien ein und übernahm die Schutzherr-schaft über Doktoren und Professoren der neuen Medizinschule in Edessa. Im Laufe des fünften Jahrhunderts wurde diese Schule aller-dings von der noch bedeutsameren in Jundischapur überflügelt. Dort studierten Frauen und Männer zusammen. Mit seiner ausgezeichneten Bibliothek, mit berühmten Dozenten und Wissenschaftlern wurde Jundischapur eines der wesentlichen arabischen Zentren, die das Überleben griechischer Gelehrsamkeit im ›dunklen Mittelalter‹ garan-tierten.

VON ALEXANDRIA ZU DEN ARABERN

Im Jahre 332 v. Chr. fiel Alexander der Große in Ägypten ein und gründete an der Nilmündung die marmorne Stadt Alexandria. Innerhalb eines Jahrhunderts wurde Alexandria zur Weltstadt ersten Ranges und verdrängte Athen als Zentrum griechischer Wissenschaft.

Alexanders Feldherr Ptolemäus übernahm 306 v. Chr. die Herrschaft in Ägypten. Mit ihm begann die Dynastie der Ptolemäer. Wie Alexander war auch Ptolemäus Student des Aristoteles gewesen. Er war enttäuscht und besorgt, in Ägypten die wissenschaftliche Forschung so hoffnungslos mit der herrschenden Religion verquickt zu finden. Er setzte alles daran, das zu ändern und die Wissenschaft unter die Obhut des Staates zu stellen. Er gründete das Museion, eine Institution, die sich mit Forschung und Lehre befaßte. Obwohl es Ähnlichkeiten mit dem Lykeion des Aristoteles hatte, glich es doch mehr einem modernen Institut für Studenten höherer Semester. Alle bedeutenderen Philosophenschulen der Antike waren vertreten. Die Regierung beschäftigte über hundert Professoren, errichtete eine große Bibliothek, einen zoologischen und einen botanischen Garten, ein Observatorium und Seziersäle. Bald ließen sich die größten Gelehrten in Alexandria nieder. Als Ägypten im Jahre 30 v. Chr. römische Kolonie wurde, blieb Rom zwar Sitz der politischen Macht, aber Alexandria wurde zum intellektuellen Mittelpunkt des Imperiums.

Die Alchimistinnen Alexandrias

Zur Zeit des Claudius Ptolemäus (85–165 n. Chr.) hatte der wissenschaftliche Zerfall des Griechisch-Römischen Reiches bereits eingesetzt. Die vorherrschende Meinung war, alle wesentlichen Erkenntnisse seien in den Werken der ›Alten‹, der klassischen Griechen, bereits enthalten. Selbst Ptolemäus, einer der größten empirischen Astronomen des Altertums, konnte sich kaum vorstellen, er oder seine Zeitgenossen würden Lehrsätze formulieren oder Entdeckungen machen, die ihre Vorgänger nicht schon gekannt hätten.

Einzig die Alchimie blühte in diesen unproduktiven Zeiten in Alexandria. Diese seltsame und geheime Wissenschaft suchte nach dem Rezept der Herstellung von Gold und Silber aus unedlen Metallen. Der Hang zur Geheimhaltung mochte dem Schutz vor öffentlicher Verfolgung dienen, könnte aber auch mit der traditionellen Geheimsphäre der Handwerksbruderschaften und der mystischen Kulte zusammenhängen. Jedenfalls ist die alchimistische Literatur allegorisch und dunkel und wurde oft als unverständlicher Hokuspokus abgetan. Die echten Alchimisten des Altertums waren jedoch Physiker, die die Natur der sie umgebenden Vorgänge und des Lebens überhaupt zu ergründen suchten. Basierend auf aristotelischer Wissenschaft, verbanden sie als erste Theorie mit praktischen Versuchen. Aufbauend auf den Methoden und Geräten der normalen Haushaltsküche, erfanden sie Techniken und Instrumente, die heute noch den Grundstock der Laboratorien bilden. Trotz der mystischen Grundlagen von Alchimie wußten schon die frühen Adepten genau zu unterscheiden zwischen Gold- und Silberimitationen, durch Vergoldung und Versilberung oder durch Legierung unedler Metalle, und dem eigentlichen Ziel, Metalle wesenhaft zu verändern, was schließlich den Physikern des zwanzigsten Jahrhunderts gelang. Man stellte sich die Metalle als lebende Organismen vor, die sich in einem Evolutionsprozeß in Richtung auf das vollkommene Gold befänden. Die Alchimisten versuchten diesen natürlichen Vorgang zu beschleunigen, indem sie unedlen Metallen Goldgeist oder Golddampf einzuverleiben versuchten, was sich in der Farbveränderung niederschlug.

Alchimie setzte sich aus verschiedenen Bestandteilen zusammen. Da gab es zum einen die Formeln und darauf basierend die Herstellung von Schönheitsmitteln, Parfümen und künstlichen Juwelen, einer wichtigen ägyptischen Industrie und künstlerischen Tradition, und die Mischung von Farbstoffen und die Farbenlehre. Zum anderen gab es den Gnostizismus, eine esoterische Mischung aus jüdischen, chaldäischen und ägyptischen Mystizismen, aus Neu-Platonismus und Christentum, die ihr Zentrum in Alexandria hatte. In der gnostischen Überlieferung waren, genau wie im alten Taoismus, männliches und weibliches Prinzip gleichwertig – eine Vorstellung, die zum Eckstein alchimistischer Theorie wurde.

Die ägyptische Alchimie stammte vermutlich aus dem alten Mesopotamien. Dort entwickelten Frauen Rezepte und Techniken, die bei der Herstellung von Parfümen und Kosmetika angewandt wurden. Diese Kenntnisse der Babylonierinnen gelangten nach Alexandria aufgrund der Handwerkstradition, die üblicherweise von Frau zu Frau weitergegeben wurde. Deshalb wurde die Tätigkeit der frühen Alchimisten hin und wieder auch ›opus mulierum‹, Frauenwerk, genannt. Die Göttin Isis wurde als Urheberin der Geheimwissenschaft angesehen, und eine der frühesten alchimistischen Abhandlungen trägt den Titel ›Isis, Prophetin ihres Sohnes Horus‹. Um einer Bestrafung zu entgehen, publizierten Alchimisten oft unter dem Namen einer alten Göttin oder einer Berühmtheit aus früheren Tagen.

Die theoretischen und praktischen Grundlagen der westlichen Alchimie und damit der modernen Chemie wurden von Maria, der Jüdin, gelegt.[43] Maria schrieb unter dem Namen der Prophetin Miriam, der Schwester des Moses, was verschiedene Historiker zu der falschen Annahme verleitete, die biblische Miriam sei Alchimistin gewesen. Man nimmt an, Maria habe im ersten Jahrhundert n. Chr. in Alexandria gelebt. Sie schrieb zahlreiche Abhandlungen, die später erweitert, verfälscht und mit anderen Werken vermischt wurden. In Sammlungen früher Alchimie finden sich Bruchstücke ihrer Schriften, darunter die ›Maria Practica‹.

Neben ihren Schriften, die nachhaltigen Einfluß ausübten, war Maria die Erfinderin ausgeklügelter Laborapparate zum Destillieren und Sublimieren. Sie beschrieb ihre Konstruktionen bis in alle Einzelheiten. Ihr ›balneum mariae‹ gehörte für annähernd zweitausend Jahre zur wesentlichen Ausrüstung jedes Laboratoriums. ›Marias Bad‹ glich einem doppelten Kessel und wurde, wie das moderne Wasserbad, dazu benutzt, Substanzen langsam zu erwärmen und auf einer konstanten Temperatur zu halten. Im modernen Französisch heißt dieser Doppelkochkessel immer noch ›bain-marie‹.

Maria erfand auch einen ›Tribikos‹ genannten Destillierkolben. Ein Tongefäß zur Aufnahme der Destillierflüssigkeit, darüber der Ambix, ein Kolbenkopf zur Kondensierung des Dampfes, in den Kolbenkopf eingelassen drei Kupferausgüsse, und Glasflaschen zur Aufnahme des Destillats. Zur Abkühlung von Kolbenkopf und Auffangflaschen wurden kalte Schwämme benutzt. Maria gab ihrer Beschreibung eine Anweisung bei zur Anfertigung der Kupferröhren aus Metallfolien, und sie verglich die notwendige Dicke des Metalls mit der einer kupfernen Bratpfanne.[44] Zur Abdichtung der Nahtstellen wurde ein Mehlteig empfohlen.

Isis war in erster Linie für die wechselnden Farben der Metalle und ihre Verschmelzung zu Legierungen zuständig. Maria dagegen interessierte sich für die Langzeitreaktionen, die Arsenik-, Quecksilber- und Schwefeldämpfe bei den Metallen hervorriefen. Dazu entwickelte sie das ›Kerotakis‹-Verfahren, ihren wesentlichsten Beitrag zur Alchimie. Der ›Kerotakis‹ war ursprünglich die dreieckige Palette, die die Künstler benutzten, um ihre Wachs- und Farbmischungen warm zu halten. Maria verwandte die gleiche Palette, um Metalle zu erweichen und mit Farbe zu durchtränken, und letzten Endes nannte man diesen gesamten Rückflußapparat ›Kerotakis‹. Es war ein Zylinder mit halbkugelförmigem Deckel, der über einem Feuer stand. Am unteren Ende wurden in einer Pfanne über dem Feuer Schwefel, Quecksilber oder Arsenik-Sulfid-Lösungen erhitzt. Am oberen Ende hing vom Deckel herab die Palette, auf ihr eine Kupfer-Blei-Legierung oder ein anderes Metall, das behandelt werden sollte. Wenn Schwefel oder Quecksilber kochten, kondensierten sich die Dämpfe am Zylinderkopf und ergaben einen kontinuierlichen Rückfluß. Die Schwefeldämpfe oder die Kondensate griffen die Metallegierungen an und führten zu schwarzen Sulfiden, dem berühmten ›Schwarz der Maria‹, das man für die erste Phase einer Transmutation hielt. Unreinheiten wurden von einem Sieb zurückgehalten, während die ›Schlacke‹, das schwarze Sulfid, nach unten abfloß. Ununterbrochene Erhitzung erbrachte zuletzt eine goldartige Legierung, deren genaue Zusammensetzung von den verwendeten Metallen und Quecksilber- oder

Schwefel-Beigaben abhing. Der ›Kerotakis‹ wurde auch zur Extraktion von Pflanzenessenzen, wie beispielsweise dem Rosenöl, verwendet.

Maria war die pragmatischste aller frühen Alchimistinnen, und sie beschrieb ihre Apparate mit klaren, praktischen Anweisungen. Ihre Theorien dagegen waren typisch alchimistische Aphorismen, von der Art ›Eines ist Alles, und Alles ist Eines‹. Sie glaubte, Metalle seien lebendige Wesen, männlich oder weiblich, und die im Labor entstehenden Produkte seien das Ergebnis geschlechtlicher Zeugung. »Verbinde das Männliche mit dem Weiblichen, und du wirst finden, wonach du suchst.« Sie sagte, Silber verbinde sich leicht, während das Kupfer sich »wie das Pferd mit dem Esel und der Hund mit dem Wolf« paare.[45] Maria stellte aber auch Theorien im Zusammenhang mit den Laborerfindungen auf. Sie machte sich das Konzept vom Makrokosmos-Mikrokosmos zu eigen und wandte es auf die ›Oben-unten‹-Konstellation von Destillation und Rückfluß an.

Trotz einer noch existierenden Abhandlung und einem einzelnen übriggebliebenen Papyrusblatt mit Symbolen und Diagrammen weiß man von der Alchimistin Kleopatra wenig.[46] Sie hatte Verbindung zur Schule Marias und könnte in Alexandria ihre Zeitgenossin gewesen sein. Lindsay nennt die Abhandlung Kleopatras »das einfallsreichste und tiefgründigste Dokument, das die Alchimisten hinterließen«[47]. Sie brachte die Vorstellung von Empfängnis und Geburt, von Erneuerung und Umwandlung des Lebens definitiv in die alchimistische Literatur ein. Der Papyrus ›Chrysopoeia‹, Goldmacherkunst, von Kleopatra zeigt das archetypische Symbol der Schlange, die sich in ihren eigenen Schwanz beißt, und in einem doppelten Ring die Inschrift: »Die Schlange mit ihrem Gift aus zwei Komponenten ist Eines, und Eines ist Alles, durch Eines ist Alles, und in Einem ist Alles, und wenn du Alles nicht hast, so ist Alles nichts.«[48] In der Mitte des Rings stehen die Symbole für Gold, Silber und Quecksilber. Es ist auch ein ›Dibikos‹, ein zweiarmiger, dem ›Kerotakis‹ ähnlichen Destillierkolben, dargestellt. Kleopatra erforschte im Labor Gewichte und Maße und versuchte, die alchimistischen Experimente zu quantifizieren. Ihr Vorgehen glich dem der Maria, und sie benutzte im Laboratorium Sonne und gärenden Pferdemist als Wärmeenergiequellen.

Zosimus von Panopolis und seine Schwester (oder Freundin) Theosebeia ›soror mystica‹, mystische Schwester, waren Mitautoren der ›Cheirokmeta‹, einer 28bändigen Enzyklopädie der Chemie um ca. 300 n. Chr. Die ›Cheirokmeta‹ fußte auf Ideen und Techniken Marias und Kleopatras. Heute existieren noch Teile dieses Werkes in griechischen und syrischen Übersetzungen sowie lange Briefe über Alchimie, die Zosimus an Theosebeia schrieb. Einer davon enthält eine Schimpftirade gegen Paphnutia, eine weitere Alchimistin.

Maria und Kleopatra stehen für den Anfang und zugleich für das Ende der Alchimie als experimenteller Wissenschaft. Der römische Kaiser Diokletian begann, die Alchimisten Alexandrias systematisch zu verfolgen und ihre Texte zu verbrennen. Dank der Araber überlebte die Wissenschaft, und die frühe Alchimie gelangte im Mittelalter wieder nach Europa. In der Zwischenzeit aber war sie zu mystischem Hokuspokus verkommen. Seit dem Fall Alexandrias bis in die Mitte des siebzehnten Jahrhunderts hatte die Laborchemie kaum Fortschritte gemacht.

Hypatia von Alexandria

An ihrer Person schieden sich die Geister: die einen betrachteten sie als Orakel des Lichtes, die anderen als Sendboten der Finsternis.
Elbert Hubbard[49]

Im Alexandria des vierten Jahrhunderts fand, dank der bis zu Marie Curie berühmtesten Wissenschaftlerin aller Zeiten, Hypatia, eine leise wissenschaftliche Renaissance statt. Von der Geschichte wurde sie lange Zeit als die einzige Frau in der Wissenschaft angesehen. Auch heute noch wird in der Mathematik und der Astronomie als einzige Vertreterin häufig nur sie erwähnt, was mehr mit der romantischen Legendenbildung um ihr Leben und ihren Tod als mit ihren Leistungen zu tun hat.[50]

Hypatia ist die erste Wissenschaftlerin, deren Leben vollständig dokumentiert ist. Obwohl die meisten ihrer Schriften verlorengingen, gibt es noch zahlreiche Hinweise auf sie. Außerdem starb sie in einer für die Historiker günstigen Zeit, ihr gewaltsamer Tod fiel in das letzte Jahr des Römischen Imperiums. Da der Westen für die nächsten tausend Jahre weder in Mathematik noch Astronomie noch Pyhsik wesentlich neue Erkenntnisse zutage förderte, wurde Hypatia zum Symbol für das Ende der antiken Wissenschaft. Der Zerfall war zwar schon seit einigen Jahrhunderten im Gang, aber nach Hypatia folgten nur noch Chaos und Barbarei des finsteren Mittelalters.

Zu der Zeit von Hypatias Geburt, 370 n. Chr., war das intellektuelle Leben Alexandrias ins Wanken gekommen. Das Römische Reich stand gerade im Begriff, christlich zu werden, und die Mehrzahl der christlichen Eiferer sah in der Mathematik und den Naturwissenschaften nur Irrlehre und Übel, »Mathematiker wurden wilden Tieren vorgeworfen oder lebend verbrannt«[51]. Einige Kirchenväter griffen sogar wieder zu der alten Theorie, die Erde sei eine flache Scheibe und das Weltall stülpe sich wie ein Glassturz darüber. Heftige Auseinandersetzungen zwischen Heiden, Juden und Christen wurden vom Patriarchen von Alexandria, Theophilus, noch zusätzlich angeheizt. Kurz, das Zeitalter war Wissenschaftlern und Philosophen nicht günstig.

Hypatias Vater Theon war Mathematiker und Astronom des Museion in Alexandria. Er plante sorgfältig jeden Aspekt der Erziehung seiner Tochter. Nach der Legende wollte er aus ihr einen ›vollkommenen Menschen‹ machen, und das in einer Zeit, in der Frauen häufig nicht einmal als menschliche Wesen betrachtet wurden. Hypatia war tatsächlich eine außergewöhnliche junge Frau. Sie reiste nach Athen und Italien und beeindruckte sämtliche Männer durch ihren Verstand und ihre Schönheit. Nach ihrer Rückkehr nach Alexandria wurde sie Lehrerin für Mathematik und Philosophie. Das Museion hatte seine hervorragende Stellung mittlerweile verloren, und es gab nun eigene Schulen für Heiden, Juden und Christen. Hypatia lehrte allerdings Vertreter aller Religionen, möglicherweise hatte sie also einen öffentlichen Lehrstuhl für Philosophie inne. Nach Aussagen des byzantinischen Enzyklopädisten Suidas war sie »offiziell beauftragt, die Lehren von Platon, Aristoteles und deren Anhängern darzulegen«[52]. Studenten kamen nach Alexandria, um ihre Vorlesungen über Mathematik, Astronomie, Philosophie und Mechanik zu hören. Ihr Heim wurde zum intellektuellen Zentrum, in dem wissenschaftliche und philosophische Fragen diskutiert wurden.

Die meisten Schriften Hypatias waren ursprünglich Texte für ihre Studenten. Kein einziger ist vollständig erhalten, wobei wahrscheinlich Teile ihres Werkes in die noch existierenden Abhandlungen Theons eingegangen sind. Einige Informationen über ihre Bildung gewinnen wir aus den noch vorhandenen Briefen ihres Schülers und Jüngers, Synesius von Cyrene, dem späteren reichen und mächtigen Bischof von Ptolemais. Die bedeutendste Leistung vollbrachte Hypatia in der Algebra. Sie schrieb einen Kommentar in dreizehn Bänden zur ›Aritmetica‹ des Diophant. Dieser lebte und arbeitete im dritten Jahrhundert n. Chr. in Alexandria und wurde ›Vater der Algebra‹ genannt. Er entwickelte die ›diophantischen Gleichungen‹, Gleichungen mit ganzzahligen Lösungen, und er arbeitete auch mit quadratischen Gleichungen. Hypatias Kommentare enthielten einige Alternativlösungen und zahlreiche neue Problemstellungen, die aber später den Werken Diophants einverleibt wurden.

Hypatia verfaßte auch eine Abhandlung in acht Bänden über ›die Lehre von den Kegelschnitten des Apollonius‹. Apollonius von Perga lebte im dritten Jahrhundert v. Chr. in Alexandria. Er war Geometer, Schöpfer der Nebenzyklen und der Ableitungen zur Erklärung der unregelmäßigen Planetenumlaufbahnen. Hypatias Text war eine allgemeinverständliche Auslegung seiner Theorien. Sie war, wie ihre griechischen Vorfahren, fasziniert von den Kegelschnitten, den Figuren, die entstehen, wenn eine Ebene durch einen Kegel gelegt wird. Nach ihrem Tod gerieten die Kegelschnitte in Vergessenheit, bis Wissenschaftler zu Beginn des siebzehnten Jahrhunderts entdeckten, daß viele Naturerscheinungen, so auch die Sternenbahnen, am besten mit elliptischen Kurven zu beschreiben waren.

Theon revidierte und verbesserte Euklids ›Elemente‹ der Geometrie, und diese von ihm bearbeitete Fassung wird noch heute benutzt. Wahrscheinlich war Hypatia an der Revision beteiligt. Auf jeden Fall war sie Mitautorin zumindest einer seiner Abhandlungen über Euklid. Ebenso schrieb sie mindestens einen Band der Werke Theons über Ptolemäus. Dieser hatte alles mathematische und astronomische Wissen seiner Zeit in dreizehn Bänden systematisch zusammengefaßt, die er bescheiden ›Mathematische Abhandlung‹ nannte. Im Mittelalter gaben arabische Gelehrte der Reihe den Namen ›Almagest‹, das bedeutet ›Großes Buch‹. Bis zu Kopernikus im sechzehnten Jahrhundert blieb das ptolemäische System in der Astronomie maßgebend. Hypatias Diagramme der Bewegungen der Himmelskörper, ›der Astronomische Kanon‹, könnten Teil der Ptolemäus-Kommentare des Theon, oder aber ein selbständiges Werk gewesen sein.

Neben Mathematik und Philosophie interessierte sich Hypatia auch für Mechanik und angewandte Technologie. Die Synesius-Briefe enthalten ihre Zeichnungen für verschiedene wissenschaftliche Instrumente, darunter ein Astrolabium. Es diente dazu, die Position der Sterne, Planeten und Sonne zu bestimmen, zur Berechnung des Aszendenten und als Sternenuhr. Weiterhin entwickelte Hypatia einen Wasserdestillierapparat, ein Instrument zur Messung des Wasserstandes und einen Hydrometer aus Messing mit einer Gradeinteilung zur Bestimmung des spezifischen Gewichts, der Dichte, einer Flüssigkeit.

Im vierten Jahrhundert war Alexandria ein Zentrum neuplatonischer Gelehrter. Obwohl Hypatia vermutlich an der neuplatonischen Schule Plutarchs des Jüngeren und seiner Tochter Asklepigeneia in Athen studiert hatte, hing sie einem toleranteren, auf Mathematik basierenden Neuplatonismus an.[53] Zwischen den beiden Schulen von Alexandria und Athen gab es Rivalitäten, wobei Athen größeres Gewicht auf die magisch übersinnliche Seite der Lehre legte. Für die Christen allerdings waren alle Platoniker auf jeden Fall gefährliche Häretiker.

Es steht auch außer Zweifel, daß Hypatia in Alexandria politisch aktiv war. Ihr jüdischer Schüler Hesychius schrieb: »Im Philosophentalar zog sie durch die Innenstadt und sprach für alle, die zuhören wollten, öffentlich über die Lehren des Platon oder des Aristoteles oder irgendeines anderen Philosophen ... Die Magistraten pflegten für die Verwaltung der Staatsgeschäfte zuerst ihren Rat einzuholen.«[54]

Als Heidin, Anhängerin des griechischen, wissenschaftlichen Rationalismus und als einflußreiche politische Person war Hypatia in der sich mehr und mehr dem Christentum zuwendenden Stadt zunehmend gefährdet. Als im Jahre 412 Cyrillus, ein fanatischer Christ, Patriarch von Alexandria wurde, entwickelte sich eine intensive Feindschaft zwischen diesem und Orestes, dem römischen Statthalter in Ägypten, der ein früherer Schüler und langjähriger Freund Hypatias war. Bald nach seiner Amtsübernahme begann Cyrillus, die Juden zu verfolgen und sie zu Tausenden aus der Stadt zu vertreiben. Danach wandte er sich, trotz der vehementen Proteste Orestes', der Aufgabe zu, die Stadt von Neuplatonikern zu reinigen. Hypatia weigerte sich, ihre Ideale aufzugeben und Christin zu werden. Daran konnten auch Orestes' inständige Bitten nichts ändern.

Der christliche Historiker des fünften Jahrhunderts, Socrates Scholastius, beschreibt Hypatias Ermordung folgendermaßen: »Die Leute verehrten und bewunderten sie wegen ihrer einzigartigen Bescheidenheit, was ihr andererseits Neid und Gehässigkeit eintrug. Da sie zudem häufig und sehr vertraut mit Orestes diskutierte, warf man ihr vor, ihretwegen könnten sich der Bischof und Orestes nicht vertragen. Kurzum, einige vorschnelle, unbesonnene Hitzköpfe, unter ihnen ihr Anführer Petrus, ein Vorleser in der Kirche, lauerten der Frau auf dem Heimweg auf und zerrten sie in die Caesarium-Kirche hinein. Sie rissen ihr die Kleider vom Leib, schnitten ihr mit scharfen Muscheln die Haut auf und zerfleischten sie. Dann vierteilten sie ihren Körper und brachten die Teile zu einem Ort namens Cinaron und verbrannten sie zu Asche.«[55]

Dies geschah im März 415, gut hundert Jahre nachdem Heiden die christliche Gelehrte Katharina von Alexandria umgebracht hatten. Hypatias Mörder waren Paraboler, fanatische Mönche der Kirche des heiligen Cyrillus von Jerusalem, möglicherweise unterstützt von nitrischen Mönchen. Ob der Patriarch Cyrillus den Mord direkt angeordnet hatte, bleibt offen. Zumindest trug er entscheidend zu der Atmosphäre bei, die eine derartige Grausamkeit ermöglicht hatte.[56] Orestes jedenfalls meldete den Mord nach Rom und bat, eine Untersuchung einzuleiten. Dann trat er von seinem Amt zurück und floh aus Alexandria. Die Untersuchung wurde mehrfach verschoben, und schließlich erklärte Cyrillus, der später heiliggesprochen wurde, Hypatia lebe noch und befinde sich in Athen. Die brutale Ermordung Hypatias setzte der Verkündung von Platons Lehre in Alexandria und im ganzen Römischen Reich ein Ende.

Mit der Ausbreitung des Christentums, dem Erscheinen zahlreicher religiöser Kulte und einer zunehmenden religiösen Verwirrung wurde wissenschaftliche Forschung durch ein Interesse für Astrologie und Mystizismus abgelöst. Im Jahre 640 eroberten die Araber Alexandria und zerstörten, was vom Museion noch übrig war. Europa trat ins finstere Mittelalter ein, die griechische Wissenschaft jedoch überlebte in Byzanz und gelangte in der arabischen Welt zu neuer Blüte.

Das Mittelalter war für die Frauen weniger finster, als man gemeinhin annimmt. Im Byzantinischen Reich verfolgten eine ganze Reihe von Herrscherinnen wissenschaftliche Interessen, und in China brachten weibliche Ingenieure und Taoistinnen die Technik in beharrlichen Schritten weiter voran. Mit dem aufstrebenden Islam und der damit einhergehenden Eroberung und Vereinigung aller arabischen Gebiete wurden die Lehren der alten Griechen übersetzt und ausgedeutet und damit zur Grundlage der arabischen Wissenschaft. Das frühe muslimische Imperium mit seiner breitgefächerten, toleranten Kultur bewahrte und erweiterte die Erkenntnisse der Antike. Frauen studierten an der Medizinschule von Bagdad, und Alchimistinnen folgten den Lehren Marias, der Jüdin. Wenn historische Texte auch keine weiblichen muslimischen Gelehrten erwähnen, so wird ihre Existenz doch durch die Erzählungen von ›Tausendundeiner Nacht‹ bezeugt.[57]

Die spannende Geschichte von Tawaddud, dem arabischen Sklavenmädchen, erinnert uns daran, daß selbst die patriarchalischste aller Kulturen die wissenschaftlichen Leistungen von Frauen anerkannte. Diese Legende beschäftigt Scheherezade von der 436. bis zur 462. Nacht. Als Abu Hassan von Bagdad völlig abgebrannt ist, schlägt seine schöne junge Sklavin Tawaddud vor, er solle sie dem Kalifen Harun al Raschid zum Kauf anbieten und wegen ihrer außerordentlichen Fähigkeiten einen ungeheuer hohen Preis verlangen. Um die erstaunlichen Behauptungen Abu Hassans zu prüfen, beorderte der Kalif den glänzenden Redner Ibrahim, Koranausleger, Doktoren des Rechts und der Medizin, Astrologen, Naturwissenschaftler, Mathematiker und Philosophen in den Palast. Zuerst befragte man Tawaddud über verschiedene Aspekte des Koran und seiner Gesetze. Nachdem sie alle Fragen korrekt beantwortet hatte, stellte sie ihrerseits dem Koranlehrer eine Frage, auf die er keine Antwort wußte. Damit verwirkte dieser Gelehrte sein Amt und wurde mit Schande entlassen. Nun kam die Reihe an den Arzt, der sie in Physiologie prüfte. Tawaddud beschrieb in allen Einzelheiten die Blutgefäße, die Knochen und inneren Organe des Körpers, die Beziehungen der vier Elemente zu den vier Körpersäften sowie deren Erkrankungen. Sie erläuterte innere und äußere Symptome von Krankheiten, legte besonderes Gewicht auf eine vernünftige, maßvolle Ernährung und mahnte zur Vorsicht in der medizinischen Anwendung von Aderlaß und Schröpfen. Sie zitierte Galenus und beantwortete sämtliche Fragen. Zum Schluß gab sie dem Mediziner ein Rätsel auf, doch der rief verzweifelt: »O Herrscher aller Rechtgläubigen, sei mein Zeuge, daß diese junge Frau in Heilkunde und vielem anderen gelehrter ist als ich und daß ich mich mit ihr nicht zu messen vermag.«[58] Ein Philosoph stellte sie mit der Frage nach der Natur der Zeit auf die Probe und gab sich schließlich geschlagen, als sie eine angewandte arithmetische Gleichung tadellos löste. Zuletzt triumphierte sie über Ibrahim selbst, trotz seiner raffinierten Methode, sie in die Enge zu treiben. Der Kalif zahlte Abu Hassan für Tawaddud hunderttausend Goldstücke und stellte der Sklavin einen Wunsch frei. Sie bat darum, in der Nähe ihres Herrn bleiben zu dürfen, und so kamen die beiden an den Hof des Kalifen, wo sie vermutlich glücklich lebten bis ans Ende ihrer Tage.

Heute erinnert man sich der Kaiserinnen von Byzanz vor allem wegen ihrer unrühmlichen Taten und ihrer skandalösen Liebesaffären. Von ihren wissenschaftlichen Leistungen hört man bedeutend weniger. Aber die griechische Wissenschaftstradition lebte im Reich des Ostens weiter, wenn auch in etwas degenerierter Form. Fürstinnen wie Julia Anicia und die Kaiserinnen Eudokia und Pulcheria studierten jeweils gemeinsam mit Gelehrten Medizin und Naturwissenschaften. Kaiserin Zoe (gest. 1050) verwandelte ihre Privatgemächer in ein Chemielaboratorium, wo sie viele Jahre lang an der Entwicklung von Parfümen und Salben arbeitete.

Die berühmteste byzantinische Gelehrte war Anna Comnena (1083–1148), die Tochter des Kaisers Alexius. Bereits als Studentin der Mathematik, Astronomie und Medizin verfaßte sie die ›Alexiade‹, eine Geschichte der Herrschaft ihres Vaters. Seine zahlreichen Kriegszüge gaben ihr die Gelegenheit, ausführlich das Thema ›Militärtechnologie‹ abzuhandeln. So ist denn die ›Alexiade‹ auch voll detaillierter Beschreibungen von Waffen und Kriegstaktik. Aber Anna Comnena war ebenso bewandert in den Werken Platons und Aristoteles', und auch medizinische Theorien und Anweisungen des Galenus brachte sie in der ›Alexiade‹ unter.

Sogar in Europa, das in politischem und wirtschaftlichem Chaos versank, war die Situation der Frauen nicht allzu schlecht. Der Verfall der römischen Medizin hatte unbeabsichtigterweise eine Aufwertung der Frau in der Medizin zur Folge. Die Ärzte fühlten sich mehr und mehr über den Alltagskram und die oft anstrengende Arbeit mit den Patienten erhaben. Zuerst in Italien, später in ganz Europa, begannen sie, die Hauptlast ihres Berufes weiblichen Hilfskräften und Sklaven zu überlassen. Die Krankenpflege gaben sie schließlich an die Krankenschwestern ab, die Chirurgie an die Barbiere und die Rezeptur an die Apotheker. Diese Arbeitsteilung existierte jahrhundertelang und ermöglichte es einigen wenigen Frauen, vor allem in Italien, sich als medizinische Wissenschaftlerinnen und als Heilerinnen hervorzutun.

Am Ende des achten Jahrhunderts förderte die kurze karolingische Renaissance Karls des Großen die Gründung von Klosterschulen im gesamten Heiligen Römischen Reich, und zum ersten Mal wurde vereinzelt auch Mädchen eine rudimentäre Schulbildung angeboten. Es war aber vor allem die rasche Ausbreitung von Klöstern, die den Frauen Arbeitsmöglichkeiten als Ärztinnen und Gelehrte brachte. Wie wir noch sehen werden, gelangten einige dieser Frauen sogar zu politischer Macht. Während des ganzen Mittelalters genossen Klosterfrauen einen hohen Grad an intellektueller Freiheit und Unabhängigkeit, den sie dann bis ins zwanzigste Jahrhundert hinein nicht wieder erlangen sollten.

MEDIZIN UND ALCHIMIE:
FRAUEN UND EXPERIMENTELLE
WISSENSCHAFT IM MITTELALTER

Trotula und die ›Frauen von Salerno‹

Frauen waren das ganze Mittelalter hindurch kompetent als Ärztinnen und Chirurginnen, aber es waren Trotula und die ›Mulieres Salernitanae‹, die Frauen von Salerno, die der medizinischen Renaissance zum Durchbruch verhalfen. Damit kündete sich für Europa das Ende des finsteren Mittelalters an, und langsam erwachte wieder ein Interesse an den Erkenntnissen der alten Griechen. Im Volk wie auch in Gelehrtenkreisen hatten die ›Frauen von Salerno‹ einen guten Ruf als praktische Ärztinnen und Medizinwissenschaftlerinnen. Trotula war die berühmteste unter ihnen, und sie war die bekannteste mittelalterliche Gelehrte überhaupt, jedenfalls bis zum zwanzigsten Jahrhundert. Dann konnten die Historiker die Existenz einer solchen Frau im Italien des elften Jahrhunderts nicht mehr akzeptieren und strichen ihren Namen kurzerhand aus der Medizingeschichte.

Die Schule von Salerno in Süditalien war die erste von der Kirche unabhängige Medizinschule des Mittelalters. Bis zum elften Jahrhundert hatten ihre praktischen und theoretischen Lehrgänge einen so guten Ruf erlangt, daß die Schule zur ersten europäischen Universität erklärt wurde. Hier begannen die Gelehrten, die medizinischen Schriften der alten Griechen vom Arabischen ins Lateinische zu übersetzen. Eine aus Salerno stammende Sammlung, das ›Regimen Sanitatis Salernitanum‹, wurde zu einem der bekanntesten medizinischen Werke aller Zeiten. Die Schule hatte großen Einfluß auf andere medizinische

Fakultäten. Daß in Salerno Frauen Medizin studierten und lehrten, überrascht nicht, wenn man sich die Bildungsmöglichkeiten der Italienerinnen durch die Jahrhunderte hindurch bis in die Renaissance vor Augen hält. Obwohl die wenigsten Frauen der Oberklasse lesen und schreiben konnten, standen ihnen die italienischen Universitäten offen, und es gab stets weibliche Studentinnen und Dozentinnen.

Man kennt wenig Einzelheiten aus Trotulas Leben. Salvatore Renzi, ein Verleger, der die Abhandlungen von Salerno im neunzehnten Jahrhundert herausgab, bezeichnet sie als Frau des Arztes Johannes Platearius und Mutter zweier medizinischer Autoren, Matthias' und Johannes' des Jüngeren. Vermutlich ist sie die Trotula, die um 1097 in Salerno starb. Trotula entstammte der alten Adelsfamilie di Ruggiero. Man weiß, daß sie eine große medizinische Praxis hatte und verschiedene Abhandlungen schrieb. Als die Universität Mitte des elften Jahrhunderts neu organisiert wurde, wurde sie Mitglied der Fakultät, an der bereits ihr Mann und ihre Söhne tätig waren. Gemeinsam arbeiteten alle vier an der medizinischen Enzyklopädie, der ›Practica Brevis‹. Der klassische Text von Salerno, ›De Aegritudinum Curatione‹, der wahrscheinlich im zwölften Jahrhundert zusammengestellt wurde, enthält die Lehren der sieben Großmeister dieser Schule, darunter auch die von Johannes Platearius und Trotula.[59]

Das wichtigste Trotula zugeschriebene Werk über Frauenkrankheiten war ›Passionibus Mulierum Curandorum‹, das später als ›Trotula Major‹ bekannt wurde. Die als ›Trotula Minor‹ bezeichnete Abhandlung über Kosmetika und Hautkrankheiten mit dem ursprünglichen Titel ›Ornatu Mulierum‹ wurde später in die erstgenannte Schrift mit aufgenommen. Trotz zahlreicher nachträglicher Einfügungen können wohl die meisten modernen Medizinwissenschaftler der Beurteilung dieses Werkes durch Kate Hurd-Mead zustimmen: »Die sanfte Hand der Ärztin wird auf jeder Seite sichtbar. Es ist voll von gesundem Menschenverstand, praktisch, für seine Zeit modern, ja, in Chirurgie und Schmerzlinderung sowie in der nachgeburtlichen Betreuung von Mutter und Kind dem elften Jahrhundert weit voraus. Ein so gutes Buch wurde auf diesem Gebiet weder in den Jahrhunderten zuvor noch lange Zeit nachher geschrieben.«[60] Und tatsächlich muten Trotulas Ratschläge zum Teil unglaublich modern an. Sie betont die Wichtigkeit von Sauberkeit, ausgewogener Nahrung und körperlicher Betätigung und warnt vor Unruhe, Besorgnis und Streß. Ihre Behandlungsweisen nehmen selten Zuflucht zu Astrologie und offensichtlichem Aberglauben, Trotula schreibt, wie ein Jahrhundert später Hildegard von Bingen, einfache, auch für Arme erschwingliche Mittel vor.

In ihrem Vorwort ›Passionibus Mulierum‹ schreibt Trotula zu ihrem Arztberuf: »Da Frauen von Natur aus schwächer sind als Männer, ist es normal, daß sie Krankheiten, und besonders Krankheiten der Fortpflanzungsorgane, mehr unterworfen sind. Da diese Organe schwer zugänglich und empfindlich sind, wagen es die Frauen aus Scheu und aus Angst vor Verletzungen nicht, ihre Schwierigkeiten und Krankheiten einem männlichen Arzt vorzutragen. Aus Mitleid und auf die inständigen Bitten einer gewissen Frau hin begann ich deshalb, die häufigsten Krankheiten des weiblichen Geschlechts sorgfältig zu studieren.«[61] Trotulas medizinische Theorien strafen einige unserer Vorstellungen über mittelalterliche Gynäkologie Lügen. Sie vergleicht die Monatsblutung mit einer ›Blume‹ und behandelt in ihrem ersten Kapitel die Amenorrhöe, das Ausbleiben der Blutungen: »So wie Bäume ohne Blüten keine Früchte bringen, so können Frauen, die nicht menstruieren, nicht empfangen. Diese Reinigung geschieht den Frauen, so wie die ›Pollution‹ den Männern geschieht.«[62] Weiter schreibt sie eine unregelmäßige Menstruation der Art der Ernährung und mangelnder körperlicher Bewegung, einer Krankheit oder übermäßigem Kummer, Ärger, Aufregung oder Angst zu.[63] Sie empfiehlt verschiedene Kräuter, Massagen und Geschlechtsverkehr zur Stimulation der Blutungen.

Trotulas Erklärung für zu starke Menstruation zeigt ihr Verständnis der Theorien von Galenus und Hippokrates: »Gelbe Galle, die von der Gallenblase zurückfließt, macht das Blut so fiebrig, daß die Venen es nicht mehr halten können. Manchmal ist eine salzige Flüssigkeit ins Blut gemischt und macht es so dünn, daß es ausströmt. Wenn das Blut gelblich wird oder zu einer gelben Farbe tendiert, ist das der Galle zuzuschreiben, eine weißliche Farbe kommt vom Schleim, rote Farbe vom Blut.«[64]

Trotula äußerte sich zur Geburtenkontrolle und zu den Ursachen und der Behandlung von Unfruchtbarkeit, wobei sie festhielt, daß diese ebensooft auf Schwierigkeiten des Mannes wie der Frau beruhe.[65] Sie erwähnte außerdem, daß die günstigste Zeit für die Empfängnis der letzte Tag der Menstruation sei.

Ihre Anweisungen zur Geburtshilfe waren genauso fortschrittlich. Um einen Dammriß zu vermeiden, führte sie wieder eine entsprechende Abstützung des Damms während der Wehen ein, eine Praxis, die seit dem Altertum vernachlässigt worden war. Sie beschrieb auch erstmals, wie ein Dammriß zu nähen sei: »Bei manchen Frauen gibt es Verletzungen wie z. B. einen Riß von der Vulva bis einschließlich des Schließmuskels wegen der Schwere der Geburt... Ähnlich kommen aber andere Frauen durch Fehler der Geburtshelfer zu Schaden... Es gibt Fälle, in denen Vulva und Anus zu einem einzigen Gang werden. Bei manchen Frauen fällt die ganze Gebärmutter heraus und verhärtet sich... Nach dem Auflockern des Gebärmuttergewebes und dem Zurückschieben der Gebärmutter nähen wir den Riß zwischen Anus und Vulva mit einem Seidenfaden in drei bis vier Stichen zusammen.«[66] Zur Verhütung solcher Schäden und zur Meisterung schwieriger Geburten machte Trotula entsprechende Vorschläge: »Befindet sich das Kind nicht in der richtigen Lage, sind Beine oder Arme zuvorderst, soll die Hebamme mit ihrer schmalen und weichen Hand, die sie mit einem Absud aus Leinsamen und Kichererbsen befeuchtet hat, das Kind zurückschieben und zurechtlegen.«[67]

Im Kapitel über Säuglingspflege empfiehlt Trotula, Gesichts- und Gehörfeld des Kindes anzuregen. Sie gibt Ratschläge zur Wahl einer Amme und Rezepte für schmerzstillende Lotionen während der Zeit des Zahnens. Trotula oder jemand, der später ihre Werke übertragen hat, beschrieb auch verschiedene Probleme der Allgemeinmedizin, angefangen von Läusen, Würmern, Zahnweh und rissigen Händen bis hin zu Augenbeschwerden, Krebs und Taubheit. Moderne Anhängerinnen von Schlankheitskuren würden ihre Vorschläge bei Gewichtsproblemen allerdings wohl kaum ernsthaft befolgen: Die übergewichtige Person sollte Trotula zufolge viermal pro Woche mit Kuhdung und Wein eingeschmiert und in eine Dampfkabine oder heißen Sand gepackt werden.

Trotulas Werk über Frauenkrankheiten war allein bis zum sechzehnten Jahrhundert ein Standardtext der Medizinschulen. Im dreizehnten Jahrhundert war es bereits ins allgemeine Volkswissen eingegangen. Rutebeuf, ein nordfranzösischer Epiker, dessen Blütezeit in die Jahre

1250 bis 1280 fällt, gibt die Geschichte eines fahrenden Kräutersammlers wieder, der Leichtgläubige folgendermaßen zum Kauf animierte: »Gute Freunde, ich bin kein armseliger Prediger oder kümmerlicher Kräuterleser... Ich vertrete eine Dame, Madame Trote von Salerno. Die bindet ihre Ohren zu einem Kopftuch, und die Augenbrauen hängen als silberne Ketten über ihre Schultern. Sie ist die weiseste aller Frauen in den vier Teilen der Welt.«[68]

So gingen mit der Zeit die Legenden um die Person Trotulas und ihre gelehrten Schriften ihren eigenen Weg. Wegen der Volkstümlichkeit ist es schwierig, die Spur von ›Passionibus Mulierum‹ genau zu verfolgen. Das Buch wurde oft abgeschrieben, und jedesmal nahmen sich die Schreiber neue Freiheiten mit dem Text heraus. Ebensooft wurde ihr Werk auch nachgeahmt und unter verschiedensten Titeln herausgegeben. Manchmal baute man auch ausgewählte Kapitel in andere Werke ein. Eine größere Umschreibung scheint im dreizehnten Jahrhundert vor sich gegangen zu sein, als eine Ärztin von Salerno das Manuskript kürzte und wesentliche Inhalts- und Stilveränderungen vornahm. Ausgerechnet diese Ausgabe wurde dann von französischen, deutschen und englischen Übersetzern benutzt.

Nicht alle Niederschriften von ›Passionibus Mulierum‹ trugen Trotulas Namen, und wenn, dann war er oft verstümmelt ›Trottola‹, ›Tortola‹ usw. Gelegentlich wurden auch Kopien des Manuskripts schon im zwölften Jahrhundert ihrem Mann zugeschrieben. Am übelsten hat ihr aber jener Schreiberling mitgespielt, der Trotulas Namen durch die männliche Form ›Trottus‹ ersetzte. Die erste gedruckte Ausgabe der ›Passionibus Mulierum‹ erschien 1544 in Straßburg. Der große Foliant enthielt auch einige der naturwissenschaftlichen Schriften Hildegard von Bingens. Victorius Faventius veröffentlichte zehn Jahre später eine andere Ausgabe in Venedig. Er lobte Trotula und erklärte, manche ihrer Heilmittel persönlich ausprobiert zu haben, gestand aber auch, eigene Erfindungen beigefügt zu haben, »zur größeren Ehre der Republik Venedig und des herrschenden Papstes«[69]. Die gedruckten Ausgaben des Buches im sechzehnten Jahrhundert wichen im Text wenig und in keinen wesentlichen Punkten voneinander ab. Kaspar Wolff in Basel brachte 1566 eine Edition heraus, in der er Trotulas Werk, ohne ersichtlichen Grund, unter einem neuen Titel dem Eros Juliae zuschrieb. Eros war ein griechisch-römischer freier Bürger, Arzt der Julia, der Tochter des Kaisers Augustus. Er hatte ein Buch über Frauenheilkunde und Hautpflege geschrieben, das 1564 in Straßburg gedruckt wurde. Einige spätere Verleger übernahmen diese Version und ordneten somit Trotulas Abhandlung ebenso Eros Juliae oder Erotian zu.[70] Das war natürlich absurd, denn viele der im Text zitierten Autoritäten lebten Jahrhunderte nach Eros und Erotian. Spätere Historiker nutzten jedoch diese Verwirrung in den ersten gedruckten Ausgaben zur Stützung ihrer These, das Werk sei in Wirklichkeit die Zusammenstellung eines Salerner Arztes, eines Mannes.

Die Kontroverse um Trotula stammte also schon aus dem sechzehnten Jahrhundert, aber erst ein deutscher Medizinhistoriker des zwanzigsten Jahrhunderts, Karl Sudhoff, versuchte, den ›Frauen von Salerno‹ gänzlich ihre Bedeutung zu nehmen. Nach Sudhoff waren sie von der Natur der Sache her Hebammen und Krankenschwestern gewesen, nicht aber Ärztinnen. Deshalb konnten sie keine geburtshilflichen Abhandlungen verfaßt haben, die Anweisungen zu chirurgischen Eingriffen enthielten und auch anderweitig für bloße Hebammen viel zu differenziert waren. Außerdem streifte ›Passionibus Mulierum‹ das Hauptgebiet der Hebammen, die ganz normale Kindesgeburt, kaum. Ein Circulus vitiosus: Da die Frauen von Salerno keine Ärztinnen gewesen sein konnten, konnten sie auch nicht genügend von Medizin und Chirurgie verstehen, um diese Abhandlung geschrieben zu haben. Das Argument übersieht die Tatsache, daß sich Trotula bewußt von den Hebammen abhebt, schreibt sie doch: » Es ist beizufügen, daß es gewisse physikalische Praktiken gibt, deren Wirkungsweise uns nicht genau bekannt ist, die aber von Hebammen angewandt werden sollen. «[71] Sudhoff behauptete, die gynäkologische Abhandlung sei ›Trotula‹ genannt worden, weil das ein in Salerno weitverbreiteter Frauenname gewesen sei. Charles Singer verstieg sich sogar zu der Aussage, die Schrift sei als Gynäkologie getarnte erotische Literatur und Trottus habe ihr einen Frauennamen gegeben, um ihren pornographischen Charakter zu verschleiern. Unglücklicherweise war das Ansehen Sudhoffs und Singers als Medizinhistoriker so groß, daß selbst Feministinnen sich scheuten, die Diskussion mit ihnen aufzunehmen. So wurden die ›Frauen von Salerno‹ auf Hebammen reduziert, wenn zugegebenermaßen auch auf »die berühmtesten aller mittelalterlichen Hebammen«.[72]

Italiens Medizingeschichtsschreiber hielten dagegen unbeirrt an der Authentizität Trotulas und der Existenz von Ärztinnen im Salerno des elften und zwölften Jahrhunderts fest. Castigliano versichert, daß es unter den Studenten unzweifelhaft Frauen gegeben habe, und der Salerner Historiker Mazza hält fest, daß die wichtigsten der frühen Dozenten der Medizinschule Frauen gewesen seien.[73] Sudhoff, Singer und andere argumentierten, Trotulas Manuskripte müßten von einem Mann geschrieben worden sein, weil eine Frau niemals so offen über sexuelle Dinge hätte reden können oder wollen. Kapitel fünfunddreißig der Abhandlung trägt beispielsweise den Titel »Methode, die Vulva zu verengen, so daß auch eine verführte Frau für eine Jungfrau gehalten werden kann«. Trotulas unumwundene Beschreibungen der Geschlechtskrankheiten scheinen die viktorianischen Geschichtsschreiber des frühen zwanzigsten Jahrhunderts schockiert zu haben. Mittelalterliche Leser dagegen hatten keine Mühe, Sexualität offen zu behandeln, jedenfalls schien die Diskussion über Sexualität in einer gynäkologischen Abhandlung durchaus nicht ungewöhnlich.

Wahrscheinlich können wir nie völlig sicher sein, ob eine Frau namens Trotula tatsächlich praktizierende Ärztin und Professorin in Salerno war und ob sie die fragliche Abhandlung geschrieben hat. So wie das mittelalterliche Italien aber weibliche Gelehrte akzeptierte, kann kein Zweifel daran bestehen, daß eine Kapazität wie Trotula in Salerno anerkannt worden wäre. Es gibt im Altertum und im Mittelalter unzählige Beispiele von Männern, deren Existenz weit weniger gesichert ist als die Trotulas, deren Schriften gänzlich verschollen sind und denen die Geschichte trotzdem Ehrerbietung erweist. Nur weil Historiker Frauen diese Leistungen nicht zugestehen können, sind Feministinnen gezwungen, Echtheit und Verdienste Trotulas und anderer Wissenschaftlerinnen immer wieder zu beweisen.

Frauen und Medizin im späten Mittelalter

Medizin blieb im Mittelalter die praktisch einzige Betätigungsmöglichkeit für wissenschaftlich interessierte Frauen. Als sich mit den Kreuzfahrern die Krankheiten in ganz Europa und dem Mittleren Osten mehr und mehr ausbreiteten, stieg der Bedarf an Ärzten, und

Frauen wandten sich vermehrt diesem Beruf zu. Entlang der Wege ins Heilige Land wurden Hospitäler errichtet, von denen viele ursprünglich fast ausschließlich von Frauen betrieben wurden. Obwohl im späteren Mittelalter Bücher für Kräuterärzte und Hebammen leichter erhältlich waren, lernten die meisten Frauen die traditionelle Kräuterheilkunde weiterhin von ihren Müttern. Sie zogen Heilpflanzen in ihren Gärten und experimentierten mit Arzneien und Heilbehandlungen.

Das zwölfte und dreizehnte Jahrhundert wurden zur hohen Zeit der Scholastik und des Aufstiegs der europäischen Universitäten. Die Art der wissenschaftlichen Forschung veränderte sich. Die Ausübung von Theologie, Recht und Medizin wurde zu Berufen, die Universitätsbildung verlangten, und überall, außer in Italien, wurden die Universitäten für Frauen gesperrt. Zu Beginn des zwölften Jahrhunderts gab es in Frankreich noch Frauen, die sich ihre Bildung privat erworben hatten und in Montpellier Medizin lehrten. Doch 1220 verfügte die Universität Paris, daß nur noch Absolventen ihrer Fakultät praktizieren durften, und Montpellier erließ 1239 ebenfalls entsprechende Gesetze.

Die medizinischen Berufe wurden zunehmend streng hierarchisch gegliedert. An der Spitze stand der Arzt, danach folgten die Apothekerinnen, Baderinnen und Wundärztinnen. Normalerweise hatten diese ihr Metier bei ihren Männern oder den Eltern erlernt und waren in Gilden organisiert. Sie stellten Arzneien zusammen, führten Aderlässe und Operationen durch. Auf der untersten Stufe befanden sich die wild praktizierenden »Hebammen und Kurpfuscher, deren Rezepte einfacher und billiger, aber oft erstaunlich ähnlich denen der Ärzte waren«[74]. Mit dem zunehmenden Wettstreit um Patienten und der wachsenden Macht der medizinischen Universitätsfakultäten wurden Gesetze gegen Heilerinnen erlassen, und Frauen, die man im dreizehnten Jahrhundert noch Ärztinnen nannte, verschrie man im vierzehnten und fünfzehnten Jahrhundert als Scharlatane und Hexen. Etwas besser war die Lage in Ländern wie Deutschland, weil dort noch kaum Universitäten existierten. Dort blieb die Medizin das ganze Mittelalter über in den Händen der Frauen.

Die größten medizinwissenschaftlichen Fortschritte dieses Zeitalters wurden in Chirurgie und Augenheilkunde gemacht, weil man in diesen Disziplinen die Patienten sehr genau beobachten konnte. Zusammen mit Geburtshilfe und Frauenheilkunde waren das die Spezialgebiete der Frauen. Zwischen 1389 und 1497 gab es in Frankfurt zwölf approbierte Ärztinnen, darunter drei auf arabische Augenheilkunde spezialisierte Jüdinnen. Barbara Weintrauben schrieb im fünfzehnten Jahrhundert eine medizinische Abhandlung, und berühmte deutsche Hebammen nahmen die Allgemeinmedizin in ihr Arbeitsgebiet auf. Im späten sechzehnten Jahrhundert propagierte eine Hebamme und Wundärztin aus Bern, Marie Colinet (Frau von Hilden), Wärmeanwendung zur Erweiterung und Stimulation des Uterus während der Geburt. Sie führte erfolgreiche Kaiserschnitte durch und benützte als erste einen Magneten, um ein Metallstück aus dem Auge eines Patienten zu entfernen. Normalerweise werden diese Leistungen ihrem Mann zugerechnet, der sie selbst jedoch ausdrücklich seiner Frau zuschreibt.

Wissenschaftlerinnen der italienischen Renaissance

Die intellektuellen Traditionen der römischen Matronen blieben in Italien während des ganzen Mittelalters und der Renaissance lebendig. Das Land rühmte sich einer unverhältnismäßig großen Anzahl weiblicher Gelehrter, darunter Olympia Morata und Tarquinia Molza, die berühmt waren für ihre Kenntnisse der klassischen griechischen Wissenschaften. Im fünfzehnten und sechzehnten Jahrhundert wurden adlige Italienerinnen von berühmten Humanisten erzogen. An die Höfe dieser gelehrten Frauen wurden dann junge Mädchen geschickt, die Unterricht in Kunst und Wissenschaft erhielten, der demjenigen junger Männer durchaus ebenbürtig war. Tatsächlich gab es auch an mittelalterlichen italienischen Schulen sehr oft Koedukation.

In ganz Italien praktizierten Ärztinnen in Allgemeinmedizin, Chirurgie und den verschiedenen Fachgebieten. Die meisten wurden aufgrund eines Examens zugelassen, das sie nach dem Studium an einer Schule oder bei Privatlehrern ablegten. Weniger hoch bewertet wurden die Zulassungen, die man durch den gerichtlich bestätigten Beweis erfolgreicher Praxis erwerben konnte. Manche Ärztinnen machten ihre Ausbildung bei Verwandten. Dadurch war es möglich, Heilpraktiken und geheime Rezepte in der Familie zu behalten. Andere besuchten medizinische Kurse an den italienischen Universitäten.

Neben der Konkurrenz der Universitäten von Bologna, Padua und Neapel ließ die Bedeutung Salernos als medizinisches Zentrum nach. Aber immer noch studierten dort mehr Frauen als anderswo, und von einigen existieren noch medizinische Schriften. So schrieb Rebecca Guarna im dreizehnten Jahrhundert ›De Febribus‹, ›De Urinis‹ und ›De Embryone‹, von Abella (um 1380) kennen wir zwei Abhandlungen in lateinischen Versen, ›De Atrabile‹ und ›De Natura Seminis Humani‹, und von der Chirurgin Mercuriade (ein Pseudonym) stammen ›De Curatione Vulnerum‹, ›De Crisibus‹, ›De Febre Pestilenciali‹ und ›De Unguentis‹.

Frauen gehörten auch den Universitätslehrkörpern an. Im vierzehnten Jahrhundert studierte die Professorentochter Costanza Calenda in Salerno Medizin und lehrte später an der Universität von Neapel.[75] Im frühen fünfzehnten Jahrhundert folgte Dorotea Bocchi ihrem Vater an die Universität Bologna als Professorin für Medizin und Moralphilosophie. Mit fünfundzwanzig Jahren wurde Maria di Novella Vorsteherin der Mathematiker in Bologna. Das Sezieren menschlicher Leichen führte an den Universitäten von Padua und Bologna vom vierzehnten bis zum sechzehnten Jahrhundert zu einer Wiedergeburt der anatomischen Wissenschaft und zu Fortschritten in chirurgischen Techniken. Mondino dei Luzzi veröffentlichte seinen ›Führer der Sezierkunst‹ 1316 in Bologna. Die Leichen für seine Demonstrationen und Vorlesungen sezierte und präparierte seine Studentin und Assistentin Alexandra Giliani. Sie entwickelte eine Methode, Adern und Venen das Blut zu entziehen und durch eine farbige Flüssigkeit zu ersetzen, die sich verfestigte und das detaillierte Studium des Kreislaufsystems ermöglichte. Mondinos zweiter Assistent, Otto Agenius, war vermutlich Gilianis Verlobter. Er errichtete für sie in der Kirche San Pietro e Marcellino eine Gedenktafel mit folgender Inschrift: »Diese Urne enthält die Asche des Körpers der Alexandra Giliani, einer Tochter aus Periceto. Geschickt in der zeichnerischen Darstellung anatomischer Demonstrationen und Studentin des berühmten Arztes Mondinus von Luzzi, der wenige an Fähigkeit gleichkamen, erwartet sie die Auferstehung. Sie lebte neunzehn Jahre und starb, aufgezehrt von ihrer Arbeit, am 26. März im Jahre des Herrn 1326. Otto Agenius Lustrulanus, durch den Verlust seiner besseren Hälfte beraubt, wissend, daß seine Gefährtin nur des Besten wert ist, hat diesen Stein für sie errichtet.«[76]

Ein erneuertes Interesse für Alchimie ging mit dem Wiederaufleben der Wissenschaften im dreizehnten Jahrhundert einher, und die Frauen behaupteten ihre instinktive Beziehung zu dieser geheimnisvollen Kunst. Allerdings waren die mittelalterlichen Alchimistinnen weniger berühmt als berüchtigt. Das theoretische Wissen der Alchimistinnen von Alexandria blieb ihnen verschlossen, und die meisten dieser späteren experimentierfreudigen Frauen waren Scharlatane. Aber auch um Gold und Silber nachzuahmen, sind Kenntnisse in Chemie nötig. Eine ganze Anzahl von Geschichten belegen, daß Chemikerinnen immer noch Hervorragendes leisteten auf einem Gebiet, dem Frauen seit beinahe dreitausend Jahren besonders verbunden waren.

Im vierzehnten Jahrhundert heiratete in Paris die bereits zweimal verwitwete Perrenelle Lethas den wohlhabenden Schreiber Nicholas Flammel. Sie führten zusammen ein einfaches, religiöses, zurückgezogenes Leben, bis zu dem Tag, an dem Flammel ein altes alchimistisches Manuskript entdeckte, das Buch Abrahams: »Ich... zeigte ihr [Perrenelle] dieses schöne Buch, von dem sie im selben Augenblick, als sie es sah, ebenso bezaubert war wie ich selbst. Mit innigem Vergnügen blickte sie auf den schönen Umschlag, die Gravuren, Bilder und Porträts, und ungeachtet unser beider Unverständnis bereitete es mir Genugtuung, mit ihr darüber zu reden, auf welche Weise wir uns den Inhalt desselben erklären lassen konnten.«[77]

Während der nächsten einundzwanzig Jahre befragten die Flammels viele Leute über die mögliche Bedeutung des Buches und versuchten auch selbst eine Menge Experimente, ohne Erfolg. Schließlich reiste Flammel nach Spanien, wo ihm ein jüdischer Arzt namens Canche den Sinn der allegorischen Figuren und Texte zu erläutern begann. Nach Canches Tod machten sich die Flammels in Paris selbständig ans Werk. Sie arbeiteten drei Jahre lang. Endlich, am 17. Januar 1382, verwandelten sie ein halbes Pfund Quecksilber in ›reines Silber‹. Dann, am 25. April: »Ich warf den roten Stein zum gleichen Quantum Quecksilber hinzu, im Beisein von Perrenelle... womit ich ihn in die fast gleiche Menge puren Goldes verwandelte, sicher besseres als gewöhnliches Gold, weicher und biegsamer. Ich kann tatsächlich davon reden, ich tat es dreimal, mit Perrelles Hilfe, die davon ebensoviel verstand, weil sie mir bei meinen Verrichtungen half. Und zweifellos, wenn sie es allein unternommen hätte, sie hätte genauso Erfolg gehabt, denn sie hatte Vollkommenheit erreicht.[78]

Bis zu Perrenelles Tod, 1397, spendeten die Flammels ihren Reichtum für barmherzige Zwecke, statteten Kirchen und Hospitäler aus. Man glaubte allgemein, sie hätten das Elixier der Langlebigkeit und der Verwandlung entdeckt. Es wurde auch berichtet, sie hätten im siebzehnten Jahrhundert wieder in Indien gelebt und seien 1761 in der Pariser Oper gesehen worden. Ihre Geschichte trug viel bei zur Hebung des Rufs der französischen Alchimisten.

Während die Lauterkeit der Flammels kaum angezweifelt wird, trifft das für andere Alchimistinnen nicht zu. Da gab es zum Beispiel Barbara, die Gemahlin Kaiser Sigismunds, des Eigentümers der reichen Goldminen Ungarns, von der es heißt: »Kaiserin Barbara, herrschsüchtig, launenhaft, ausschweifend und ihres Gatten überdrüssig, versuchte durch erpresserische Machenschaften, dieses Gold in ihren Besitz zu bringen.«[79] Ihre Intrige mißlang, da Sigismund unerwartet starb und sein Schwiegersohn nach der Machtübernahme Barbara ins Exil schickte. Mit der Unterhaltsrente, die ihr der Schwiegersohn aussetzte, konnte Barbara ihren gewohnten Lebensstil nicht aufrechterhalten, und so beschloß sie, ihr Einkommen durch die alchimistische Herstellung von Gold und Silber auf ihrem Schloß Melnik zu verbessern. Sie war ebenso erfahren in der Kunst, Gold- und Silberschmiede zu betrügen, wie in den Grundlagen der Chemie, und so war sie recht erfolgreich: »Vor allem zur Herstellung von billigem Silber fand die Kaiserin bald ein nützliches Rezept. Anderthalb Unzen Kupfer wurden in einem Tiegel über starkem Feuer mit einer Unze Arsenik und derselben Menge fixiertem Alkali geschmolzen. Das ergab ein sprödes Metall. Wenn man die Mischung aber vier weitere Male schmolz, jedesmal eine neue Portion Arsenik und Alkali beigab und das Ganze dann eine gewisse Zeit ins Feuer hielt, entstand ein weißes Metall, das bearbeitet werden konnte.«[80]

Bald kamen Alchimisten von weit her, um ihr Laboratorium zu sehen. Einer von ihnen, John von Laaz, der sie 1437 besuchte, hinterließ einen Bericht über ihre fragwürdigen Methoden: »Da ich von verschiedenen Seiten gehört hatte, daß die Gemahlin seiner Majestät, des verstorbenen Kaisers Sigismund, in Naturwissenschaft bewandert war, machte ich ihr meine Aufwartung und stellte sie ein wenig auf die Probe. Sie wußte meine Fragen mit weiblichem Geschick abzuwägen. Vor meinen Augen nahm sie Quecksilber, Arsenik und andere Zutaten, die sie mir nicht nannte. Sie mischte daraus ein Pulver, welches das Kupfer weiß färbte. Dieses konnte gekerbt, aber nicht gehämmert werden. Damit hat sie viele Leute getäuscht. Ich sah sie in gleicher Weise auch erhitztes Kupfer mit einem Pulver bestreuen, das in das Metall eindrang, worauf es aussah wie feines Silber. Wurde es geschmolzen, war es mehr Kupfer als zuvor. Sie zeigte mir eine Menge solcher trügerischen Tricks. Ein anderes Mal nahm sie safrangelbes Eisen und Kupferkalk, vermischte sie und fügte dann Gold und Silber zu gleichen Teilen hinzu. Nun glich das Metall von innen und außen feinem Gold. Doch beim Schmelzen verlor es die Farbe wieder. So hat sie viele Händler übers Ohr gehauen. Da ich nichts als Lug und Trug sah, machte ich ihr Vorwürfe. Sie wollte mich ins Gefängnis werfen, aber mit Gottes Hilfe gelang es mir zu entkommen.«[81]

Deutsche Mönche und Nonnen waren ebenfalls an Alchimie interessiert, trotz verschiedener Edikte, die die Beschäftigung damit verboten. Die Benediktinerabtei in Lambspringk beherbergte den ›Lord of Lambspringk‹. Hinter diesem Namen verbarg sich eine Nonne, die ein alchimistisches Werk in Versform mit allegorischen Illustrationen verfaßte.

Nicht nur in alchimistischen Laboratorien, Universitäten und Geburtshäusern trugen Frauen des Mittelalters die wissenschaftlichen Traditionen der Vergangenheit weiter. Auch in den Klöstern schlugen Nonnen eine Brücke von den Wissenschaftlerinnen des alten Griechenland und Alexandria zu den Salons der neuen wissenschaftlichen Revolution.

›DIE SIBYLLE VOM RHEIN‹

Es ist kaum übertrieben zu sagen, das Mittelalter habe sich mit dem Studium der Naturwissenschaft befaßt, als ob es Theologie, und mit der ›Physik‹ des Aristoteles, als ob es die Bibel wäre.[82]

Hildegard von Bingen, die ›Sibylle vom Rhein‹, ist darin keine Ausnahme. In ihrer Person war die Naturwissenschaft untrennbar mit der Theologie verbunden. Ihre religiösen Visionen und Prophezeiungen gaben ihrer Wissenschaft Glaubwürdigkeit und machten sie zur einflußreichsten Äbtissin und einer der wichtigsten Figuren der Wissenschaft des zwölften Jahrhunderts.

Die Mehrzahl mittelalterlicher Gelehrter, männlich oder weiblich, gehörte einem Orden an. Klöster bedeuteten für viele Frauen eine attraktive Alternative zur Ehe, wobei die Qualität ihrer Bildungsangebote sehr unterschiedlich war. Manche Nonnen lebten durchaus ein isoliertes, strenges, ganz den religiösen Pflichten geweihtes Leben, doch waren auch viele Klöster des frühen Mittelalters relativ liberal. Sie boten den Frauen ein sorgenfreies Leben und breitgefächerte Möglichkeiten des Studiums und der Betätigungen. Nonnen waren oft Ärztinnen und medizinische Ausbilderinnen, und die meisten Ordenshäuser hatten Krankenabteilungen, in denen das Hauptgewicht auf sauberes Wasser, frische Luft, gesunde Nahrung und hygienische Lebensbedingungen gelegt wurde.[83] Viele Klosterfrauen legten auch keine ewigen Gelübde ab, sondern waren frei, nach ihrem Gutdünken zu kommen und zu gehen. Im allgemeinen stammten diese Frauen aus der Oberschicht und aus fürstlichen Häusern, denn die ›Vermählung mit Christus‹ erforderte eine erhebliche Mitgift. Oft waren Äbtissinnen zugleich Eigentümerinnen ihrer Klöster. Reiche Frauen waren in der Lage, einen Konvent zu errichten, um ihren Besitz vor einem Ehemann oder anderen Feinden zu sichern, und solche Institutionen dienten gleichzeitig als Internatsschulen und sichere Unterkunftsorte für die Töchter der herrschenden Klassen. Hochgebildete Äbtissinnen überwachten die Abschrift und Illustration von Manuskripten, wobei sich die Bibliotheken der Konvente natürlich nie mit den viel reicher ausgestatteten der großen Klöster messen konnten.

Vor allem in Deutschland war die Stellung der Äbtissin oft gleichbedeutend mit der eines Feudalherren. Sie umfaßte politische Macht und Gerichtsbarkeit über große Ländereien. Hildegard wurde zu einer der gelehrtesten und mächtigsten dieser weiblichen Kirchenfürsten. Ihr Einfluß reichte bis hin zu Päpsten, Kaisern und Königen. Sie ist auch die erste Wissenschaftlerin, deren hauptsächliche Werke uns vollständig und unverändert überliefert sind.[84]

Hildegard wurde 1098 in einer Familie des niederen Landadels mit großen Besitzungen an der Nahe geboren. Sie war ein frühreifes, jedoch kränkliches Kind, das zehnte in der Familie. Mit acht Jahren wurde sie in den kleinen Benediktinerkonvent in Disibodenberg gebracht, wo ihre Tante, Jutta von Spanheim, Äbtissin war. Bei der Einführungszeremonie wurden ihr die Sterbesakramente gereicht und die Totenkerzen entzündet: »Am Allerheiligentag 1106... wurden alle drei [Jutta, Hildegard und eine Dienstmagd] feierlich in St. Disibodenberg eingeschlossen, und die Türen zu ihren Zellen wurden im Beisein einer großen Menge zugemauert. Der Mönch Wibert beschreibt diese Zellen als Gefängnis oder Mausoleum... Es handelte sich um einen kleinen Konvent, der aber mit der Zeit, da sich noch andere der Äbtissin Jutta anschlossen, vergrößert wurde und dessen Türen man schließlich wieder aufbrach. «[85]

Jutta war verantwortlich für Hildegards Erziehung. Das Mädchen erwarb Kenntnisse in Latein, der Heiligen Schrift, in Andachtsübungen und Musik. Inwieweit sie sich diese selbst aneignete oder Jutta verdankte, ist nicht bekannt. Hildegards Latein ist jedenfalls mit Deutsch vermischt, und sie hatte eine ganze Reihe von Assistentinnen, die ihr sprachlich bei der Niederschrift und bei der Illustration ihrer Manuskripte halfen. Einige Historiker nahmen Hildegards Aussage, eine einfache, ungebildete Frau zu sein, die nur die Bibel gelesen habe, als Beweis dafür, daß sie keinesfalls die Autorin komplizierter lateinischer Abhandlungen sein konnte. Hildegard selbst bestand darauf, ihre Schriften beruhten auf göttlicher Inspiration, sie sei lediglich das Medium, durch das Gott seine Botschaft übermittle. Dabei darf man sie nicht zu wörtlich verstehen. Genau so, wie tausend Jahre zuvor die Alchimistin Maria unter dem Namen ›Miriam, die Prophetin‹ geschrieben hatte, wußte Hildegard als Frau, daß ihre Schriften nur ernst genommen würden, wenn man glaubte, sie kommen von Gott. Und sie hatte als Kind schon intensive religiöse Erlebnisse gehabt: »Seit meiner Kindheit, das heißt seit meinem fünfzehnten Jahr, spürte ich in mir auf wunderbare Weise die Kraft des Mysteriums geheimer, wunderbarer Visionen. Ich eröffnete diese Dinge niemandem als einigen wenigen Ordensleuten, die in derselben Art wie ich lebten. Ich behielt sie in der Stille, bis es Gott gefiele, daß seine Gnade offenbar würde.«[86]

Von Kindheit an war Hildegard immer wieder lange Zeit ernsthaft krank. Mit der Zeit glaubte sie, es hänge mit ihrer Unfähigkeit zusammen, Gottes Willen zu verstehen und zu befolgen, und daß sie nur genesen könne, wenn sie seinen Befehlen nachkomme. Ihre Visionen, die während des ganzen Lebens periodisch auftraten, wurden von modernen Gelehrten Migräne, Epilepsie oder ähnlichen nervlichen Störungen zugeschrieben. Singer wies auf Übereinstimmungen zwischen ihren erleuchteten Miniaturen, den detaillierten Illustrationen zu ihren Manuskripten, und den Halluzinationen von Patienten hin, die unter schwerer Migräne litten. Es gibt aber eine andere Erklärung: »Seit ihrem achten Lebensjahr kostete Hildegard die ästhetisch reiche Nahrung benediktinischer Liturgie, deren allgegenwärtiges Psalmodieren ein Eingangstor zu tiefer Kontemplation und vermutlich zu veränderten Bewußtseinszuständen ist.«[87]

Woher auch immer die Visionen kamen, für Hildegard jedenfalls waren sie von Vorteil. Sie wurden zum Ausdrucksmittel sowohl für ihre wissenschaftlichen als auch religiösen Ansichten. Das war nicht außergewöhnlich. Im zwölften Jahrhundert bezog man sich häufig auf Visionen, und sie blieben für Hunderte von Jahren ein selbstverständliches Literaturthema. Die Benediktinerärztin Elisabeth von Schönau (1129–1165), berichtet von ähnlichen Visionen, und die beiden Nonnen standen in engem Kontakt. Daß Visionen gerade für Schriftstellerinnen nützlich waren, geht aus der Vorrede zu Hildegards erstem Buch, dem ›Liber Scivias‹ (›Wisse die Wege‹), hervor. »Aber ich, die ich diese Dinge gesehen und gehört hatte, ungeachtet der Zweifel, der schlechten Meinung und verschiedener Bemerkungen von seiten der Männer, widersetzte mich lange der Pflicht, sie aufzuschreiben, nicht aus Starrköpfigkeit, sondern aus Demut. Bis ich aufs Krankenlager sank, niedergeworfen von der Geißel GOTTES, die mich nach so vielen Gebrechlichkeiten endlich zu schreiben zwang.«[88]

Hildegard folgte 1136 Jutta als Äbtissin nach. Die zusätzliche Verantwortung, die durch politische Schwierigkeiten und eine prekäre Gesundheit noch belastet wurde, erschwerte ihre Studien. Darüber hinaus raubten ihr das rasche Anwachsen des Konvents und häufige Pilgerbesuche die Ruhe und nötige Stille. Willkommenerweise befahl ihr eine Vision, Disibodenberg zu verlassen und auf dem Rupertsberg bei Bingen eine neue Niederlassung zu gründen. Bingen, am Zusammenfluß von Nahe und Rhein, war im Mittelalter eine bedeutende Stadt. Der Plan stieß anfänglich auf großen Widerstand, doch schließlich erhielt sie die Erlaubnis wegzuziehen. Die Abtei auf dem Rupertsberg begann 1150 mit achtzehn jungen Frauen, doch auch sie erlebte eine Periode sehr schnellen Wachstums. Die erste Zeit war überschattet von Disputen um die Autonomie der Neugründung, und Hildegard war jahrelang nach der Umsiedlung ernsthaft krank.

1141 begann sie mit der Niederschrift des ›Liber Scivias‹. Das Buch umfaßte ihre erste vollständige Kosmologie und wurde die einflußreichste ihrer mystischen Abhandlungen.[89] Der Abt von Disibodenberg überbrachte die ersten beiden Teile von ›Scivias‹ dem Erzbischof von Mainz, der sie seinerseits 1147, anläßlich des Konzils von Trier, Papst Eugen III. und Bernhard von Clairvaux vorlegte. Der Papst erklärte, es handle sich um echte Prophezeiungen, und ermutigte Hildegard offiziell, mit ihrer Arbeit fortzufahren. Bernhard von Clairvaux fand seinerseits ihre apokalyptischen Visionen sehr nützlich, um die Begeisterung für den zweiten Kreuzzug anzufachen.

Die Äbtissin war eine starke und temperamentvolle Frau. Obwohl der Mainzer Erzbischof Heinrich ihre Erstlingswerke dem Papst gezeigt und ihr schließlich den Wechsel auf den Rupertsberg zugestanden hatte, ließ sie sich von ihm in keiner Weise in ihre Angelegenheiten reden. Seine Bitte, ihre Sekretärin Richarda zu entlassen, damit sie Äbtissin eines andern Klosters werden könne, ignorierte sie schlichtweg. Als er ein zweites Mal schrieb, antwortete sie, der Erzbischof werde »wie Nebukadnezar sein Amt verlieren und nicht mehr lange leben«.[90] Hildegard hatte guten Grund, sich in ihrer politischen Stellung sicher zu fühlen. Mit dem Abschluß des ›Scivias‹ stiegen ihr Ruhm und ihr Ansehen. Sie unterhielt eine rege Korrespondenz und wurde auf diesem Wege zur Beraterin und Prophetin für hohe Kirchenfürsten und Staatsoberhäupter. Meistens hatten ihre Briefe die Form von Weissagungen oder Predigten. Sie hatte weder Hemmungen, die berühmtesten Persönlichkeiten ihrer Zeit zu kritisieren oder herauszufordern, noch enthielt sie sich der Schmeicheleien, wenn es ihren Zwecken diente. Sie warnte den Papst vor Korruption, und ihre Briefe zeugen von einem zunehmenden Engagement in den politischen Wirren ihrer Zeit. Sie stand auf der Seite der römischen Päpste gegen Friedrich I., den Kaiser des Heiligen Römischen Reiches, und die Gegenpäpste. In ihren Briefen lobte und ermutigte sie ihre Verbündeten und drohte ihren Gegnern. Sie warf Friedrich I. vor, für das Schisma und die sinkende Autorität der Kirche teilweise verantwortlich zu sein, und sagte ihm eine lange, jedoch schwierige Regierungszeit voraus. Friedrich ließ sich einschüchtern. Er stellte St. Rupertsberg 1163 einen kaiserlichen Schutzbrief aus, und das Kloster wurde tatsächlich unbehelligt gelassen, als seine Truppen den Rheingau verwüsteten.

Von 1155 an unternahm Hildegard ausgedehnte Reisen. Sie lehrte Medizin und Theologie und feuerte den religiösen Eifer an. Dabei unterstützte sie die Verfolgung häretischer Sekten, vor allem die der Katharer mit ihren weiblichen Priestern, die im Rheinland angesiedelt waren. Viele ihrer frommen Pilgerreisen waren gegen diese Sekte gerichtet, und 1163 wurde eine Anzahl Sektenanhänger in Köln auf dem Scheiterhaufen verbrannt. Zwischen 1150 und 1160 arbeitete Hildegard an ihrer Enzyklopädie der Naturgeschichte, dem ›Liber Simplicis Medicinae‹ oder auch ›Liber Subtilitatum Diversarum Naturarum Creaturarum‹ genannt. Als Schott es 1533 in Straßburg herausgab, benannte er es in ›Physica‹ um. Obwohl es das wissenschaftlichste ihrer Werke war, wurde es sehr populär und wurde an der Medizinschule von Montpellier als Textbuch benützt. Anders als ihre mystischen Schriften waren ›Physica‹ und ihr späteres Medizinwerk, ›Causae et Curae‹, wie auch andere naturwissenschaftliche Abhandlungen des Mittelalters in Bücher und Kapitel gegliedert und in klarem, lehrhaftem Stil geschrieben. Hildegard erhob nie den Anspruch, es seien göttliche Inspirationen. ›Physica‹ umfaßte die Beschreibung von zweihundertdreißig Pflanzen und sechzig Bäumen sowie von Fischen, Vögeln, Reptilien und Säugetieren, Steinen und Metallen. Sie gab bei jeder Eintragung, zusammen mit den medizinischen Anwendungsmöglichkeiten, auch den deutschen Namen an und entwickelte ein deutsches botanisches Namensregister, das heute noch gebraucht wird.[91]

1158 begann Hildegard ihr zweites Buch über Visionen, ›Liber Vitae Meritorum‹. Unmittelbar nach seiner Beendigung, im Jahre 1163, machte sie sich mit dem ›Liber Divinorum Operum Simplicis Hominis‹ an die Ausarbeitung ihrer abschließenden visionären Kosmologie, die sie 1170 abschloß.[92] Wie in ›Scivias‹ waren auch hier die einzelnen Visionen mit detaillierten, erklärenden Miniaturen illustriert, ein Zeichen, wie ausgereift ihre Vorstellungen vom Weltall waren. Auch der ›Liber Divinorum Operum‹ begann mit einem Vorwort, das die dort vorgestellten Ideen nicht als eigene, sondern von Gott übermittelte erklärte. Es endet mit einer visionären Beschreibung der Übel des damaligen Zeitalters und prophezeit den Untergang der Kirche und des Heiligen Römischen Reiches und die Ankunft des Antichrist. Die Weissagungen waren mehrdeutig und fest verankert in den politischen Realitäten Deutschlands im zwölften Jahrhundert.

›Liber Compositae Medicinae‹ oder mit anderem Namen ›Causae et Curae‹ war das letzte ihrer großen Werke. Es bestand aus fünf Büchern über theoretische Medizin und Heilmittelkunde, in denen sie ihr mythisches Konzept des Universums, den Makrokosmos, mit spezifischen Krankheiten im menschlichen Körper, dem Mikrokosmos, in Zusammenhang brachte. Das Werk fand keine große Verbreitung, und erst im letzten Jahrhundert entdeckte man ein frühes Manuskript in der Königlichen Bibliothek in Kopenhagen.

Hildegard schrieb auch theologische Abhandlungen, zwei legendenhafte Biographien, Gedichte und Hymnen, eines der frühesten Mysterienspiele mit musikalischer Begleitung, und komponierte die erste von einer Frau stammende Messe, die man heute noch kennt.[93] Sie erfand oder überlieferte ein verschlüsseltes Wörterbuch mit lateinischen und griechischen Übersetzungen, eine Art Geheimsprache, derer sich die Ordensmitglieder offenbar in Gegenwart Fremder bedienten. Hildegard starb 1179, im Alter von einundachtzig Jahren.

Dreimal wurde ein Prozeß zu ihrer Heiligsprechung angestrebt. Obwohl nie offiziell kanonisiert, nahm die Kirche sie in das offizielle Märtyrerverzeichnis auf und gestattete ihre Verehrung als Heilige.

Dank Hildegard von Bingen wurden viele kosmologische Ideen der jüdisch-christlichen und der griechischen Tradition in das zwölfte Jahrhundert hinübergerettet. Doch sie war nicht einfach ›Übermittlerin‹, ihre Kosmologie war voll eigener Einfälle.[94] Ihre Visionen sind ein früher Versuch, eine zusammenhängende Philosophie des Universums mittels spiritueller Allegorien auszudrücken. Ihre ›Visionen‹ der sinnlich wahrnehmbaren Welt sollten die dahinterliegende geistige Welt und die ewige Wahrheit offenbaren. Das erschwert wohl heutige Interpretationsversuche, doch geben die begleitenden Miniaturen wesentliche Hinweise. Sehr oft stellt Hildegard sich selbst in einer Ecke der Illustration in dem Zustande dar, ›in dem sie die Vision empfängt‹.

Hildegard stellte sich die Erde kugelförmig vor, umhüllt von konzentrischen, himmlischen Schalen, welche auf die irdischen Geschehnisse einwirkten. Diese Vorstellung, die mindestens auf Pythagoras zurückgeht, hatte lange vor dem zwölften Jahrhundert Eingang in das westliche Europa gefunden, und es ist erstaunlich, daß Hildegard sie als neue Erkenntnis ausgeben konnte. Doch die Details ihres Schemas waren einzigartig. In ›Scivias‹ war die aus den vier Elementen bestehende Erde von der kugelförmigen Atmosphäre umgeben. Von den vier Elementarhüllen des Weltalls enthielt jede einen der vier als ›Atem des übernatürlichen Wesens‹ bezeichneten Hauptwinde und zwei Nebenwinde. Die erste Sphäre war die des Wassers. Die Wolken an ihrem äußeren Rand zogen sich zusammen, blähten sich auf, fuhren herum und versteckten oder enthüllten die Himmelskörper dahinter. Im Diagramm zu dieser Vision setzte Hildegard den Osten nach oben, den Norden auf die linke Seite und verlängerte die Ost-West-Achse, so daß die äußeren Zonen Ellipsenform erhielten. Dagegen folgten die meisten Kosmologen den Zeichnungen der Alten und stellten das Universum kugelrund dar. Bei Hildegard umschloß die eiförmige Luftzone das Wasser und bildete die breiteste Zone. Sie enthielt den Mond, die inneren Planeten, Venus und Merkur, und die Fixstern-Konstellationen.[95] Darauf folgte der dunkle, schmale Kreis des inneren Feuers, Ursprungsort von Hagel und Blitz, umgeben vom äußeren Feuer, dessen östlicher Scheitelpunkt spitz zulief. Im äußeren Feuer befanden sich die Sonne und die Planeten Mars, Jupiter und Saturn.

Hildegard stellte sich das Erdinnere als zwei muschelförmige Höhlen vor, Fegefeuer und Hölle. Gleich ihren Zeitgenossen nahm sie an, die untere Hälfte der Erdkugel liege teilweise unter dem Ozean, teilweise im Rachen eines Ungeheuers, des Zerstörers. Klima und Jahreszeiten waren auf nördlicher und südlicher Halbkugel gegengleich. Die Bewegungen der himmlischen Sphären und der Wechsel der irdischen Jahreszeiten wurden durch Winde jeder Zone erleichtert. Die Hauptwinde wirkten als Antriebskraft. Sie verursachten, daß die Tage im Frühjahr länger und im Herbst kürzer wurden: »Ich schaute und erblickte den Ost- und den Südwind mit ihren Begleitern, und sie bewegten das Firmament mit der Kraft ihres Atems, rollten es über die Erde von Osten nach Westen. Ebenso griffen West- und Nordwind und ihre Helfer den Impuls auf, bliesen aus Kräften und trieben das Firmament zurück von Westen nach Osten... Als die Tage länger wurden, sah ich auch den Südwind mit seinen Gefährten das Firmament allmählich heben von Süden nach Norden, so lange, bis die Tage nicht länger wuchsen. Und als sie sich wieder verkürzten, sah ich den Nordwind und seine Gesellen, geschwächt von der Helle der Sonne, das Firmament schrittweise südwärts wälzen, bis, durch das Wachsen der Tage, der Südwind es wieder zu heben begann.«[96] Bis zum Sündenfall des Menschen hätten sich die vier Elemente des Weltalls harmonisch ergänzt. Danach seien sie in Unordnung geraten, und so würden sie bleiben bis zum Jüngsten Gericht. Diese Auffassung kam im gesamten mystischen und naturalistischen Werk Hildegards immer wieder zum Ausdruck. In den himmlischen Sphären herrschte noch teilweise Harmonie. Die Elemente waren nach ihrer Dichte geordnet, mit dem Feuer zuäußerst und der Erde im Zentrum. Ebenso wie andere Schriftsteller des Mittelalters, darunter Dante, realisierte auch Hildegard von Bingen, daß sich bei dieser Anordnung ein ernsthaftes Problem ergab: Offensichtlich lag die Luft direkt über der Erde, und das Wasser war nicht zwischen ihnen, sondern unter der Erde und über der Luft und durchdrang beide. In ›Scivias‹ und im ›Liber Divinorum Operum‹ versuchte Hildegard dann, diese unwahrscheinliche Einteilung rational zu erklären.

Bis zu ihrer Arbeit am letztgenannten Buch hatte sie bereits bemerkt, daß das Universum normalerweise in konzentrischen Kreisen dargestellt wurde. Vielleicht beeinflußten sie die neu übersetzten Werke des Aristoteles, jedenfalls bemühte sie sich, ihre Vorstellungen mit den anerkannten wissenschaftlichen Theorien in Einklang zu bringen, und gab ihr elliptisches Universum auf. In der Erkenntnis, daß sich die Wasserzone irgendwie mit der Erde mischen mußte, veränderte sie die Atmosphäre derart, daß sie die erste Wasserzone näher zur Erde zog und die Wolken am äußeren Rand der Atmosphäre plazierte. Die zweite Wassersphäre war von der Luft und den beiden Feuerringen umgeben. Sie führte auch den Begriff ›genaue Masse‹ in ihr Schema ein. Die oberen Elemente, Feuer, Wasser und Luft, erhielten Sphären von gleicher Tiefe zugeteilt.

In der zweiten und dritten Vision des ›Liber Divinorum Operum‹ stattete Hildegard die Winde mit den Eigenschaften verschiedener Tiere aus. Es wurde ihr auch klar, daß sich die Planeten unabhängig von ihrer Sphäre bewegen mußten, und so fügte sie eine entsprechende neue Vision ein. Ein Sturm, der als übernatürliches Wesen mit menschlichem Antlitz im äußeren Feuerring saß, blies die Planeten von Westen nach Osten, in der Gegenrichtung der Bewegung des Firmaments. Von jeder Sphäre und jedem Himmelskörper, von den Winden und den Wolken, strömten durch Linien dargestellte Einflüsse hinunter auf eine menschliche Figur, den Mikrokosmos.

Die Doktrin von Makrokosmos und Mikrokosmos war »das zentrale Dogma mittelalterlicher Wissenschaft«.[97] Als kosmologische Theorie, die bis weit in die Renaissance hinein Geltung hatte, wurde sie von so namhaften Wissenschaftlern wie Paracelsus, Harvey, Robert Boyle und Leibniz anerkannt. Die Lehre basierte auf der wesentlichen Übereinstimmung zwischen der Struktur des Universums und der menschlichen Anatomie und, in der Sicht Hildegards, den Eigenschaften der Seele. Wie die Vision des Universums in konzentrischen Sphären, so war auch die Theorie von Makrokosmos und Mikrokosmos keineswegs eine originäre Erfindung der ›göttlichen Inspirationen‹ Hildegards. Auch sie stammte spätestens von den Pythagoreern. Trotzdem war Hildegards Leistung einzigartig, einerseits in den Details ihrer Theorie, andererseits im kühnen Versuch, alles, was man über Anatomie und Physiologie wußte, und dazu ihr eigenes Konzept vom menschlichen Geist und ihre theologischen Glaubensinhalte in ihr makrokosmisches Schema einzubringen. Die himmlischen Elemente beeinflußten den menschlichen Körper, indem sie durch die Atmosphäre hindurch auf Blut und Körpersäfte wirkten. Jeder der Hauptwinde war charakteristisch für die Zone des Elements, aus der er kam, und hatte Einfluß auf die ihr zugeordnete Körperflüssigkeit.

Solche Thesen grenzten eindeutig an Astrologie, ein Gebiet, das im zwölften Jahrhundert genauso umstritten war wie heute. Während Hildegard die Astrologie zwar verurteilte, hielt sie doch fest, daß Himmelskörper in bestimmten Fällen Offenbarungen Gottes sein konnten. Der Mond beispielsweise hatte Auswirkungen auf Wesen und Geschäfte der Menschen. Blut und Gehirn schwollen bei Vollmond an und schrumpften, wenn er schwand. Bei Mondwechsel durchstürmten Winde das Firmament und jagten Wolken aus dem Meer und anderen Gewässern auf. Das entsprach dem menschlichen Weinen. Wenn Gefühle das Herz aufwühlten, Freude oder Kummer, sammelten sich Säfte in Lunge und Brust, stiegen von dort ins Gehirn und entströmten den Augen. Der Mond hatte auch weitere Auswirkungen. Achtete man bei der Zeugung von Nachkommen nicht auf die Mondphasen, konnten mißgebildete Kinder entstehen.

›Liber Divinorum Operum‹ war fast ausschließlich dem Thema ›Makrokosmos – Mikrokosmos‹ gewidmet. Hildegard beschreibt den Einfluß der Himmelskörper und der oberen Elemente so, wie sie sich als Wirkung der Naturkräfte auf Erde und Menschen zeigen: »Ich sah, wie das obere Firmament heftig erschüttert wurde und Asche zur Erde fiel und diese Asche Ausschläge und Geschwüre an Mensch, Tier und Früchten hervorbrachte... Dann sah ich, wie vom inneren Feuerkreis gewisse Dämpfe niederstiegen, das Grün versengten und die feuchten Felder ausdörrten. Nur die Luft widerstand dem Aschenregen und den Dünsten und versuchte, die Plagen aufzuhalten... Und als ich wieder hinblickte, sah ich, wie von der inneren Wassersphäre bestimmte andere Wolken die Erde erreichten und eiternde Seuchen auf Mensch und Tier brachten, so daß sie großes Übel oder gar den Tod erlitten, aber der äußere Wasserkreis widersetzte sich diesem Einfluß, damit die Leiden in Grenzen blieben... Und wieder sah ich, wie die Feuchtigkeit der Atmosphäre über dem Erdboden zu kochen schien und die Kraft der Erde und das Wachstum der Früchte weckte.«[98]

In ›Causae et Curae‹ behandelt Hildegard detaillierter und mit großer Vorstellungskraft die Beziehung zwischen den vier Körpersäften und der Gesundheit. Wurden die Säfte gestört, begannen die Venen heiß zu werden, ein Fieber mochte ausbrechen, Leidenschaften, wie Zorn, oder Verdrießlichkeit konnten auftreten, und der Geist konnte sich verwirren. Sie definierte Charaktertypen, entsprechend den verschiedenen Kombinationen der Säfte, und prophezeite in einigen Fällen auch die Zukunft. Sie beschrieb cholerische, sanguinische, melancholische und phlegmatische Menschen und sagte voraus, wie die Beziehungen zu ihren Ehepartnern sein und welchen Typ Kinder sie zeugen würden. Sie beschloß das Buch mit einer Charakterisierung der Person, entsprechend ihrem Zeugungsdatum, für jeden Tag des Mondmonats. Eine Frau vom achtzehnten Tag, beispielsweise, sollte gesund und langlebig sein, jedoch Veranlagung zu Geisteskrankheit haben, sie wäre eine geschickte Lügnerin und würde damit den Tod ehrbarer Männer verursachen. Da Hildegards Auslegungen auf dem Zeugungstag basierten und nicht auf dem Geburtstag, war es keine Astrologie, und man konnte ihr auch keine Irrtümer beweisen.

Einige der interessanteren biologischen Konzepte Hildegards stehen in ›Scivias‹. [99] Sie glaubte, der menschliche Körper bilde sich aus einem Samen. In Vorwegnahme moderner Vererbungslehre nahm sie an, das Kind erbe von seinen Eltern neben einer bestimmten Körperform auch bestimmte Eigenschaften, die von denen anderer Individuen verschieden seien. Die formlose Seele dagegen kam von Gott und betrat den Fötus durch ein langes, schlauchartiges Gebilde. ›Causae et Curae‹ enthielt einen Bericht über Zeugung und Fortpflanzung, dem eine lebendige, doch nüchterne Schilderung der männlichen Sexualleidenschaft folgte, ein Gebiet, auf dem Hildegard wohl nur spärliche persönliche Erfahrungen hatte.

Hildegard von Bingens Ruhm als Heilerin mit wunderbaren Kräften übertraf ihren Ruf als Wissenschaftlerin und religiöse Mystikerin. Sie war die erste bedeutende Schriftstellerin Deutschlands auf dem Gebiet der Medizin. Ihre Medizin war eine einmalige Mischung aus biblischen und mikrokosmischen Rückschlüssen, der Säftelehre des Galenus, aus populärer Benediktinertradition, aus Volksmedizin und ihren reichhaltigen Erfahrungen. Manchmal waren ihre Hinweise wenig präzise, aber zu Epilepsie, Wahnvorstellungen und Geistesgestörtheit äußerte sie sich eingehend, was bei ihren eigenen Schwächen begreiflich ist. Sie unterstrich die Wichtigkeit von Hygiene und Ernährungsweise, Ruhe und Leibesübungen und schrieb im fünften Buch der ›Causae et Curae‹ erstmals in Deutschland, Wasser, ganz besonders Fluß- und Tümpelwasser, müsse abgekocht werden.

Hildegard vertrat die allgemeine mittelalterliche Ansicht, der Schöpfergott habe jedem belebten oder unbelebten Wesen die Kraft eingegeben, ein bestimmtes Übel zu kurieren oder zu lindern. So wurde ›Physica‹, das Buch der Medizinalpflanzen, zur ›Materia Medica‹. Hildegard verordnete die Arzneien in kleinen Dosen, einfache Dinge für die Armen, teure Zusammensetzungen für die Reichen. Obwohl sie gegen Teufelswerk und Wahrsagerei zu Felde zog, betrachtete sie Magie als integralen Teil natürlicher Substanzen und Phänomene und lieferte christliche und heidnische Rezepte und Beschwörungsformeln gegen Schwarze Magie. Wie die meisten volkstümlichen Heilmittel mögen auch die bizarreren durchaus psychologische Grundlagen gehabt haben.

Im zwölften Jahrhundert setzte eine wissenschaftliche Renaissance ein. In Italien und Spanien, dort, wo islamische und europäische Welt sich berührten, machte sich der Einfluß arabischer Gelehrsamkeit mehr und mehr bemerkbar. Die Erkenntnisse der alten Griechen wurden vom Arabischen ins Lateinische übersetzt, und bald entdeckte Europa die Weisheiten der Antike wieder, die von den Arabern gehütet und verfeinert worden waren. Die Schriften Hildegard von Bingens gehören zu den allerfrühesten Zeugnissen dieses indirekten Einflusses arabischer Wissenschaft auf das westeuropäische Denken. Der Historiker George Sarton bezeichnete Hildegard als die»hervorragendste Naturwissenschaftlerin« und originellste Denkerin Westeuropas im zwölften Jahrhundert.[100] Ihre Schriften waren schon zu ihren Lebzeiten berühmt, und viele Jahre lang waren unter ihrem Namen Flugschriften und unechte Prophezeiungen in Umlauf. Ihre Werke wurden später gedruckt und weit verbreitet und beeinflußten das wissenschaftliche Denken bis weit in die Renaissance hinein.

Trotzdem stand Hildegard mit ihren Ansichten weniger allein, als man vermuten könnte. Im Kloster Hohenberg auf dem Odilienberg im Elsaß verfaßte Herrad von Landsberg, eine andere Äbtissin des zwölften Jahrhunderts, ebenfalls ein bedeutendes wissenschaftliches

Werk. ›Hortus Deliciarum‹ (›Garten der Freuden‹) war eine Enzyklopädie von Religion, Geschichte, Astronomie, Geographie, Philosophie, Naturgeschichte und medizinischer Botanik. Die technischen Ausdrücke waren lateinisch und deutsch angegeben, und so diente der Text auch für den Lateinunterricht der Nonnen. Herrads eigene Illustrationen wurden als künstlerisch wertvoll angesehen. Die einzige handgeschriebene Kopie wurde 1870 bei der Belagerung von Straßburg zerstört, doch hatte glücklicherweise ein Student im frühen neunzehnten Jahrhundert große Teile davon abgeschrieben.

Herrad kam als Kind zur Ausbildung nach Hohenberg. 1167 übernahm sie, als Nachfolgerin der Äbtissin Relind, die Verantwortung für siebenundvierzig Nonnen und dreizehn Novizinnen. Die Nonnen von Hohenberg waren Augustinerinnen und genossen beachtliche Freiheiten. ›Hortus Deliciarum‹ gibt eine ausführliche Darstellung ihres Lebens. Herrad baute 1187 auf dem Klostergelände ein großes Spital und wirkte darin bis zu ihrem Tod 1195 als leitende Ärztin. Den größten Teil des ›Hortus Deliciarum‹ schrieb Herrad zwischen 1160 und 1170, zusätzliche Eintragungen erfolgten bis 1190. Sie stützte sich wohl in erster Linie auf biblische Quellen und ihre eigenen Erkenntnisse, hatte aber keineswegs die Hemmungen Hildegards, auch weltliche Schreiber zu zitieren und ›weltliche Weisheit‹ einzubeziehen.

Ob zwischen Herrad und Hildegard Kontakte bestanden, ist nicht bekannt, aber zwischen ihren Werken und ihren Lebensläufen bestehen gewisse Ähnlichkeiten. Noch existierende Kopien der Illustrationen Herrads erinnern an die Hildegards. Auch ihre mikrokosmischen Vorstellungen sind gleich. Herrad erklärt die Umkehrung des Klimas auf der Erdgegenseite klarer, indem sie die Erdkugel in zwei kalte, zwei gemäßigte und zwei tropische Zonen einteilt. Die Beziehung der Winde zu den vier Elementen und ihre Einwirkung auf die vier Körpersäfte sind bei ihr ebenfalls aufgeführt. Im ›Hortus Deliciarum‹ finden sich außerdem eine Abbildung der Tierkreiszeichen und eine Berechnungstabelle für die Festtage. Solche Tabellen waren im zwölften Jahrhundert außerordentlich wichtig, und diese wurde als eine der besten angesehen. Man konnte aus ihr die Oster- und Weihnachtsdaten für einen Zeitraum von 532 Jahren, von 1175 bis 1706, ablesen.[101]

Herrad und Hildegard gehörten zu den letzten der gelehrten Äbtissinnen. Die Klosterschulen Karls des Großen waren verschwunden.

Aus moralischen Gründen wurden viele Frauenklöster streng von den Männerklöstern, mit denen sie früher in reger Verbindung gestanden hatten, getrennt. Die kirchliche Hierarchie führte rigorose monastische Regeln ein, und gelegentlich wurden diese noch verschärft. Manche Nonnen waren erstmals zur Zeit Papst Innozenz' III. richtig eingeschlossen, und Macht und Ansehen der Äbtissinnen schwanden. Priorinnen kleinerer Konvente wurden männlichen Äbten unterstellt, und neue Abteien für Frauen wurden nicht mehr gegründet. Im dreizehnten Jahrhundert richteten Frauen auf der Suche nach Bildungsmöglichkeiten ihre Blicke eher auf die aufstrebenden Städte als auf Klöster.

Das ausgehende Mittelalter war eine Zeit der Unruhen und des raschen Wechsels. Macht und Einfluß verlagerten sich von Klöstern und Klerus auf die Städte und den aufkommenden Mittelstand. Gelehrsamkeit wurde von neuem als Tugend angesehen, und es gab für Frauen auch außerhalb der Klöster beschränkte Gelegenheiten zu Ausbildung. Frauenfeindliche Polemik war zwar an der Tagesordnung, trotzdem schrieb eine Anzahl gebildeter Frauen aus der Oberklasse, wie Christine de Pizan (1364–1430), Aufsätze zur Verteidigung der Frau und ihrer Ausbildung.

Mit dem Wiedererwachen der griechischen Wissenschaft lehnten die Gelehrten der frühen Renaissance die Errungenschaften des Mittelalters ab. Die mittelalterlichen Wissenschaftlerinnen gerieten praktisch in Vergessenheit, aber sie hinterließen ein Erbe, das die Frauen der gelehrten Salons des siebzehnten und achtzehnten Jahrhunderts wiederaufnahmen.

DER AUFSTIEG DER ›SCIENTIFIC LADY‹

Während es im gebildeten Adel immer gelehrte Frauen gab und Frauen
seit frühesten Zeiten ihren Beitrag zu Naturwissenschaft und Mathema-
tik leisteten, war die ›scientific lady‹ ein Produkt der wissenschaftlichen
Revolution.   *Carolyn Merchant*[102]

Frauen und der ›Ausverkauf‹ der Wissenschaft

Die wissenschaftliche Revolution begann mit der neuen Astronomie
des Kopernikus und veränderte die Weltsicht gebildeter Männer und
Frauen für alle Zeiten. Angehörige wohlhabender Schichten, die zu
keiner regulären Arbeit gezwungen waren, wandten sich aus Liebhaberei der Naturwissenschaft zu. Sie schlossen sich zu Gesellschaften
zusammen und setzten sich ganz neue Ziele für Forschung und Entdeckung. Ihre Frauen und Schwestern wurden die ›scientific ladies‹.
Obwohl auf diese Weise sehr viele Frauen das wissenschaftliche Denken im siebzehnten und achtzehnten Jahrhundert entscheidend mit beeinflußten, gelang es nur wenigen, das leicht abschätzige Etikett der
›scientific lady‹ loszuwerden. Es hatte einen ähnlichen Beiklang wie
später der ›Blaustrumpf‹ und prägte so die Stellung der Wissenschaftlerinnen für viele Jahre. Nachdem Männer schon längst Berufswissen-
schaftler geworden waren, haftete den wissenschaftlich tätigen Frauen
in den Augen der Gesellschaft noch immer der Status von Amateurin-
nen an. Im Munde der Gegner war der Ausdruck ›scientific lady‹ eindeutig als Beleidigung gemeint. Jene Frauen jedoch, die einen Grad
wissenschaftlicher Kompetenz erreicht hatten, den sich ihre mittelalterlichen Vorgängerinnen nicht hätten träumen lassen, waren stolz
darauf. Während im Mittelalter gebildete Frauen, mit wenigen Aus-

nahmen wie Hildegard von Bingen, Pflanzenkennerinnen oder Alchimistinnen, Hebammen oder Ärztinnen gewesen waren, interessierten und betätigten sich mit dem Fortschreiten der wissenschaftlichen Revolution mehr und mehr Frauen in allen Sparten der Naturwissenschaften.

Wissenschaftliche Revolution und Aufkommen der ›scientific lady‹ fielen zusammen mit dem Beginn einer Kontroverse über Frauenerziehung, die zweihundert Jahre andauern sollte. Die Zentren der Gelehrsamkeit verschoben sich von Italien, wo intellektuelle Frauen immer geachtet und geehrt worden waren, nach Nordeuropa und England, wo die Ausbildung der Frauen noch sehr im argen lag. Das ganze Mittelalter hindurch waren Klöster die einzige Alternative zu einer Ehe und zugleich die einzige Möglichkeit gewesen, Bildung zu erwerben. Mit der Reformation wurden die Klöster aufgehoben, und die einzige Tradition der Frauenbildung fiel dahin. In den meisten Fällen gingen die ehemaligen Klosterschätze an Universitäten über, zum Vorteil männlicher Studenten. Der Widerstand gegen weltliche Schulung der Frauen, vor allem in Naturwissenschaften, war gerade in Nordeuropa sehr groß. Nur bei den Puritanern und Quäkern fanden sie Unterstützung. Es waren also keine offiziellen Staatskirchen, sondern kleinere Religionsgemeinschaften, die den positiven Aspekt der ›scientific lady‹ förderten.

Eine der ersten Feministinnen, die sich für die wissenschaftliche Ausbildung von Frauen einsetzte, war die Künstlerin und Philosophin Anna Maria von Schürmann aus Utrecht (1607–1678), eine Freundin des französischen Philosophen René Descartes. Ihre Abhandlung über Frauenerziehung wurde 1641 in Leiden veröffentlicht. Eine Schülerin der Schürmann, die Engländerin Bathusa Makin, stellte 1673 einen Lehrplan für Frauen auf, der auch Naturwissenschaft vorsah. Den Ideen Makins folgend, schlug Mary Astell (ca. 1666) einen Schultypus vor, in dem Frauen, ähnlich wie in den mittelalterlichen Klöstern, eine Ausbildung genießen und ungestört leben konnten. »Und ich bin überzeugt, die Naturwissenschaften würden große Fortschritte machen, schlösse man die Frauen nicht eifersüchtig von diesem, ihrem ureigensten Gebiet aus.«[103] Obwohl es Mary Astell gelang, das Geld für ein derartiges Haus aufzutreiben, wurde das Projekt von Bischof Burnet als unvereinbar mit dem Geiste der Reformation abgelehnt.

Die Utopistinnen des siebzehnten Jahrhunderts gingen in ihren Vorstellungen von allgemeiner Schulbildung noch weiter, sie wollten das Studium der Naturwissenschaften allen Frauen, nicht nur jenen der oberen Klassen, zugänglich machen.

Unabhängig davon, ob eine naturwissenschaftliche Ausbildung für Frauen im England und Frankreich des siebzehnten Jahrhunderts als passend erachtet wurde, begann zum ersten Mal in der Geschichte eine breite Schicht der weiblichen Bevölkerung Naturwissenschaften zu studieren und darin zu forschen. Die Kommerzialisierung neuer Entdeckungen und Erfindungen trug spürbar zur Hebung des Ansehens der ›scientific lady‹ bei. Teleskope und Mikroskope wurden die neuen Spielzeuge der reichen Elite, und die Damen der Gesellschaft untersuchten winzige Lebewesen mit ihren Taschenmikroskopen und erforschten ferne Himmelsräume mit ihren Teleskopen. Die Hersteller optischer Instrumente gaben Lehrbücher heraus und veranstalteten Vorlesungsreihen, die sich ganz speziell an die ›scientific lady‹ wandten. Ihre Anstrengungen, den Markt für ihre Produkte zu erweitern, machten vor keinen Klassengrenzen halt und erreichten ebenso ländliche wie städtische Frauen.

Reaktionäre predigten gegen das Überhandnehmen von Amateurwissenschaftlerinnen, und Satiriker machten ihr ›Streben nach Gelehrsamkeit‹ lächerlich. Andererseits wurde aber auch ins Feld geführt, die Beschäftigung mit der Unendlichkeit der Schöpfung erhalte die Frauen fromm und demütig und bringe sie näher zu Gott. Solange sich die Frauen mit ihren neuen Instrumenten vergnügten und sich nicht ernsthaft hinter das Studium von höherer Mathematik, Physik und Medizin setzten, wo sie in Konkurrenz zu den Männern treten würden, schaute die Gesellschaft amüsiert zu. Und in gewissen aristokratischen Zirkeln gehörte es für Frauen zum guten Ton, sich über die letzten wissenschaftlichen Entwicklungen auf dem laufenden zu halten.

In unserer Zeit der elitären Wissenschaft, wo die wichtigsten Entdeckungen vom Laien gar nicht mehr verstanden werden können, kann man sich die immense Rolle nicht mehr vorstellen, die in der wissenschaftlichen Revolution die Personen spielten, die das neue Wissen breiteren Kreisen zugänglich machten. Die Amateure des siebzehnten Jahrhunderts hungerten nach exakten Erklärungen der faszinierenden neuen Entwicklung. Die mechanistischen Theorien Descartes' wurden von Bernard de Fontenelle popularisiert. Seine ›Konversationen über die Pluralität der Welten‹ (1686) waren als Dialog zwischen einem Philosophen und der Marquise von G. geschrieben. An fünf aufeinanderfolgenden Monaten wird die schöne und intelligente vornehme Dame durch strenge französische Gärten begleitet, während ihr der Philosoph die Feinheiten des kopernikanischen und des kartesianischen Universums erläutert. Allerdings ist der Ton durchweg herablassend. Eine Frau mag nicht den Geist für wissenschaftliche Entdeckungen haben, aber sie kann darangehen »wie an einen Roman oder eine Erzählung, wo sie schließlich die Handlung oder die Verwicklungen auch begreift«.[104]

Ein besonderer Reiz der neuen Astronomie war ihre Betonung der außerirdischen Welten, und Fontenelles Buch liest sich beinahe wie ein moderner Science-fiction-Roman. Es erschien in zahlreichen Auflagen und wurde 1688 von Aphra Behn (1640–1689) ins Englische übersetzt, die auch ihren eigenen Kommentar beifügte. Sie hatte Fontenelle wegen seiner enormen Popularität übersetzt, aber ihre Kritik an ihm war so streng, daß sie sich überlegte, ein eigenes Buch zu dem Thema zu schreiben: »Ich muß offen gestehen, er hat sein Ziel verfehlt. Im Bestreben, die Naturphilosophie allgemeinverständlich darzulegen, hat er sie lächerlich gemacht . . . Und was die Frau Marquise betrifft, so läßt er sie eine Menge Unsinn reden. Dabei gibt sie von Zeit zu Zeit doch Bemerkungen einer Gelehrsamkeit von sich, die den größten Philosophen Europas wohl anstehen würden.«[105]

›Die Pluralität der Welten‹ fand zahlreiche Nachahmer, wobei die Wissenschaftsinterpreten im achtzehnten Jahrhundert vom kartesianischen zum newtonschen Universum überschwenkten. Descartes hatte als erster ein vollständig mechanistisch funktionierendes Weltall konzipiert, das auf Materie und Bewegung beruhte. Sonne und Sterne waren ihrerseits Mittelpunkt kreisender Materie, welche die Planeten in ihren Bahnen hielt. Dreiundvierzig Jahre später, 1687, ersetzte Isaac Newton in seinen ›Principia‹ die willkürlich gesetzte Mechanik von Descartes durch mathematische Gesetzmäßigkeit. Newtons Gesetz der universalen Anziehungskraft erklärte himmlische Bewegung und irdische Phänomene in einem zusammenhängenden und überprüfbaren mathematischen Gesetz. Die Textbücher mußten neu geschrieben werden.

In Italien benützte Francesco Algarotti die nun akzeptierte Form des Gesprächs zwischen Philosoph und ›scientific lady‹, um Newtons Prinzipien der Physik und der Optik darzulegen. Sein Werk, ›Il Neutonianismo per le dame‹ (1737), wurde von Elizabeth Carter (1717–1806) unter dem Titel ›Sir Isaac Newton's Philosophy Explain'd For the Use of the Ladies. In Six Dialogues on Light and Colours‹ 1739 ins Englische übersetzt. Elizabeth Carter war Mitglied der Gesellschaft der Blaustrümpfe, eines Salons für Wissenschaftler und Intellektuelle, dem auch Mary Montagu angehörte. Der Name ›Blaustrümpfe‹ kam von der exzentrischen Kleidung des Botanikers Benjamin Stillingfleet, einem anderen Mitglied der Gruppe. Später wurde die Bezeichnung zu einem abfälligen Beiwort für gebildete Frauen. John Duntons Halbwochenschrift, ›Athenian Mercury‹ (1690–1697), war die erste englische Zeitschrift, die sich an ein weibliches wissenschaftliches Publikum wandte. Der ›Merkur‹ hielt seine Frauenseiten in einem Frage-und-Antwort-Stil, wurde allerdings derart mit Fragen überschwemmt, daß die Herausgeber die Leserinnen sehr schnell baten, von weiteren Einsendungen abzusehen.[106] Daß Dunton und seine ›Athener Gesellschaft‹ gegen Ende des Jahrhunderts zum Angriffsziel mehrerer Satiren wurden, spricht für die Popularität der Zeitschrift.

›Das Tagebuch der Dame: oder Der Frauenalmanach, mit entzückenden und unterhaltsamen Einzelheiten, besonders zum Gebrauch und zur Zerstreuung des schönen Geschlechtes‹ erschien ab 1704 alljährlich, bis es 1840 mit dem ›Tagebuch des Herrn‹ zusammengelegt wurde. In der Einführung zur Ausgabe von 1718 schrieb der Herausgeber: »Um die übrigen Angehörigen des schönen Geschlechtes zu ermutigen, sich mit mathematischem und philosophischem Wissen zu befassen, mögen sie hier sehen, daß ihr Geschlecht ein ebenso klares Urteil, einen so raschen, lebendigen Geist, so intuitives Genie und so scharfsinniges Unterscheidungsvermögen hat wie wir... und daß es damit die schwierigsten Probleme angehen kann... Wir können sie als die ›Amazonen‹ unserer Nation preisen. Fremde wären erstaunt, nicht weniger als vier- oder fünfhundert verschiedene Briefe von ebenso vielen verschiedenen Frauen zu sehen, in denen sie Vorschläge zur Lösung geometrischer, arithmetischer, algebraischer, astronomischer und philosophischer Probleme machen.«[107] So enthielt das ›Tagebuch‹, außer den typischen Almanach-Mitteilungen, Artikel über

Astronomie, Arithmetikaufgaben, Rätsel und Knacknüsse, für deren Lösung Preise ausgesetzt wurden. Viele Frauen stellten selbst Aufgaben und sandten Lösungen ein, wobei der Prozentsatz der weiblichen Teilnehmer gegen Ende des Jahrhunderts deutlich sank. Frauen schickten ihre Beiträge oft anonym, mit Pseudonym oder nur den Initialen gezeichnet. Interessanterweise benutzten Männer zum Teil weibliche Pseudonyme.

Benjamin Martins ›Der junge Gentleman und die Philosophie der Dame‹ und James Fergusons ›Leichtfaßliche Einführung in die Astronomie für junge Gentlemen und Damen‹ (1768) zeigten beide als Hauptfigur einen etwas aufgeblasenen jungen Mann, der aus Oxford zurückkehrt und seine Schwester in die Geheimnisse der Naturphilosophie einweiht. Martins Text beginnt damit, daß Cleonicus seine Schwester Euphrosyne folgendermaßen anredet: »Philosophie ist die bevorzugte Wissenschaft jedes Mannes von Geist, und sie steht beim schönen Geschlecht in ganz besonderer Gunst; und wisse, Schwester, es kommt bei der Damenwelt nun mehr und mehr in Mode, Philosophie zu studieren. Ich bin überglücklich, eine meiner Schwestern geneigt zu sehen, eine so lobenswerte und ihrem Geschlecht so wohlanstehende Sache zu unternehmen.« Worauf Euphrosyne antwortet: »Ich wünschte oft, es nähme sich für eine Frau nicht so männlich aus, in Gesellschaft über Philosophie zu reden... Glücklich das Zeitalter, in dem eine Frau in aller Bescheidenheit ihr Wissen zugeben und ihre Gelehrsamkeit zeigen kann, ohne Ziererei und ohne Aufsehen zu erregen.«[108] Es war kein Zufall, daß beide, Martin und Ferguson, Teleskop- und Mikroskophersteller und zugleich öffentliche Dozenten waren.

Frauen begannen allmählich, ihre eigenen Bücher und Zeitungen zu schreiben und herauszugeben. Eliza Haywoods ›The Female Spectator‹ (1744−1746) war die erste von einer Frau publizierte Frauenzeitschrift. Sie war in Nordamerika und England sehr verbreitet, und die Sammlung der Einzelnummern erlebte zwischen 1747 und 1775 mehrere Neudrucke in Buchform. Ihre ›Epistles for the Ladies‹ (1749−1750) waren beinahe ebenso populär. Beide Werke gaben den überraschenden Entdeckungen, die das Mikroskop ermöglichte, breiten Raum. Aber wie die meisten wissenschaftlichen Werke für Frauen im achtzehnten Jahrhundert waren Naturgeschichte und Astronomie hoffnungslos mit Theologie und Astrologie verquickt.

Trotzdem, die ›scientific lady‹ hatte in der englischen Gesellschaft ihren sicheren Platz, und in der Folge gelangten einige Wissenschaftlerinnen zu herausragender Bedeutung. Anne Conway leistete einen wesentlichen, wenn auch nicht anerkannten Beitrag, Lady Mary Montagus Werk wurde gelobt und geschätzt, und Margaret Cavendish brachte sowohl Ruhm als auch Schande über sich.

›Mad Madge‹, die Herzogin von Newcastle

Die vielleicht beste Beschreibung, die man von der Herzogin von Newcastle geben kann, ist, daß sie leicht verrückt und maßlos dem kartesianischen Rationalismus ergeben war. Gerald Meyer[109]

Am 30. Mai 1667 öffnete die erst kürzlich gegründete, aber schon sehr einflußreiche Royal Society of London einer ›scientific lady‹ ihre Türen. Margaret Cavendish, Herzogin von Newcastle, war zum Besuch der Gesellschaft eingeladen worden, nicht ohne vorherige eingehende Debatte unter den Mitgliedern, wobei die Gegner weniger wegen des Geschlechtes als vielmehr wegen des zweifelhaften Rufes der Herzogin opponierten. Margaret Cavendish erschien mit vornehmer Verspätung, begleitet von einem zahlreichen Gefolge, und schaute zu, wie Robert Boyle und Robert Hooke Luft wogen, in Schwefelsäure Hammelfleisch auflösten und zu ihrer Erbauung verschiedene weitere Experimente durchführten. Für die ›scientific lady‹ war es ein historischer Moment, für die Herzogin zugleich ein persönlicher Triumph. Sie hatte ein Leben lang vergeblich versucht, die Achtung dieser Gemeinschaft männlicher Wissenschaftler zu gewinnen. Obwohl sie bis zu einem gewissen Grad erfolgreich war in der allgemeinverständlichen Verbreitung der Wissenschaft, standen die Chancen für sie nicht gut. Ihr Geschlecht, ihre persönliche Überspanntheit und ihr völliger Mangel an formaler Bildung ließen nicht zu, daß ihr Platz in der Wissenschaftsgeschichte über den eines seltsamen Kauzes hinausging.

Als achtes Kind reicher Eltern wurde Margaret Lucas 1623 in ein luxuriöses Leben hineingeboren. Mit achtzehn Jahren, als England gerade in einen Bürgerkrieg verwickelt war, verließ sie ihr behütetes Zuhause, um Ehrendame am Hof der Königin Henrietta Maria, der

Frau von Charles I., zu werden. Nach der Niederlage der Royalisten begleitete sie die Königin ins französische Exil. Dort verliebte sie sich und heiratete William Cavendish, einen zweiundfünfzigjährigen Witwer.[110] Sie schlossen sich anderen royalistischen Verbannten in Antwerpen an und mieteten sich, trotz ihrer Verarmung, in der Villa des Malers Rubens ein.

Zum privaten Salon der Cavendishs, dem ›Newcastle Circle‹, gehörten der Philosoph Thomas Hobbes und Williams Bruder, Sir Charles. Auch die mechanistischen Philosophen Descartes und Gassendi standen ihm nahe, und in dieser Gruppe erhielt Margaret Cavendish ihre erste Einführung in Naturwissenschaft. Schließlich half sie mit, das mechanistische Konzept zu verbreiten, das zur Grundlage der naturwissenschaftlichen Revolution wurde.

Gegen Ende 1651 kehrte Margaret nach England zurück in der vergeblichen Absicht, aus ihrem Besitztum Newcastle genügend Mittel herauszuretten, um ihre zahllosen ausländischen Gläubiger zu befriedigen. Damals geriet sie erstmals öffentlich ins Gerede, sowohl wegen ihrer extravaganten Art, sich zu kleiden und zu benehmen, als auch wegen ihrer Dichtung. Ihre erste Anthologie ›Poems and Fancies‹ (1653) erregte in der Londoner Gesellschaft Aufsehen nicht nur wegen mangelhafter Orthographie, Grammatik und Metrik, sondern auch wegen der Verschrobenheit der Verse.[111]

Zwischen 1653 und 1671 schrieb sie vierzehn ›wissenschaftliche‹ Bücher, allein, »zu ernsthaftem Studium bleibt mir nicht viel Zeit, da mir Kleidung, Schmuck und Aufputz unerhört Spaß machen und mich vor allem Mode interessiert, die ich selber erfinde«.[112] Sie war stolz auf ihre Originalität, mehr als auf ihre Gelehrsamkeit, und ignorierte erfolgreich die naturwissenschaftlichen Erkenntnisse der vorangegangenen Jahrhunderte. Sie brüstete sich damit, »niemals die Ideen anderer Leute zu propagieren, damit nicht ihre eigenen Geisteskinder aus dem Rennen fielen«.[113] Entsprechend waren ihre wissenschaftlichen Theorien, im besten Falle simpel und zusammenhanglos, im schlechtesten Falle barer Unsinn. Aber sie war uneinsichtig: »Wenn das, was ich schreibe, den Lesern gefällt, wenn auch nicht den Gebildeten, so bin ich zufrieden. Denn ich will lieber von der Mehrheit gerühmt werden, auch wenn die Besten nicht darunter sind. Alles, was ich suche, ist Berühmtheit... Aber ich denke, ich werde von meinen eigenen Geschlechtsgenossinnen kritisiert werden, und die Männer werden spöttisch lächeln, weil sie finden, die Frauen mißbrauchen ihre Vorrechte. Sie halten Bücher für ihre Krone und das Schwert für ihr Zepter, mit dem sie herrschen und regieren.«[114]

Margaret dachte nicht daran, sich durch ihren Bildungsmangel von irgend etwas abhalten zu lassen. Das bringt sie 1663 in einem Vorwort, das ›an alle gelehrten Ärzte‹ gerichtet ist, deutlich zum Ausdruck: »Man soll mich entschuldigen, wenn ich die Namen und Fachausdrücke der Anatomen nicht kenne und benutze oder wenn ich einige Körperteile verwechsle oder am falschen Ort ansiedele. Denn wirklich, ich habe nie Anatomie studiert oder einen offenen Körper gesehen, noch weniger einen sezierten, der mir zu einem besseren Verständnis geholfen hätte; das ließen weder die Courage meiner Natur noch die Bescheidenheit meines Geschlechtes zu. Es wäre deshalb ein großer Zufall, eigentlich ein Wunder, wenn ich mich nicht hin und wieder irren würde; aber ich habe die Innereien von Tieren gesehen, natürlich nicht so, wie sie im Körper liegen, sondern so, wie sie herausgeschnitten und angerichtet werden... und was Knochen, Muskeln, Venen und dergleichen betrifft, so kenne ich ihren Platz im Körper auch nicht.«[115]

Sie ging völlig unbeschwert an die Ausarbeitung ihrer Theorie der menschlichen Physiologie, legte jede ihrer Veröffentlichungen den Universitäten von Oxford und Cambridge vor, und war beleidigt, daß man ihre Naturphilosophie in den akademischen Zirkeln nicht lehrte. Zu den Schriften, die sie der Universität Leiden unterbreitete, ließ sie einen lateinischen Index anfertigen und hoffte, sie damit europäischen Studenten leichter zugänglich zu machen. Ihre Anstrengungen, ihr Gesamtwerk ins Lateinische übersetzen zu lassen, waren dagegen erfolglos. Ihre Ideen und ihr Schreibstil hätten die gutmütigsten und beflissensten Übersetzer zur Verzweiflung gebracht.

Seit Beginn des Jahrhunderts versuchte die englische Theorie der Atome alle Naturphänomene auf der Grundlage der bewegten Materie zu erklären. In der frühesten Version der Philosophie Margarets, die in den ›Poems and Fancies‹ niedergelegt ist, bestehen alle Atome aus der gleichen Menge von Materie, unterscheiden sich aber in Größe und Gestalt, und zwar entsprechend den dazugehörigen Elementen. Erdatome sind viereckig, Wasseratome rund, Luftpartikel länglich, Feueratome spitzig:

Kleine Atome bilden die Welt,
Flüchtig und vielgestaltig von Form,
Finden beim Tanzen den passenen Ort
Und die ihrem Wesen entsprechende Norm.[116]

Ihre Theorie von den Krankheiten, die sich auf die Lehre von den Körpersäften stützte, schrieb Krankheit dem ›Kampf zwischen den einzelnen Atomen‹ zu oder der Tatsache, daß die Atome einer Form die
Überhand über alle anderen bekamen.

Kaum hatte Margaret ihre erste Artikelsammlung den Druckern
gesandt, begann sie mit den ›Philosophical Fancies‹ (London, 1653).
Darin ersetzte sie ihre Atomtheorie durch eine Theorie der Bewegung, welche mittlerweile zur Grundlage ihrer phantasievollen Naturphilosophie geworden war. Bis zum Jahre 1663 hatte sie herausge-
funden, daß Atome, wenn sie »belebte Materie« waren, einen »freien
Willen und Entscheidungsfreiheit« haben mußten. Infolgedessen be-
kämpften sie sich ununterbrochen, genau wie menschliche Nationen,
und konnten sich nie darauf einigen, vollkommene Tiere, Pflanzen
oder Mineralien zu bilden. »Betreffend die Atome bin ich nach langem Räsonieren mit mir selber zur Ansicht gelangt, daß es unwahrscheinlich ist, daß das Universum und sämtliche Kreaturen durch das
Tanzen und Wandern staubiger Atome geschaffen und organisiert
wurde.«[117]

In diesen frühen Werken, einschließlich der ›Nature's Pictures‹,
trieb Margaret Cavendish ihre Theorien derart ins Extrem, daß sie
»die Feinde des Atomismus schockierte und seine Freunde in Verlegenheit brachte«[118]. Atomisten wie Robert Boyle distanzierten sich
von ihren ausgefallenen Ideen. Ihre Schriften, wie auch die von Hobbes, mit ihrer Betonung der materiellen Natur der Geister, setzten die
Atomisten dem Vorwurf des Unglaubens und der Gottlosigkeit aus.
Allerdings vermischte Margaret Theologie und ihre verschwommene
Naturphilosophie selten miteinander. Darin unterschied sie sich von
zahlreichen wissenschaftlichen Schreibern des siebzehnten Jahrhunderts. In der Schlußfolgerung von ›Philosophical and Physical Opinions‹ erklärte sie, Materie und Bewegung seien Ausdruck des göttlichen Schöpfungsplanes, Gott selbst dagegen bleibe unbegreifbar und
für die Wissenschaft deshalb irrelevant. Nicht wenige Naturwissen-

schaftler der folgenden Jahrhunderte machten sich diese Argumentation zu eigen, um religiösen Kontroversen auszuweichen.

Margaret wurde nicht wegen ihrer Meinungen angegriffen, die waren nicht absurder als manches andere, was man im frühen siebzehnten Jahrhundert als Wissenschaft ausgab, man bezichtigte sie des Plagiats, da ›eine Frau niemals all diese schwierigen Wörter verstehen könnte‹.[119] Das Titelblatt zu ›Philosophical and Physical Opinions‹ (1663) zeigt sie in ihrem Studierzimmer, das durch seine wenigen Bücher auffällt. Wahrscheinlich festigten die leeren Buchregale noch den Ruf ihrer Absonderlichkeit. Die Verschwommenheit ihrer Gedanken und ihr haarsträubender Sprachgebrauch ließen kaum vermuten, daß jemand ihr Werk stehlen würde. Trotzdem schrieb sie in einem Nachwort ›an meine gerechten Leser‹: »Ich wünsche, daß alle Freunde meines Buches mir, wenn nicht wegen des Buches, so wegen der Gerechtigkeit glauben, daß alle Gedanken, die darin neu sind, und ich hoffe, das sind alle, von mir selber stammen. Denn ich hatte nie einen Führer, mich anzuleiten, oder den Rat irgendeines anderen Autors, sondern alles, was ich schrieb, entspringt meinen natürlichen Erkenntnissen. Wenn also andere in der gleichen Weise, in welcher Sprache auch immer, mir nachschreiben, sollen sie sich merken, daß mein Werk das Original ihrer Abhandlungen ist. Und wenn sie meine Ansichten stehlen oder mit alten Ansichten vergleichen, die nichts damit zu tun haben... könnte man sie natürlich für unsinnig halten. Aber wer das tut, soll als falsch, böswillig, lächerlich oder verrückt angesehen werden.«[120]

Nach der Wiedereinsetzung der Monarchie und der Rückkehr der Familie Cavendish nach England befaßte sich Margaret zum ersten Mal mit den Werken anderer Naturwissenschaftler. Natürlich mußte sie feststellen, daß ihre Ansichten im Gegensatz zu den meisten anderen standen, jedenfalls zu Leuten wie Descartes, Hobbes, Henry More und Francis Mercury van Helmont. Das Resultat dieser Erkenntnis sind ihre ›Philosophical Letters: or, Modest Reflections upon some Opinions in Natural Philosophy, maintained by several Famous and Learned Authors of this Age, Expressed by way of Letters‹ (1664). Kopien dieser ›Philosophical Letters‹ ließ sie, zusammen mit ihren ›Philosophical and Physical Opinions‹, durch besondere Kuriere an die hervorragendsten wissenschaftlichen Berühmtheiten der Zeit senden, so auch an den Cambridger Platoniker Henry More, der das

Werk in einem Brief an seine Freundin Anne Conway erwähnt: »Sie [die Herzogin] fürchtet, irgendein Mann vertausche seine Hose mit einem Rock und antworte ihr in dieser Verkleidung, was Sie, gnädige Frau, nicht nötig hätten. Sie gibt diesem Argwohn in ihrem Buche Ausdruck, doch ich denke, davor ist sie sicher, denn es wird sich kaum jemand die Mühe machen, überhaupt zu reagieren.«[121]

›Observations upon Experimental Philosophy‹, 1666 und erneut 1668 veröffentlicht, waren eine schnelle Antwort auf die ›Micrographia‹ von Robert Hooke. In ihrem Vorwort an den Herzog von Newcastle schrieb Margaret: »Ich gestehe, ich habe wenig Vertrauen in ... teleskopische, mikroskopische und anderweitige Einsichten. Ich ziehe rationale, präzise Beobachtungen den Täuschungsgläsern und anderen Experimenten vor. Wirklich, die Weissagekunst war nützlicher als die neulich entdeckte Kunst der Mikrographie, und ich kann absolut keinen Vorteil sehen, den sie uns brächte.« Diese neuen Wissenschaften waren unzuverlässig und nutzlos: »Die Beobachtung einer Biene durch das Mikroskop bringt nicht mehr Honig hervor und die Beobachtung eines Korns nicht mehr Getreide. Ebensowenig wird das Betrachten staubiger Atome und der Brechungen des Lichts einen Maler lehren, Farben herzustellen und zu mischen ... Tatsächlich, die meisten dieser Künste führen weit eher zu Trugschlüssen als zur Entdeckung der Wahrheit.«[122] Fairerweise muß man zugeben, daß die Herzogin mit ihrer Meinung über Teleskope und Mikroskope nicht ganz falsch lag. Die Linsen waren sehr oft von schlechter Qualität. Sie führten zu Verzerrungen und falschen Interpretationen. Trotzdem konnte es ihre ›spekulative Wissenschaft‹ keineswegs mit Hookes entscheidenden mikroskopischen Entdeckungen aufnehmen.

Im gleichen Band wie die ›Observations‹ publizierte sie auch einen halbwissenschaftlichen utopischen Roman, ›The Blazing World‹. Er sollte zum populärsten Werk der Herzogin werden. In diesem märchenhaften Roman gelangt sie schiffbrüchig auf die Insel ›The Blazing World‹ und wird durch ihre Heirat dort zur Kaiserin Margarethe I. »Ich bin nicht ehrsüchtig, aber doch so ehrgeizig wie irgendeine meiner Geschlechtsgenossinnen. Und da ich nun einmal nicht Heinrich der Fünfte oder Karl der Zweite werden kann, will ich es wenigstens zu Margarethe der Ersten bringen.«[123] Auf ihrer Märcheninsel lernt Margaret Mathematik, Astronomie, Biologie, Alchimie und

Biologie von wunderlichen Tiermenschen. Darüber hinaus gründet sie Schulen und akademische Gesellschaften, Dinge, die für eine Frau im England des siebzehnten Jahrhunderts schlechterdings unvorstellbar waren.

Schönheit, Reichtum und ihr exzentrisches Verhalten machten jeden Besuch der Herzogin in London zu einem Volksspektakel. Der Tagebuchschreiber Pepys nennt sie »ein verschrobenes, aufgeblasenes, lächerliches Weibsbild«.[124] Aber sie faszinierte ihn auch. In der Hoffnung, nur einen Blick auf ihr Gefolge erhaschen zu können, hielt er sich in Whitehall auf: »Der Hof fiebert ihrer Ankunft entgegen... als wäre sie die Königin von Saba«.[125]

John Evelyns Frau beschrieb einen Besuch der Herzogin folgendermaßen: »Ich war überrascht, daß irgendeine Person außerhalb ihrer eigenen vier Wände zu soviel Überspanntheit und Eitelkeit fähig war. Ganz besonders ihre phantastische Kleidung, nicht unvorteilhaft für die gute Figur, der sie sich tatsächlich rühmen kann... Ihr Auftreten übersteigt die Vorstellungskraft des Dichters oder die Beschreibung der Erhabenheit einer Romanheldin. Der graziöse Knicks, eine Verbeugung im richtigen Augenblick, das huldvolle Ausstrecken der Hand, ein Augenzwinkern und gekonnte Gesten der Zustimmung zeigen an, was man von ihrer Konversation zu halten hat. Sie ist genauso hochtrabend, leer, absurd und unzusammenhängend wie ihre Bücher, die Wissenschaftlichkeit, schwierige Gedankengänge und hohe Geistesflüge vorspiegeln und immer in Unsinn, Verwünschungen und Obszönitäten enden.«[126]

Mit dem Alter wurde die Herzogin abgeklärter. ›Grounds of Natural Philosophy‹ (1668) stellen die letzte Überarbeitung der ›Philosophical and Physical Opinions‹ dar. Zwar hält sie an ihren mechanistischen Ideen über Materie und Bewegung fest, drückt sie aber kürzer und weniger apodiktisch aus. Als der Arzt ihre chronische Krankheit als eine Verbindung von Hypochondrie und mangelnder körperlicher Bewegung diagnostizierte, schlug sie seinen Rat beharrlich in den Wind und behandelte sich selbst. Mit ihren eigenen Rezepten, Entschlackungskuren und Schröpfen, verschlechterte sich ihr Gesundheitszustand jedoch zusehends. Sie starb 1673 und wurde in der Westminster Abbey beigesetzt.

Der Ruf der Herzogin von Newcastle, verrückt zu sein, war nicht berechtigt. Wenn ihre Spekulationen auch wenig Wirkung hatten, so verhalf sie doch einigen bedeutenden neuen Theorien der wissenschaftlichen Revolution zu breiterem Durchbruch. Ihr ganzes Werk spricht deutlich für die Frauenbildung – und wäre es nur, um andere davor zu bewahren, ihre extravaganten Fehler zu wiederholen. Als Englands erste anerkannte weibliche Gelehrte stand sie im Rampenlicht. Das und ihr widersprüchlicher, aber unverblümter Feminismus beeinflußten die Zukunft der Frauen in der Wissenschaft nachhaltig. [127] Im folgenden Jahrhundert wurde der Ruhm der Margaret Cavendish nur von einer Frau erreicht, der Feministin Lady Mary Wortley Montagu.

Lady Mary Montagu, Wissenschaftlerin und Feministin

Weltweit töteten die Pocken im achtzehnten Jahrhundert rund 60 Millionen Menschen, allein auf den Britischen Inseln waren es jedes Jahr fünfundvierzigtausend. Kuhmägde wußten bereits seit langem, daß Kontakte mit Kuhpocken gegen Menschenpocken immun machten, und in China, Indien und den Ländern des Mittleren Ostens kannte man seit Jahrhunderten eine Art Impfung gegen die Pocken. Doch erst eine intelligente, beherzte Engländerin, Lady Mary Wortley Montagu (1689–1762), führte diese Praxis auch in England und dem westlichen Europa ein.

Lady Mary Montagu reiste 1717 mit ihrem Gatten, dem britischen Gesandten in Konstantinopel, in die Türkei. Dort sah sie erstmals eine Pockenimpfung, und sie beschrieb sie in einem Brief an ihre Freundin Sarah Chiswell: »Die Pocken, bei uns so weitverbreitet und lebensgefährlich, sind hier völlig harmlos, wegen der Erfindung des ›Einpfropfens‹, wie sie das nennen. Einmal in jedem Herbst führt eine Gruppe alter Frauen die Operation durch... Die Leute fragen vorher in ihren Familien herum, wer gerne einen Pockenschutz hätte, und machen dann daraus ein richtiges Fest. Wenn sie so fünfzehn oder sechzehn Personen beisammen haben, erscheint eine der alten Frauen. Sie bringt eine Nußschale voll bester Pockenmaterie, Eiter von einem an milden Pocken erkrankten Patienten, mit und fragt, an welcher Vene man geimpft werden möchte. Dann ritzt sie die Vene sofort mit einer großen

Nadel an, was nicht schmerzhafter ist als irgendein Kratzer, und bringt so viel Gift darauf, wie auf ihrer breiten Nadelspitze Platz hat. Dann bedeckt sie die kleine Wunde mit einem Stück Muschelschale und verbindet sie... Kinder und jüngere Leute spielen für den Rest des Tages miteinander und sind bis abends um acht vollkommen gesund. Dann befällt sie ein Fieber und fesselt sie zwei, selten drei Tage ans Bett... und nach acht Tagen sind sie so gesund wie eh und je... Jedes Jahr unterziehen sich Tausende dieser Operation... Es sind keine Fälle bekannt, bei denen jemand daran gestorben ist. Du darfst mir glauben, ich bin sehr zufrieden mit der Sicherheit dieser Behandlung, denn ich will sie an meinem lieben kleinen Sohn ausprobieren... Ich wäre sofort bereit, einem unserer Ärzte ausführlich darüber zu berichten, wenn ich einen wüßte, der Charakter genug hat, zum Wohle der Menschheit auf eine so zuverlässige bisherige Einnahmequelle zu verzichten.«[128]

Diese Darstellung sah die Dinge richtig voraus. Nach ihrer Rückkehr nach England ließ Lady Montagu ihre Tochter impfen, und es gelang ihr, Caroline, die Prinzessin von Wales, für das Vorgehen zu interessieren. Unter Lady Marys Anleitung wurden Experimente durchgeführt, zuerst an einem halben Dutzend verurteilter Gefangener, dann an sechs Waisenkindern. Die Versuche verliefen erfolgreich, und die Prinzessin ließ zwei ihrer eigenen Töchter impfen. Trotz vehementer Opposition von seiten der Schulmedizin und der Kirche verbreitete sich die Praxis rasch im ganzen Land. Um die Argumente ihrer Gegner zu widerlegen, publizierte Lady Mary Montagu anonym eine Schrift mit dem Titel ›Einfache Darstellung der Einimpfung von Pocken durch einen türkischen Kaufmann‹. Die Prozedur führte gelegentlich zu ernsthaften Erkrankungen, die in zwei bis drei Prozent der Fälle auch tödlich verlief. Im Vergleich dazu standen aber zwanzig bis dreißig Prozent bei einer Pockenerkrankung ohne Impfung. Trotzdem nahm die Popularität der Impfung allmählich wieder ab. Doch das Vorgehen hatte bis dahin in Kontinentaleuropa und Nordamerika einigermaßen Fuß gefaßt.

Lady Mary ist eine der faszinierendsten Frauengestalten des achtzehnten Jahrhunderts. Sie ist die Urenkelin des Tagebuchschreibers Sir John Evelyn. Bereits als kleines Kind verlor sie ihre Mutter, und ihr Vater, der Herzog von Kingston, scheint sich recht wenig um seine

Familie gekümmert zu haben. Doch Mary Montagu bildete sich sehr zielgerichtet autodidaktisch, unter Zuhilfenahme der Bibliothek ihres Vaters. 1712 brannte sie mit Edward Wortley Montagu durch, um einer vorbestimmten Heirat zu entgehen.

Schon als junge Frau war Lady Mary für ihre Gelehrsamkeit bekannt. Mit zwanzig Jahren sandte sie ihrem Mentor, dem Bischof von Salisbury, zusammen mit einem Brief eine eigene englische Übersetzung des Epiktet: »Meinem Geschlecht sind derartige Studien normalerweise untersagt, und Torheit wird so sehr als unsere Domäne angesehen, daß man uns eher jede Verrücktheit verzeiht als den leisesten Anspruch auf Bildung und gesunden Menschenverstand. Man gesteht uns nur Bücher zu, die den Geist verdummen und verweichlichen... Kaum jemand in der Welt wird so allgemein verachtet und lächerlich gemacht wie eine gelehrte Frau: Konkret heißt das... sie ist ein geschwätziges, anmaßendes, eingebildetes, eitles Geschöpf.«[129]

Lady Mary wurde zur unverhohlenen, aktiven Feministin mit »einer Zunge wie eine Viper und einer Feder wie ein Rasiermesser«.[130] Ihr Witz, ihre Durchsetzungskraft und ihre stürmische Beziehung zu Alexander Pope machten sie rasch berühmt. Ihre umfangreiche Korrespondenz und ihre Tagebücher, bewußt für die Nachwelt geschrieben, zählen zu den wichtigsten literarischen Dokumenten aus dem England des achtzehnten Jahrhunderts. Im Januar 1753 schrieb sie ihrer Tochter, der Gräfin von Bute, zur angemessenen Erziehung ihrer Enkelin: »Ich glaube, es gibt wenig Köpfe, die fähig wären, die Berechnungen Sir Isaac Newtons anzustellen, aber mit einer gewissen Begabung ist es nicht schwierig, ihr Ergebnis zu begreifen. Hab keine Angst, daß sie dadurch wird wie Lady X, Lady Y oder Mrs. Z. Diese Frauen sind nicht wegen ihrer Bildung lächerlich, sondern weil sie keine haben.«[131] Dennoch schließt der Brief mit einer Warnung. Die Enkelin solle, was immer sie an Bildung erwerbe, verheimlichen, so wie sie einen Buckel oder ein lahmes Bein verstecken würde. Das Zurschaustellen würde ihr nur Neid und unversöhnlichen Haß all jener eintragen, denen sie überlegen wäre, und das beträfe gewiß dreiviertel all ihrer Bekannten.[132]

Lady Mary Montagu hatte da ihre eigenen Erfahrungen gemacht. Im Jahre 1736 hatte sie sich unsterblich in den populärwissenschaftlichen Schriftsteller Francesco Algarotti verliebt. Sie war siebenundvierzig, er vierundzwanzig, und er erwiderte ihre Gefühle nicht. Trotzdem verließ sie drei Jahre später ihren Mann, um Algarotti nach Italien zu folgen. Diese war in der Zwischenzeit jedoch an den Hof Friedrichs des Großen nach Berlin gezogen. Sie aber blieb in Venedig und richtete am Canale Grande ihren Salon ein. Am 10. Oktober 1753 schrieb sie ihrer Tochter: »In diesem Land ist eine gelehrte Frau alles andere als lächerlich, denn die vornehmsten Familien sind stolz darauf, Schriftstellerinnen hervorgebracht zu haben. Und eine Mailänder Dame [Maria Agnesi], die jetzt Professorin für Mathematik in Bologna ist, wurde dorthin durch einen sehr verbindlichen Brief des jetzigen Papstes geladen... Die Wahrheit zu sagen, es gibt kein Land auf der Welt, wo unser Geschlecht so geringschätzig behandelt wird wie in England.«[133]

Im späten achtzehnten und auch im neunzehnten Jahrhundert flohen weitere Wissenschaftlerinnen vor der stickigen Atmosphäre Englands nach Italien, das ihnen besser gesinnt war.

Lady Mary bereitete in Europa den Weg für die allgemeine Billigung wissenschaftlicher Impfungen. Ihre frühen Schriften über Pokkenimpfung waren ein erster Schritt auf dem Weg zu der Erkenntnis, daß Krankheiten aus Erregern entstehen. Robert Reid faßt ihre Leistung so zusammen: »Sie ging bei ihren Beobachtungen von bestimmten wissenschaftlichen Grundsätzen aus. Sie stellte, wie andere vor ihr, die Theorie auf, es bestehe ein Zusammenhang zwischen der Einimpfung einer milden Pockenform und der Immunität gegen Pocken. Dann führte sie entsprechende Experimente durch, um ihre Theorie zu testen, so unmoralisch das zweifellos war. Schließlich publizierte sie die Ergebnisse, besser: Sie posaunte sie lauthals hinaus. Ihr Sinn für die Wirkung persönlicher Publizität war ein wesentlicher Bestandteil des Einflusses, den sie auf das wissenschaftliche Denken des achtzehnten Jahrhunderts ausübte. Ohne diesen Sinn, ohne königliches Patronat und ohne mondäne Anhängerschaft wäre ihre Entdeckung unbekannt geblieben. In der englischen Tradition der Amateur-Wissenschaftler, der Tradition eines Bacon und Boyle, hat sie einen guten Beitrag zur Naturwissenschaft geleistet.«[134]

Lady Montagu war eine der letzten großen ›scientific ladies‹. Frauen hatten sich Bildung errungen und ihren wissenschaftlichen Ansichten in den Salons von Paris Gehör verschafft, nun war ein männlicher Gegenschlag unvermeidlich.

Die Satire auf die ›scientific lady‹

Es war die Zeit der Aufklärung, als die Frauen die neuen Philosophien von Descartes, Newton, Leibniz und anderen förderten. In ihren Salons boten sie eine Plattform für politische und wissenschaftliche Revolutionen. Doch während das Werk eines Descartes seine ersten Anhänger in den Salons der Madame de Sévigné, der Madame de Grignan und der Duchesse du Maine fand, geriet die ›scientific lady‹ unter Beschuß.

Es begann mit Molières Satire ›Die gelehrten Frauen‹ aus dem Jahre 1672. Molière griff nicht die intelligente und gebildete Frau an, sondern machte sich über die pseudointellektuelle bourgeoise Gesellschaft lustig, die blindlings eine bestimmte wissenschaftliche Ausdrucksweise übernahm. Doch frauenfeindliche Elemente jener Zeit nahmen ihn zum Vorbild, und sowohl französische als auch englische Theaterschriftsteller ahmten seine erfolgreiche Satire umgehend nach.[135]

Boileau-Despreaux machte Madame de la Sablière mit ihrem Salon zum Gegenstand seiner ›Satire contre les femmes‹ (1694). Er beschrieb sie, die ernsthafte mathematische und astronomische Studien trieb, wie sie ihre Nächte damit zubrachte, mit dem Astrolabium in der Hand den Planeten Jupiter zu beobachten. Eine Beschäftigung, die nach seiner Behauptung ihr Augenlicht schwächte und ihren Teint ruinierte.

James Miller, der 1726 anonym die ›Humours of Oxford‹ publizierte, ritt darin eine der erbittertsten Attacken gegen die ›scientific lady‹: »Lady Science…, eine vorgeblich große Gelehrte und Philosophin«, träumte auch am Tage vom Leben auf dem Jupiter. In einem ganz besonders giftigen Schlußakt gibt sie ihre Verrücktheit zu und gelobt, sich zu bessern: »Ich will all meine Globen, Quadranten, Sphären, Prismen und Mikroskope zerstören… Ich will meine Luftpumpe in eine Wasserpumpe verwandeln, will meine Schlangenzähne, Mumienknochen und Monstergeburten dem Oxford-Museum schicken zur Unterhaltung anderer, ebenso lächerlicher Dummköpfe wie ich.«[136]

Auch die Brüder de Goncourt hinterließen eine abfällige Beschreibung der ›précieuses‹, wie die intellektuellen Französinnen von ihren Verleumdern genannt wurden: »Die Romane verschwanden von den Frisiertischen der Damen, auf ihren Schränkchen lagen nur noch physikalische und chemische Abhandlungen... Die Frauen ließen sich nicht mehr auf einer Wolke im Olymp, sondern im Laboratorium malen... Es entstand eine Zeitung, die Wissenschaft, ornamentale Kunst und Poesie mischte, um die Bedürfnisse und den Geschmack der Frauen zu befriedigen ... Sie lieferte Beschreibungen von Maschinen, Bemerkungen über Astronomie, Artikel über Physik, Auszüge aus Chemie, Untersuchungen in Botanik und Physiologie, Mathematik, Hauswirtschaft ... und die Verhandlungen der Akademie ... Und gäbe es ein schöneres Bild als alle diese hübschen Köpfchen, dem Magister zugewandt, der im Ehrensessel am Ende einer langen, mit Kristallisationen, Erdkugeln, Insekten und Mineralien beladenen Tafel thront? ... Kein Wissensgebiet schreckt sie ab, selbst das allermännlichste scheint sie zu verführen und zu faszinieren. Die Leidenschaft für Medizin ist in der guten Gesellschaft allgegenwärtig, die Chirurgie wird zur fixen Idee. Viele Frauen lernen, die Lanzette und gar das Skalpell zu handhaben. Andere sind auf die Enkelin der Madame Doublet, die Comtesse de Voisenon, eifersüchtig. Sie hatte von den Ärzten, die bei ihrer Großmutter verkehrten, einiges über Heilkunst gelernt, und nun führte sie auf ihrem Landsitz an ihren Freunden und an jedem, der ihr in die Finger kam, Kuren durch, bis zuletzt ein paar Spaßvögel eine Notiz im ›Journal des Savants‹ brachten, die sie glauben machte, sie sei zur Präsidentin des Kollegiums der Medizin gewählt worden ... Gegenwärtig gehört Anatomie zu den weiblichen Hauptschrullen. Gewisse Damen der Gesellschaft träumen von einem Pavillon in einer Ecke ihres Gartens, ausgestattet mit den ›entzückenden Vergnügungen der Mademoiselle Biheron‹, jener großen Künstlerin in der Herstellung anatomischer Gegenstände aus Wachs und Lumpen, oder von einer Sammlung Gläser mit konservierten Leichen. Ein Fräulein von achtzehn Jahren, es handelt sich um die Comtesse de Coigny, war so passioniert in diesen makabren Studien, daß sie nie reiste, ohne im Kutschenkasten einen Leichnam zum Sezieren mitzuführen, so, wie andere ein Buch zum Lesen mitnehmen. «[137]

Fraglos waren manche der sogenannten ›scientific ladies‹ intellektuelle Scharlatane. Forschen und Experimentieren waren nun einmal Mode, und viele Frauen verfolgten die wissenschaftlichen Entdeckungen nur oberflächlich, ohne die zugrundeliegenden physikalischen und mathematischen Prinzipien zu verstehen. Daneben gab es aber unzählige andere, die ihr Studium ernsthaft betrieben. Zu keiner anderen Zeit waren so viele Frauen wissenschaftlich tätig.

Ihre wissenschaftliche Bildung erwarben sich die Frauen, wie immer sie konnten, in Astronomie, Chemie, Mathematik und Physik, Naturgeschichte und Medizin. Sie experimentierten, testeten und verifizierten auf der Grundlage der neuen Theorien der wissenschaftlichen Revolution.

VON ALCHIMIE UND KRÄUTERN: CHEMIKERINNEN UND PHYSIKERINNEN DER WISSENSCHAFTLICHEN REVOLUTION

Die neuen Chemikerinnen

Chemie ist eine den Frauen besonders angemessene Wissenschaft. Sie entspricht ihren Talenten und ihrer Situation. Maria Edgeworth[138]

Gut 1600 Jahre vergingen, ehe im siebzehnten Jahrhundert erstmals wieder eine Frau seit Maria, der Jüdin, eine größere Abhandlung über Chemie schrieb. ›La Chymie charitable et facile en faveur des Dames‹ von Marie Meurdrac erschien 1666 in Paris und wurde 1680 und 1711 neu aufgelegt. Marie Meurdrac wußte nichts von Maria und den übrigen frühen Alchimistinnen. Sie glaubte, die erste Frau zu sein, die auf diesem Gebiet schrieb. Ihr sechsteiliges Werk umfaßte generelle Prinzipien der Laborarbeit, Apparate und Techniken, Tiere, Metalle, Zubereitungen und Eigenschaften einfacher und zusammengesetzter Arzneien, Kosmetik sowie Tabellen mit Gewichten und hundertundsechs alchimistischen Symbolen. Ihre Arbeit stützte sich auf das alchimistische Konzept, daß alle Substanzen aus den drei Grundbestandteilen Salz, Schwefel und Quecksilber zusammengesetzt werden.

Im Vorwort zu ihrem Buch beschreibt Marie Meurdrac ihr Dilemma: »Ich begann diese Niederschrift ausschließlich zu meiner eigenen Befriedigung. Ich wollte die Erkenntnisse festhalten, die ich in langer Arbeit und durch die verschiedensten und oft wiederholten Experimente gewonnen hatte. Ich kann nicht verhehlen, daß mir das Resultat besser schien, als ich je gehofft hatte, so daß ich mich in Gedanken mit einer möglichen Publikation beschäftigte. Hatte ich einerseits Gründe, es zu veröffentlichen, sprachen andere Gründe dafür, es für mich zu behalten und nicht der allgemeinen Kritik auszusetzen. In diesem inneren Zwiespalt befand ich mich zwei Jahre lang. Ich sagte mir, es sei nicht Aufgabe der Frau zu lehren. Sie solle still sein, zuhören, lernen und ihr Wissen nicht zur Schau stellen. Es sei der Stellung der Frau nicht angemessen, ihr Werk der Öffentlichkeit darzubieten. Der Ruf, den sie damit gewinne, sei selten vorteilhaft für sie, da die Männer die geistigen Produkte einer Frau immer belächeln und tadeln... Andrerseits redete ich mir zu, ich sei nicht die erste Frau, die publiziere. Der Geist sei nicht an das Geschlecht gebunden, und wenn man ebensoviel Zeit und Energie darauf verwendete, den Verstand der Frauen zu schulen, so wäre er dem der Männer durchaus ebenbürtig.«[139]

Mit den Werken von Antoine und Marie Lavoisier schwang sich auch die Chemie zur wissenschaftlichen Revolution auf. Die Lavoisiers arbeiteten viele Jahre lang gemeinsam, und man kann Maries Beiträge unmöglich von denen ihres berühmten Mannes trennen. Zusammen leiteten sie eine grundlegende Wandlung der Chemie ein, indem sie die Geheimlehren der Alchimie durch systematische, wissenschaftliche Prinzipien ersetzten.

Mit vierzehn Jahren hatte Marie Anne Pierette Paulze (1758–1836) den achtundzwanzigjährigen Antoine Lavoisier geheiratet. Es war eine konventionelle Verbindung, die Maries Vater eingeleitet hatte, um der Bewerbung eines älteren Lebemannes zuvorzukommen. Es sollte eine der fruchtbarsten Partnerschaften in der Wissenschaftsgeschichte werden. Antoine Lavoisier, ein bereits anerkannter Chemiker, lenkte Interessen und Ausbildung seiner bemerkenswert begabten jungen Frau. Marie lernte zuerst Latein und Englisch, um die wichtigen chemischen Neuerscheinungen aus England übersetzen zu können. Darunter waren die Werke von Joseph Priestley und Henry Cavendish sowie Richard Kirwans Schriften ›Abhandlung über Phlogiston‹ und ›Stärke der Säuren und Proportion der Ingredienzien neutraler Salze‹, das letztere erschien 1792 mit ihrem Originalkommentar in den ›Annales de chimie‹. Beim französischen Maler Louis Davis bildete Marie ihr künstlerisches Talent aus und illustrierte die zahlreichen Werke ihres Mannes. Sie assistierte bei seinen Experimenten, machte alle Notizen, führte die Laborprotokolle und die wissenschaftliche Korrespondenz.

Dank Marie wurde das Heim der Lavoisiers zu einem beliebten Treffpunkt für Wissenschaftler. Der britische Landwirtschaftsökonom Arthur Young hinterließ nach seinem Besuch in Paris im Jahre 1787 folgenden Bericht: »Madame Lavoisier, eine lebhafte, sensible, gebildete Dame, hatte uns freundlicherweise ein englisches Frühstück zubereitet, aber das Beste war ihre Konversation über Mr. Kirwans ›Essay on Phlogiston‹, den sie eben aus dem Englischen übersetzte, und über andere Themen, die eine intelligente Frau, welche mit ihrem Mann zusammen im Laboratorium arbeitet, aufs angenehmste darlegen kann.«[140]

Zu Beginn des achtzehnten Jahrhunderts waren Wärme und Feuer noch ungeklärte Phänomene, und selbst die einfachsten Gase waren den Chemikern unbekannt. Stahl, mit seiner Phlogistontheorie, und die deutschen Iatrochemiker erklärten den Verbrennungsprozeß als den Zerfall zusammengesetzter Substanzen in ihre ursprünglichen Bestandteile. Phlogiston wurde als das wesentliche Element alles Brennbaren definiert. Die Wärme setzte das Phlogiston frei und hinterließ Calx, ein feines Pulver. Zur Reduzierung metallischen Calxes, das wir heute Oxid nennen, hätte das Phlogiston wieder zugefügt werden müssen. Da Phlogiston an sich jedoch nicht existent war, verzögerte diese Theorie die Entwicklung quantitativer Chemie für viele Jahre. Alle großen englischen Chemiker des achtzehnten Jahrhunderts – Joseph Black, Cavendish und Priestley – verfochten die Existenz des Phlogiston, obwohl sie die gleichen Experimente durchführten, die die Lavoisiers dazu brachten, sein Vorhandensein zu verneinen.

Die Tatsache, daß Brennstoffe beim Verbrennen trotz der produzierten Gase schwerer wurden und nicht leichter, wie es die Phlogiston-Theorie hätte erwarten lassen, machte die Lavoisiers stutzig. Schon bald nach ihrer Heirat machten sie sich daran, die Existenz bzw. Nichtexistenz des Phlogiston ein für allemal zu beweisen. 1774 besuchte Priestley sie in Paris und berichtete ihnen von seiner Entdeckung, der Luft das Phlogiston entzogen zu haben. Genau nach der Komponente Luft hatten die Lavoisiers gesucht, dem Gas in der Atmosphäre, das zur Verbrennung notwendig war. Antoine Lavoisier nannte es Oxygen, Sauerstoff, weil er fälschlicherweise annahm, alle

Säuren enthielten dieses Element. 1783 gab er seine revolutionäre neue Theorie bekannt: Verbrennung entstünde aufgrund chemischer Verbindung eines brennbaren Stoffes mit Sauerstoff (Oxidation), nicht durch die Entweichung von Phlogiston. In einem dramatischen Akt verbrannte Marie Lavoisier die Bücher Stahls und der Phlogistontheoretiker.

Um die neue Wissenschaftstheorie einzuführen, revidierten Lavoisier und seine Kollegen die chemische Nomenklatur. Im ›Traité de chimie‹ (1789), dem ersten Text der modernen Chemie, definierte Lavoisier den Begriff ›Element‹ neu. Er listete die dreiundzwanzig bekannten Elemente als Grundlage aller chemischen Reaktionen auf. Marie Lavoisiers Kupferstiche zum ›Traité de chimie‹ und ihre Originalzeichnungen und Aquarelle für die Serien existieren heute noch als ihre berühmtesten Werke. Zahlreiche Platten illustrieren die Einrichtungen des Kapitels über experimentelle Methoden, bei denen Klarheit und Genauigkeit unabdingbar waren.

Die Lavoisiers stellten auch das Gesetz über die Erhaltung der Materie auf, nach dem das Gewicht des Produktes einer chemischen Reaktion gleich dem Gewicht der beteiligten Reagenzien sein muß. Ebenso führten sie wichtige Studien über den Stoffwechsel der Tiere durch und wiesen die Atmung als eine anorganische Verbrennung nach. Physiologische Prozesse folgten also chemischen Gesetzen. Diese Experimente bedeuteten den Anfang vom Ende der vitalistischen Theorien von Anne Conway und Leibniz.

Trotz seiner fortschrittlichen politischen Ansichten war Antoine Lavoisier Geschäftsmann der Oberschicht einer Nation, die kurz vor Ausbruch der Revolution stand. Außerdem war er Mitglied der ›Ferme-Générale‹, einer Vereinigung jener Aristokraten, die aufgrund einer Gewinnbeteiligung mit dem König Anrecht auf Abgaben hatten. Als solcher gehörte er zu den ersten Opfern der Revolution. 1794 folgte ihm Maries Vater auf der Guillotine, während Marie selbst floh und für kurze Zeit in Gefangenschaft geriet. Die Güter der Lavoisiers wurden konfisziert, und Marie fand bei einem alten Diener der Familie Unterschlupf, bis ihr im folgenden Jahr ihr Eigentum zurückerstattet wurde.

1805 veröffentlichte Marie Lavoisier unter dem Namen ihres Mannes die ›Mémoires de chimie‹. Von dem vorgesehenen achtbändigen

Werk hatte Lavoisier den größten Teil des ersten, den vollständigen zweiten und Fragmente des vierten Bandes hinterlassen. Marie hatte 1796 die Texte mit Hilfe des Mitarbeiters ihres Mannes, Séguin, zu redigieren begonnen. Doch die beiden konnten sich nicht einigen, und so führte sie die Aufgabe allein zu Ende, schrieb eine eigene Einführung und ließ das Werk sämtlichen bedeutenden Naturwissenschaftlern gratis zukommen.

Noch im Jahre 1805 heiratete Marie wieder, ihr neuer Mann war Graf Rumford, ein konservativer amerikanischer Wissenschaftler. Aber sie konnte sich nicht mit der Rolle der unterwürfigen Ehefrau abfinden, und so trennten sie sich vier Jahre später. Sie war zwar weiterhin als erfolgreiche Geschäftsfrau und Philanthropin aktiv, doch bei wissenschaftlichen Arbeiten hatte sie mit immer mehr Schwierigkeiten zu kämpfen, bis sie schließlich verbittert starb.

Unterdessen wurde die Chemie für die Frauen immer populärer, und die Pariser Vorlesungssäle mußten vergrößert werden, um die anströmenden Mengen zu fassen. »Bei den Chemievorträgen [Guillaume] Rouelles sah ich eine ebenso glänzende Versammlung von Schönheit wie am Hof von Versailles«, schrieb der englische Romancier Oliver Goldsmith.[141] Einige dieser Frauen gelangten von den Auditorien auch in die Laboratorien hinein.

Zu ihnen gehörte Claudine Picardet, eine bedeutende Übersetzerin chemischer Abhandlungen. Sie arbeitete in Dijon, im Laboratorium des Louis Guiton de Morveau, den sie nach dem Tode ihres ersten Mannes 1798 auch heiratete. Sie hatte Schwedisch und Deutsch gelernt, um Scheeles zweibändige ›Mémoires de chimie‹ (1785) zu übersetzen, die seine unabhängig von den anderen gemachte Entdeckung des Sauerstoffs enthielten, und Werners ›Traité des charactères extérieurs des fossiles‹ (1790), einen Text über Mineralien und Versteinerungen. Sie übersetzte auch Kirwans chemische Schriften und assistierte sehr wahrscheinlich Morveau bei seiner Kommentierung und Übersetzung von Bergmans zweibändigen ›Opuscules physiques et chimiques‹ (1780–1785).

Elizabeth Fulhame war eine der frühen Anhängerinnen der Theorien Lavoisiers. Der ›Essay über Verbrennung‹, den sie 1794 publizierte, rief Interesse an der neuen Chemie hervor. In London führte sie für Priestley Experimente durch und forschte auf dem Gebiet der Reduktion von Goldsalzen unter dem Einfluß von Licht, Versuche, die Graf Rumford später wiederholte. Als ihr Werk 1810 in Philadelphia neu gedruckt wurde, verlieh ihr die Philadelphia Chemical Society die Ehrenmitgliedschaft.

Jahrhundertelang war man die Lösung medizinwissenschaftlicher Probleme mit alchimistischen Prinzipien angegangen. Doch nun begannen die Forscher, statt dessen die Methoden der neuen Chemie zu verwenden.

Alchimie und Kräutermedizin

Aufgrund der chemischen Heilkunst, wie sie von Paracelsus und van Helmont begründet worden war, begann man im sechzehnten Jahrhundert, den Arzneien chemische und alchimistische Komponenten beizumischen. Ärztinnen und Kräuterheilerinnen nahmen die Alchimie in ihr Heilmittelrepertoire auf. Isabella Corteses ›Secreti medicinali artificiosi ed alchemici‹ umfassen Mineralien, medizinische und alchimistische Rezepte und kosmetische Mittel. Sie kamen erstmals in ihrem Todesjahr, 1561, in Venedig heraus, wurden dann ins Deutsche übersetzt und im Laufe der nächsten hundert Jahre mehrfach neu gedruckt. Oliva Sabuco des Nantes Barrera (ca. 1562) schrieb eine Abhandlung über physiologische und geistige Zustände des Menschen unter dem Titel ›Eine neue Philosophie der menschlichen Natur, von den alten Philosophen weder gekannt noch erreicht, die Leben und Gesundheit des Menschen verbessern wird‹. Es war eine klassische Schrift, spanisch und lateinisch abgefaßt, mit Zitaten des Hippokrates, Platon, Plinius und Galenus. Oliva Barrera nahm an, Leidenschaften wie Angst, Ärger, Verzweiflung, unerwiderte Liebe, Scham, Beklemmung, Mitleid regten Sekretionen des Gehirns an, welche die Gesundheit beeinflußten und Krankheiten auslösen konnten. Das Werk war Philip II. von Spanien gewidmet und wurde erstmals 1587, 1588 erneut in Madrid gedruckt. Obwohl bis auf zwei Kopien alle Exemplare durch die Inquisition vernichtet wurden, kam es 1728 neu heraus.[142]

Die englischen Damen des siebzehnten Jahrhunderts waren ihre eigenen Ärztinnen. Sie experimentierten mit chemischen und pflanzlichen Mitteln und veröffentlichten ihre eigenen medizinischen Rezeptsammlungen. Eines dieser frühen Bücher, ›A choice Manual of rare and select Secrets in Physick and Chirurgerie, Collected and practised by the Countess of Kent [late dec'd]‹, war von Elizabeth Grey (1581–1651) geschrieben. Bis 1687 erlebte es neunzehn Auflagen. Ein anderes Werk stammte von Mary Boyle (1626–1678), der späteren Lady Warwick und Schwester des berühmten Chemikers Robert Boyle. Sie wandte seine Entdeckungen in ihrer medizinischen Praxis an und erarbeitete zusammen mit ihrer Schwester, Lady Ranelagh, ein Buch mit medizinischen Verordnungen, einer alphabetischen Liste der Kräuter und ihrer Anwendungen sowie einem Verzeichnis chemischer und astronomischer Symbole.[143]

Eines der allerberühmtesten Kräuterbücher wurde von Elizabeth Blackwell (1712–1770) geschrieben und illustriert. Ihr Mann, ein Arzt, hatte seinen Beruf aufgegeben, um eine Druckerei zu gründen. Doch das Unternehmen mißlang, und er landete im Schuldgefängnis. Seine einfallsreiche Frau wußte Abhilfe zu schaffen. Sie zog in die Nähe des botanischen Gartens von Chelsea und begann, fünfhundert Zeichnungen und Kupferstiche für ein zweibändiges Pflanzenbuch zu erstellen. Beim Text unterstützten sie ihr eingekerkerter Mann und der Kurator des Gartens, Isaac Rand, ein Mitglied der Royal Society. Die Vollständigkeit und Genauigkeit machten das ›Curious Herbal‹ (1737–1739) zu einem besonders wertvollen Arbeitsinstrument, und es wurde auch finanziell so erfolgreich, daß der unglückliche Dr. Blackwell sein Gefängnis bald verlassen konnte. Später verstrickte er sich allerdings in eine Verschwörung gegen die schwedische Monarchie, was ihn den Kopf kostete. Das ›Curious Herbal‹ wurde von Dr. Trew in Nürnberg zwischen 1757 und 1773 erweitert und neu herausgegeben. Elizabeth Blackwell studierte bei William Smellie Geburtshilfe, dem Führer jener Bewegung, die Hebammen durch Ärzte ersetzte, und wurde eine wohlhabende, erfolgreiche Allgemeinpraktikerin. Die Pflanzengattung ›Blackwellia‹ ist nach ihr benannt.

Als erstes entwickelte sich im Frankreich des siebzehnten Jahrhunderts die Geburtsheilkunde, durch die Entdeckungen von Ambroise Paré und Louyse Bourgeois (1563–1636), zu einer Wissenschaft.

Louyse Bourgeois erhielt in der vornehmen Pariser Vorstadt Saint-Germain eine brauchbare Erziehung und heiratete Martin Boursier, einen Unterassistenten Patés, des bekanntesten Chirurgen des sechzehnten Jahrhunderts. Als Henri III. wegen des Volksaufstandes im Mai 1588 die Vorstädte plündern ließ, mußte sie mit ihrer Mutter und drei kleinen Kindern fliehen. Da ihr Mann beruflich abwesend war, saß sie mit ihrer Familie mittellos da. Mit dem Verkauf von Stickereien konnte sie sich gerade so über Wasser halten. Nach dem Friedensschluß ließ sich die Familie in Paris nieder, und Louyse beschloß, bei Paré und ihrem Mann Geburtshilfe zu lernen. Fünf Jahre lang praktizierte sie unter den Armen. Als ihre Kenntnisse ausreichten, um in die Zunft aufgenommen zu werden, verlegte sie ihr Arbeitsgebiet in das Großbürgertum und die Aristokratie. Der Königin Maria von Medici stand sie bei sieben Geburten bei und erhielt für einen königlichen Sohn tausend, für eine Tochter sechshundert Dukaten. Bis 1609 hatte sie über zweitausend Entbindungen geleitet.

Das Hauptwerk Louyse Bourgeois', das 1608 erstmals erschien, war das umfassendste Buch über Geburtsheilkunde seit Trotulas Schriften. Darin betonte sie die Wichtigkeit anatomischer Studien für Hebammen, und es war klar, daß sie selbst Obduktionen beigewohnt hatte. Die Abhandlung erörterte weibliche Anatomie, Diagnose und verschiedene Phasen der Schwangerschaft, abnormale Geburten, Anzeichen für das Absterben des Fötus, Früh- und Mißgeburten, Theorien über Unfruchtbarkeit. Sie gab Anweisungen zur Verhinderung von Fehlgeburten und schrieb Frühgeburt und Wasserkopf ungenügender vorgeburtlicher Ernährung zu. Ferner erläuterte sie zwölf mögliche Lagen des Kindes beim Einsetzen der Wehen und wie das Kind nötigenfalls gedreht werden konnte. Als eine der ersten verlangte sie die Einleitung der Geburt im Falle ernsthafter Blutungen. Sie diskutierte auch Mehrfachgeburten, nachgeburtliche Pflege und Kriterien für eine Amme. Sie warnte Geburtshelfer dringend vor Kontakten mit Patienten, die an Pocken oder anderen ansteckenden

Krankheiten erkrankt waren, und mahnte zur Vorsicht bei unkontrollierten Blutungen und in der Anwendung starker Medikamente. Ihre wichtigste Entdeckung betraf die Ablösung der Plazenta. Sie erkannte schlechte Ernährung als einen Faktor für Blutarmut und behandelte diese erstmals mit Eisen. Ganz in der medizinischen Tradition brachte sie viele Mittel und Ratschläge zur Verschönerung der Haut.

Louyse Bourgeois' gesunder Menschenverstand machte ihren Mangel an literarischer Kunstfertigkeit wett. Sie war fest entschlossen, möglichst die Ursachen und nicht die Symptome einer Krankheit zu bekämpfen, und das machte sie zu einer der wichtigsten Figuren der wissenschaftlichen Revolution.[144] Weitere französische Hebammen folgten ihr auf diesem Weg. Marguerite du Tertre de la Marche (1638–1706), Chef-Hebamme am Hôtel Dieu, berichtet 1677 in ihren geburtshilflichen Texten über Experimente mit Fruchtwasser und Blutserum. Ihre Versuche wurden rasch von anderen Wissenschaftlern wiederholt.

Marie Louise Lachapelle und Marie Victorine Boivin waren die bedeutendsten medizinischen Forscherinnen des neunzehnten Jahrhunderts in Frankreich. Marie Louise (1769–1821) stammte aus einer Familie, in der die Hebammentätigkeit eine lange Tradition hatte. Als 1795 ihr Mann starb, wurde sie als Chef-Hebamme im Hôtel Dieu von Paris die Nachfolgerin ihrer Mutter, Marie-Jonet Dugés (1730–1797). Dieses große und sehr alte Krankenhaus führte die wichtigste Hebammenschule von Frankreich. Wie ihre Mutter schrieb auch Marie Louise Lachapelle mehrere wichtige Werke. Ihre dreibändige ›Praxis der Geburtshilfe‹ (1821–1825) wurde ins Deutsche übersetzt und erlebte zahlreiche Auflagen. Sie enthält wertvolle statistische Tabellen aus allein fünfzigtausend Fallstudien.[145]

Marie Anne Victorine Boivin, geborene Gillain (1773–1847), erhielt ihre Ausbildung bei Nonnen in einem Spital von Étampes. Nach dem Tod ihres Mannes wurde sie erst Schülerin, dann Assistentin und schließlich Nachfolgerin der Lachapelle. Im Laufe ihrer Arbeit machte sie eigene anatomische Entdeckungen, entwickelte das Vaginal-Spekulum, ein Instrument, das die Vagina weitet und die Untersuchung des Gebärmutterhalses erlaubt, und gebrauchte als erste das Stethoskop zur Abhörung der frühkindlichen Herztöne. Ihr ›Mémoire de l'art des accouchements‹ (1812) erfuhr 1824 schon die dritte Auflage und wurde in verschiedene europäische Sprachen übersetzt. Sie selbst übersetzte englische gynäkologische Werke, und ihre These über Ursachen von Fehlgeburten erhielt eine Kommentierung durch die königlich-medizinische Gesellschaft in Bordeaux. Ihre wichtigste Arbeit über die Krankheiten des Uterus wurde viele Jahre lang als Lehrbuch benutzt. Es war 1833 gedruckt worden und enthielt 41 Bildtafeln und 116 Abbildungen, die sie selbst koloriert hatte.[146] Marie Victorine Boivin leitete verschiedene Spitäler, und 1814 erhielt sie den Verdienstorden des preußischen Königs. Die Universität von Marburg verlieh ihr 1827 die Ehrendoktorwürde, außerdem war sie Mitglied etlicher medizinischer Gesellschaften.

Deutschland war bekannt für seine gut ausgebildeten Ärztinnen und Hebammen, von denen die meisten bei Privatlehrern studiert hatten. Eine Ausnahme machte Justine Dittrichin Siegemundin von Brandenburg (1650–1705). Nach einer Scheinschwangerschaft, die von einer ganzen Reihe von Hebammen falsch diagnostiziert worden war, begann sie im Eigenstudium mit Anatomie, Physiologie und Medizin und wurde zuletzt eine der ersten auf wissenschaftlicher Basis arbeitenden Hebammen Deutschlands. Nach zwölfjähriger Praxis in Armenvierteln wurde sie 1688 Hebamme der königlich-preußischen Familie.

Siegemundin führte Protokoll über alle ihre Fälle, und 1689 publizierte sie ihre Beobachtungen auf Anraten Königin Marys von England und verschiedener deutscher Prinzessinnen. Obwohl sie vor allem betonte, wie wichtig es sei, dem Geburtsvorgang seinen natürlichen Verlauf zu lassen, wurde ihr Buch hauptsächlich wegen seines ausgezeichneten Kapitels über die Vermeidung einer Steißgeburt berühmt. Die möglichen Positionen des Kindes bei der Geburt und die Methoden, es zu wenden, wurden durch vierzig detaillierte Kupferstiche illustriert, Plazenta und verschiedene Membrane waren graphisch dargestellt. Die Abhandlung schloß mit einem Kapitel über Arzneien und mit einem Index, einer Seltenheit für Bücher jener Zeit.[147]

Die berühmteste deutsche Medizinerin des achtzehnten Jahrhunderts war aber Dorothea Christiane Leporin Erxleben (1715–1762). Gemeinsam mit ihrem Bruder wurde sie von ihrem Vater, einem Arzt, in Latein, Elementarwissenschaften und Medizin unterrichtet. Ihr Bruder bezog 1740 die Universität Halle, floh aber bald außer Landes, um einer Einberufung in die Armee zu entgehen. Dorothea Erxleben bat Friedrich den Großen in einer Petition, ihrem Bruder die Rückkehr zu gestatten und ihnen beiden zu erlauben, in Halle zu studieren. Im April 1741 wurde die Petition erhört, doch statt an die Universität zu gehen, heiratete Dorothea und betrieb privat das Medizinstudium. 1749 schrieb sie ›Vernünftige Überlegungen zur Erziehung des schönen Geschlechts‹, die mehrere Zeitungen anonym veröffentlichten. Es ist eine Rechtfertigung ihres Medizinstudiums.

1753 klagten drei Quedlinburger Ärzte sie wegen ungesetzlicher Ausübung des Arztberufes an. Nun machte sie Gebrauch von ihrer Spezialerlaubnis, schrieb sich an der Universität ein und erhielt 1754 den Doktorgrad. Ihre Dissertation behandelte die heilenden Effekte angenehm schmeckender Arzneien. Damals war man der Ansicht, Medizin müßte bitter schmecken, um wirksam zu sein. Dorothea Erxleben hatte als erste Frau an einer deutschen Universität einen Doktortitel erworben. Bisher waren nur philosophische Ehrendoktorwürden an Frauen verliehen worden.

Die Anatomin Geneviève Charlotte d'Arconville (1720–1805) schrieb eine ganze Reihe Texte zur Chemie, Medizin, Naturgeschichte und Philosophie. 1759 veröffentlichte sie eine Übersetzung der ›Leçons de chimie‹ von Shaid und Alexander Monros ›Osteologie‹. Letztere enthielt sehr schöne Illustrationen, die unter ihrer Anleitung entstanden waren. Sie hatte außerdem eine Studie verfaßt über die Verwesung und über zweiunddreißig Substanzen, die diesen Prozeß fördern oder verhindern konnten. Der zweite Teil des Werkes berichtete über ihre Untersuchungen der Wirkung starker und schwacher Säuren auf die Galle beim Menschen und beim Ochsen.[148] 1766 führte sie den Gebrauch von Quecksilberbichlorid als Antiseptikum ein.

Die Italienerinnen ergriffen weiterhin das Medizinstudium, wenn auch seltener als im Mittelalter. Im Laufe des achtzehnten Jahrhunderts promovierten erstmals Frauen an italienischen Universitäten. Anna Morandi Manzolini (1716–1774) hielt den Lehrstuhl für Anatomie der Universität Bologna inne, und ihre anatomischen Wachsmodelle füllen das dortige Museum. Sie wurde 1760 zur Professorin und Modellbildnerin ernannt. Aufgrund ihrer Entdeckungen bot man ihr den Anatomielehrstuhl in Mailand an. Doch sie zog Bologna vor und blieb dort bis zu ihrem Tod.

Hildegard von Bingen

Anna Manzolini

Maria Sibylla Merian

Caroline Herschel

geb d 16ten März 1750.

† d 9ten Jänner 1848

Karoline Herschel

Mary Somerville

Ada Lovelace

Königin Christine von Schweden

Sonja Kowalewski

Auch Marie Dalle Donne (1776–1842) erwarb sich einen offiziellen medizinischen Grad. Sie stammte aus einer armen Familie aus der Umgebung von Bologna und wurde als intellektuelles Wunderkind von ihrem Onkel, einem Priester, erzogen. Später studierte sie bei verschiedenen berühmten Gelehrten vergleichende Anatomie und experimentelle Physiologie. Sie bestand ihr medizinisches Doktorexamen, wurde Professorin der Geburtsheilkunde und Leiterin einer Hebammenschule.

Regina Josepha Henning von Siebold (1771–1849), Frau und Schülerin des Hofarztes in Darmstadt, erhielt 1815 von der Universität Gießen den Ehrendoktor der Geburtsheilkunde. Ihre Tochter, Charlotte von Siebold Heidenreich (1788–1859), studierte von 1811 bis 1812 in Göttingen Physiologie, Anatomie und Pathologie. Sie promovierte in Geburtsheilkunde mit einer erfolgreichen Dissertation über extrauterine Schwangerschaft. Dabei legte sie ganz besonderen Wert auf die öffentliche Verteidigung ihrer Thesen und schuf damit einen wichtigen Präzedenzfall im deutschen Universitätsleben. Später erhielt sie in Gießen eine Professur.

Aletta Jacobs (1854–1929) war eine der ersten holländischen Ärztinnen. In ihrer Familie hatte es immer Ärzte gegeben, und nachdem sie zuerst Apothekerin geworden war, schrieb sie sich 1871 an der medizinischen Fakultät der Universität Groningen ein. Sie promovierte 1879 an der Amsterdamer Universität. Als Kinder- und Frauenärztin schloß sie sich 1881 dem Kampf für die Frauenrechte an. Sie erforschte als erste systematisch die Empfängnisverhütung und war unter den ersten Frauen, die ihren Mädchennamen nach der Verheiratung beibehielten. Sie war Frauenrechtlerin und Pazifistin und gründete in Amsterdam die erste Klinik der Welt für Geburtenkontrolle. Ihre umfangreiche Bibliothek über Frauengeschichte befindet sich jetzt in der Universität von Kansas.

Mitte des neunzehnten Jahrhunderts hatte man die Zulassung der Frauen zu den medizinischen Universitäten des europäischen Kontinents erreicht. In England dagegen, wo die Männer die traditionell weiblichen Berufe der Geburtshelferin und Hebamme erfolgreich an sich gerissen hatten, trieb der Kampf um die medizinische Frauenausbildung gerade erst seinem Höhepunkt zu.

Hebammendienst und medizinische Botanik waren während des achtzehnten Jahrhunderts überwiegend in den Händen der Frauen geblieben. Als jedoch die Zahl der Ärzte mit Universitätsausbildung zunahm, setzte ein Wettlauf um die Patienten ein. Der Status der bisher medizinisch tätigen Frauen sank, ganz besonders in England. Die Erfindung der Geburtszange durch die Ärzte der Chamberlen-Familie führte vollends zur Verdrängung der Hebammen, die den Gebrauch dieses Instruments als gewaltsamen Eingriff in den natürlichen Geburtsverlauf ansahen. Bei einer Zangengeburt wurde das Kind oft zerrissen, oder die Gebärmutter selbst riß, was zum Tode von Mutter und Kind führte. Diese ›Metzger‹, wie die männlichen Geburtshelfer nicht selten genannt wurden, bildeten die bevorzugte Zielscheibe der Feministinnen des siebzehnten und achtzehnten Jahrhunderts.[149]

In England war der Kampf um die Zulassung von Frauen zu den medizinischen Universitäten, zu Spitälern und Medizingesellschaften zäh. Doch auch dort mußten sie in der zweiten Hälfte des neunzehnten Jahrhunderts nicht mehr zur Maskerade der James Miranda Stuart Barry (1795–1865) greifen, um den Arztberuf zu erlernen und auszuüben.

Dr. Barry promovierte 1812 als Mann verkleidet an der medizinischen Fakultät der Universität Edinburgh, wo später der Hauptkampf um die medizinische Ausbildung für Frauen ausgefochten wurde. Sie wurde protegiert von James Barry, vermutlich ihrem Onkel, einem Schüler Mary Wollstonecrafts. Mit offensichtlicher Unterstützung hochgestellter Persönlichkeiten, sowohl während des Universitätsstudiums wie auch später, wurde sie als zweiter James Barry erfolgreicher Armeechirurg. Nach Stationierungen in Afrika, der Karibik, Malta und der Krim wurde sie 1857 zum Generalinspektor der kanadischen Hospitäler ernannt.

Jahrtausendelang hatten sich Frauen als Männer verkleidet, um Medizin zu studieren und Ärztinnen werden zu können, aber noch nie in der Geschichte war eine solche Taktik so lange erfolgreich gewesen. Barrys Ruf war der eines brillanten, reformfreudigen, wenn auch etwas weibischen Exzentrikers. Klein von Statur, sie war nur 1,52 m groß und hatte eine hohe Stimme, traf sie gelegentlich der Spott. Sie reagierte empfindlich darauf, duellierte sich mehrfach und strengte verschiedene Kriegsgerichtsverfahren an. Erst bei ihrem Tode kam die Wahrheit heraus, und sofort verbreitete der allgemeine Klatsch, sie sei ein männlicher Hermaphrodit gewesen, obwohl dafür keinerlei Anhaltspunkte bestanden. Man ging davon aus, daß eine Frau niemals diese beruflichen Erfolge hätte haben können, und ließ keinerlei Einwände gelten. Konsequenterweise gaben ihr die Behörden weiterhin eine männliche Identität, und irgendwann gingen ihre Akten mysteriöserweise verloren.

Zur Zeit des Todes von James Miranda Barry begann der Kampf Elizabeth Garrett Andersons (1836–1917). Mit dreiundzwanzig Jahren begeisterte sie sich für Elizabeth Blackwell, die erste graduierte amerikanische Ärztin, 1860 wurde sie Krankenschwester am Lehrhospital von Middlesex. Daneben studierte sie bei Privatlehrern und besuchte jede mögliche Vorlesung in Chemie und Anatomie. Als sie jedoch alle Examina mit Auszeichnung bestand, legte man ihr dringend nahe, ihren Erfolg geheimzuhalten, und als sie im Juni 1861 als einzige die Antwort auf die Frage eines Gastprofessors wußte, reichten die männlichen Studenten eine Petition für ihre Ausweisung ein. Daraufhin wurde sie von sämtlichen Vorlesungen und später auch vom London Hospital ausgeschlossen.

Die Vereinigung der Apotheker bot das einzige medizinische Examensforum, dessen Satzung die Aussperrung von Frauen nicht zuließ. Nach fünf Jahren Lehrzeit und Besuch von Vorlesungen ließ man Elizabeth Garrett zu den Prüfungen zu. Sie erhielt 1865 das Diplom, und ihr Name wurde ins medizinische Register eingetragen. Unmittelbar darauf wurden die Statuten geändert, damit keine andere Frau ihr folgen konnte. Elizabeth Garrett aber dachte immer noch an den Besuch einer Universität. Da alle Bemühungen in Oxford, Cambridge, St. Andrews, London und Edinburgh scheiterten, lernte sie Französisch und immatrikulierte sich schließlich an der Universität von Paris, die 1868 eben das Medizinstudium für Frauen geöffnet hatte. Sie war die erste Frau, die 1870, mit einer Dissertation über Migräne, in Medizin promovierte. England weigerte sich, ihren französischen Doktortitel anzuerkennen.

Mit Unterstützung ihres Vaters, ihres Ehemannes, James Anderson, und der Gründerin des Hitchin College für Frauen, Emily

Davies, gelang ihr eine erfolgreiche Karriere als Chirurgin. Sie schuf eine eigene Frauenklinik, wurde Präsidentin der neuen Londoner Medizinfakultät für Frauen und blieb neunzehn Jahre lang das einzige weibliche Mitglied der British Medical Association.

Elizabeth Garretts Zusammenarbeit mit Sophia Jex-Blake (1840–1912), der Anführerin der ›Schlacht von Edinburgh‹, war gut, um nicht zu sagen kongenial. Und es war ein einmaliges Ereignis in der Geschichte der Frauen und der Medizin. Eine Gruppe von Frauen unter der Führung von Sophia Jex-Blake versuchte, sich Zugang zur medizinischen Fakultät zu verschaffen, indem sie Privatklassen organisierten, aufgrund von Ausnahmebewilligungen Vorlesungen besuchten und Examen ablegten. ›Unglücklicherweise‹ waren die Frauen zu erfolgreich in ihrem Studium. Sie wurden von den studierenden Männern, von gewissen Fakultätsmitgliedern, Ärzten und ganz besonders von den Gynäkologen als Bedrohung empfunden. Die Studenten revoltierten, die Frauen gingen vor Gericht, schließlich vor das Parlament – und verloren.

Die meisten Frauen der ursprünglichen Gruppe setzten ihr Medizinstudium in der Schweiz, in Bern, fort und erwarben dort ihren Doktortitel. 1878 kehrten sie zurück und gründeten ihr eigenes Institut, die Londoner Medizinische Fakultät für Frauen. Die irische Ärztevereinigung beschloß, die Absolventinnen dieser Fakultät zu ihren eigenen Abschlußprüfungen zuzulassen, und endlich öffnete auch das Royal Free Hospital die Türen für Studentinnen der klinischen Semester. Letzten Endes war der ›Krieg‹ also gewonnen.[150]

DIE NEUEN NATURFORSCHERINNEN

Die Naturgeschichte in der wissenschaftlichen Revolution

Zur Zeit der wissenschaftlichen Revolution und der Aufklärung sah man die Naturwissenschaften, und besonders die Botanik, als geeignetes Studiengebiet für Frauen an. In der Renaissance wurden die Künstler zum Naturstudium ermuntert, und zur gleichen Zeit eröffnete die Erfindung der Buchdruckerkunst neue Möglichkeiten bei der Herausgabe von Pflanzen-, Tier- und Kräuterbüchern. Holzschnitte erlaubten die exakte Wiedergabe der Illustrationen, die Irrtümer mittelalterlicher Übertragungen waren beseitigt, und erstmals seit den alten Griechen bemühten sich Maler um botanische und zoologische Genauigkeit in der Darstellung. Viele der neuen wissenschaftlichen Illustratoren waren Frauen.

In der wissenschaftlichen Revolution bedeutete Biologie Klassifizierung. Die Entdeckung Amerikas und des Fernen Ostens lieferte den Wissenschaftlern Tausende von neuen Arten zur Untersuchung und Systematisierung. Das Anlegen von botanischen Gärten, Tiergehegen und Mineralienkabinetten, das Sammeln ausgestopfter, konservierter Tiere und das Trocknen von Pflanzen waren die bevorzugten Hobbies reicher Amateure. Da die Naturwissenschaften von den Universitätsfakultäten noch nicht voll anerkannt waren, waren Studien auf diesen Gebieten eine reine Liebhaberei. Von den achtundvierzig naturwissenschaftlichen Laboratorien im Paris des achtzehnten Jahrhunderts besaßen Frauen allein sieben.

Im siebzehnten Jahrhundert begann man, Insekten unter dem neu erfundenen Mikroskop zu beobachten. Man entdeckte ihre faszinierende Anatomie, ihre komplexen Lebenszyklen und die Arten ihrer

Fortpflanzung. Insektenkunde wurde rasch zu einem von Frauen ernsthaft studierten Gebiet. Die meisten dieser Frauen saßen zu Hause und klassifizierten Pflanzen und Tiere ihrer Umgebung oder solche, die ihnen jemand zusandte. Einige wenige reisten auch selbst und betrieben auf diesen Expeditionen ausgiebige botanische und zoologische Studien.

Eine der frühesten Insektenforscherinnen und zugleich eine der besten Blumenmalerinnen ihrer Zeit war Maria Sibylla Merian. Sie begründete ein botanisches Klassifikationssystem. 1647 wurde sie in Frankfurt geboren, ihre Mutter war Holländerin, ihr Vater Schweizer. Der Vater, ein vornehmer botanischer Kupferstecher, starb, als sie noch ein Kind war, und der holländische Blumenmaler Jacob Marrell wurde daraufhin ihr Stiefvater. Unterstützt von ihrem Elternhaus, entwickelte sie ihr Talent für biologische Illustrationen. Johann Graff aus Nürnberg, der mit ihrem Stiefvater studiert hatte, wurde ihr Lehrer und späterer Ehemann.

1679 und 1683 gab Maria Sibylla Merian die ersten beiden Bände ihres Werkes über europäische Insekten heraus. Die Illustrationen hatte sie selbst gestochen, bei der Kolorierung half ihre Tochter Dorothea. Die Insekten waren zusammen mit ihren Futterpflanzen, in ihren verschiedenen Entwicklungsstadien, dargestellt. 1680 veröffentlichte sie unter dem Titel ›Neues Blumenbuch‹ eine Sammlung ihrer handbemalten Stiche von Gartenblumen, die als Modelle für Stickereien, Seiden- und Leinenmalereien gedacht waren. Sie erfand auch ein Stoffdruckverfahren, bei dem das Material waschbar und beidseitig verwendbar war.

Nach siebzehnjähriger Ehe wandte sich Maria Sibylla Merian 1685 dem Labadismus zu, einer asketischen protestantischen Sekte, zu deren Anhängern auch Anna Maria van Schurman gehörte. Sie verließ ihren Ehemann, nahm wieder ihren Mädchennamen an und zog mit ihren beiden Töchtern auf das Schloß Bosch in der holländischen Provinz Friesland, wo die Gemeinschaft des Sektengründers Jean de Labadie lebte. Das Schloß beherbergte eine ausgezeichnete Sammlung tropischer Insekten aus Surinam, und beim Studium dieser exotischen Tiere kam Maria Sibylla Merian auf die Idee, selbst einmal nach Südamerika zu reisen. 1698 schiffte sie sich mit ihrer Tochter Dorothea ein.

Die beiden verbrachten beinahe zwei Jahre damit, Insekten und Pflanzen in Surinam zu sammeln und zu malen. Als die Mutter an Gelbfieber erkrankte, waren sie schließlich zur Heimfahrt gezwungen. Zurück in Amsterdam, veröffentlichten sie 1705 die ›Metamorphosis Insectorum Surinamensium‹. Die ältere Tochter, Johanna, fuhr später ebenfalls nach Surinam, um für ihre Mutter Zeichnungen und Musterexemplare für die zweite Auflage der ›Metamorphosis‹ zu beschaffen.

Maria Sibylla Merian war speziell an Motten und Schmetterlingen interessiert. Trotz gelegentlicher Ungenauigkeiten, so der Darstellung ›zusammengesetzter Insekten‹, das Ergebnis eines Possenstreiches ihrer eingeborenen Führer auf Surinam, wurde ihr Buch zum grundlegenden Werk für Insektenkunde. ›Metamorphosis‹ erschien gleichzeitig auf deutsch und lateinisch und wurde später ins Französische übersetzt. Nach ihrem Tod im Jahre 1717 illustrierte und veröffentlichte Dorothea Merian den dritten Band des Werks über europäische Insekten und gab eine lateinische Ausgabe des frühesten Werkes ihrer Mutter über das Leben der Seidenraupen heraus.

Im frühen achtzehnten Jahrhundert war Insektenforschung auch bei den Engländerinnen sehr populär. Mary Somerset, die erste Herzogin von Beaufort, war eine berühmte Insektenzüchterin. Sie besaß auch eine der größten Sammlungen der Welt, was seltene und exotische Pflanzen betrifft.

Anna Blackburne (1726–1793) widmete ihr Leben ganz dem Museum in Orford Hall in Lancashire. Viele ihrer Ausstellungsstücke erhielt sie durch ein Austauschabkommen mit Peter Simon Pallas, einem deutschen Naturforscher, der für die russische Regierung arbeitete. Sie stand mit dem großen Schweden Linnaeus in Briefwechsel, dem Begründer des modernen biologischen Klassifikationssystems. ›Blackburnian Warbler‹, ein nordamerikanischer Singvogel, ist nach ihr benannt, und der Linnaeus-Schüler Fabricius gab einer Käferart ihren Namen. Ihr Lehrer für Insektenkunde, Johann Reinhold Forster, taufte eine ganze Pflanzengattung ›Blackburnia‹, ausgehend von seiner ›Blackburnia pinnata‹ aus Neu-Holland, die später in ›Zanthoxylum blackburnia‹ umbenannt wurde.

Botanik, die weibliche Wissenschaft

Was Miss Edgeworth über die Chemie sagte, gilt ebenso für die Botanik und läßt sie als geeignetes Fach der Allgemeinbildung erscheinen. »Sie *ist keine Paradewissenschaft, jedoch eine Beschäftigung von unendlicher Vielfalt, sie verlangt keine Körperkraft und kann in der Zurückgezogenheit ausgeübt werden. Sie birgt nicht die Gefahr in sich, der Phantasie ungezügelten Lauf zu lassen, denn sie befaßt sich mit der Realität. Das erworbene Wissen ist exakt, und die aufgewandte Mühe lohnt sich durch die Befriedigung, die sie verschafft.* « Jane Marcet[151]

Ausgerechnet Jean-Jacques Rousseau, auf keinen Fall ein Verfechter der Frauenbildung, half wesentlich bei der Verbreitung der Botanik als geeignetes Studienfach für Frauen mit. In seinen für Madame Gautier bestimmten ›Essais élémentaires sur la botanique‹ (1771) schreibt er: »Ich denke, Ihre Idee ist ausgezeichnet, den lebhaften Geist Ihrer Tochter zu erfreuen und zugleich zu schulen, indem Sie seine Aufmerksamkeit auf ein so angenehmes und mannigfaltiges Objekt wie die Pflanzenwelt lenken, obwohl ich meine Pedanterie nicht so weit getrieben hätte, das selbst vorzuschlagen. Da es aber von Ihnen kommt, stimme ich herzlich zu und bin bereit, Ihnen darin zu helfen. Ich bin überzeugt, daß das Studium der Natur in jedem Lebensalter die Lust zu frivolen Vergnügungen eindämmt und dem Wirbel der Leidenschaften vorbeugt, indem es den Geist mit einem Gegenstand füllt, der der eingehenden Betrachtung äußerst wert ist.«[152]

Der herablassende Ton Rousseaus ist Ausdruck seiner Auffassung, wissenschaftliches Studium sei für Frauen unpassend: »Die Erforschung der abstrakten und spekulativen Wahrheiten, der Prinzipien, der Axiome in der Wissenschaft, alles, was darauf hinaus will, die Vorstellungen zu verallgemeinern, gehört nicht zu den Aufgaben der Frauen, ihre Studien müssen sich alle auf die Praxis beziehen; ihre Sache ist es, die Prinzipien, die der Mann erforscht hat, anzuwenden und die Beobachtungen anzustellen, die den Mann zur Aufstellung der Prinzipien führen... Denn was die Werke des Geistes anbetrifft, so übersteigen sie ihr Fassungsvermögen. Auch besitzen die Frauen zu wenig Geistesschärfe und Ausdauer, um es in den exakten Wissenschaften zu etwas zu bringen; und die naturkundlichen Kenntnisse sind Sache dessen, der von beiden am tätigsten ist, am beweglichsten, der die meisten Dinge sieht; dessen, der mehr Stärke besitzt und sie mehr nützt, um die Verhältnisse der empfindsamen Wesen und die Gesetze der Natur richtig zu beurteilen.«[153]

So bürgerte sich im Laufe des achtzehnten Jahrhunderts die Auffassung ein, das Botanikstudium erhalte Frauen tugendhaft und passiv, und bis zur Mitte des neunzehnten Jahrhunderts wurde die Beschäftigung mit Pflanzen in gewissen Kreisen geradezu als ›unmännlich‹ eingeschätzt.

›Botanical Arrangement‹ von William Withering war einer der ersten englischen Texte über die britische Pflanzenwelt. Er wußte, daß seine Texte hauptsächlich von Frauen gelesen würden, und hielt es für nötig, die Linnésche Klassifikation entsprechend zu modifizieren: »In der Erkenntnis, daß Botanik in englischer Aufmachung zu einem bevorzugten Lesevergnügen der Damen werden wird, von denen sich einige, trotz Schwierigkeiten, ein bedeutendes Sachwissen auf diesem Gebiet angeeignet haben, schien es mir richtig, die geschlechtlichen Unterscheidungen in den Titeln der Klassen und Ordnungen wegzulassen.«[154]

Doch selbst ein so harmloser Zeitvertreib wie die Beschäftigung mit der Botanik wurde von einigen Seiten mißbilligt. Extrem reagierte der Reverend Richard Polwhele in seiner ›poetischen‹ Hetzrede gegen die Feministin Mary Wollstonecraft: »Botanik ist neuerdings ein modisches Vergnügen der Damenwelt geworden. Aber es ist mir unbegreiflich, wie das Studium der pflanzlichen Geschlechtssysteme mit weiblicher Sittsamkeit zu vereinbaren ist... Ja, ich habe, und das mehrfach, Burschen und Mädchen gemeinsam botanisieren sehen.«[155] Botanisieren, so fürchtete Polwhele, würde Mädchen zu Anhängerinnen der Wollstonecraft machen.

Mit zunehmender Beliebtheit veröffentlichten Frauen botanische Bücher, sowohl für Kinder wie auch für Erwachsene. Priscilla Wakefield schreibt in ihrer ›Introduction to Botany‹: »Botanik ist ein Zweig der Naturkunde mit vielen Vorteilen. Sie trägt zur Gesundheit des Körpers und Heiterkeit der Sinne bei, indem sie zu Bewegung und Aufenthalt an frischer Luft einlädt. Sie ist auch bescheidenen Fähigkeiten angepaßt, und ihre Studienobjekte kosten nichts. So ist sie jedermann zugänglich. Trotz all dieser Reize blieb sie bis in die letzten Jahre den gebildeten Kreisen vorbehalten, da botanische Bücher zumeist lateinisch geschrieben waren. So war es vielen, und ganz besonders den Frauen, unmöglich, sich Kenntnisse in einer derart abgeschirmten Wissenschaft anzueignen.«[156]

Priscilla Bell Wakefield (1751–1832), eine Quäkerin, spezialisierte sich auf Kinderbücher, obwohl sie auch Werke schrieb wie: ›Domestic Reaction: or Dialogues Illustratives of Natural and Scientific Subjects‹ (London, 1805), ›Instinct Displayed, or Facts Exemplifying the Sagacity of Various Species of Animals‹ (London, verschiedene Ausgaben 1811–1836), ›An Introduction to the Natural History and Classification of Insects, in a Series of Letters‹ (London, 1816). Ihre ›Introduction to Botany‹ war 1841 nach elf Auflagen vergriffen. Darin beschrieb sie in Form eines Briefwechsels zwischen zwei Schwestern das Linnésche Klassifikationssystem in allen Einzelheiten.

Bei der allgemeinen Beliebtheit und Anerkennung von Botanik ist es nicht verwunderlich, daß botanische Vereine weniger diskriminierend waren als die übrigen wissenschaftlichen Gesellschaften. Bei der Gründung der Botanischen Gesellschaft von London im Jahre 1836 machten Frauen immerhin zehn Prozent des Mitgliederbestandes aus, und es war auch die erste wissenschaftliche Gesellschaft, die die Aufnahme von Frauen aktiv förderte. Hier fanden sich die Außenseiter des Wissenschaftsbetriebes. Der Mitgliedsbeitrag war relativ bescheiden, und der Verein griff auch Probleme auf, wie die Verfälschung von Nahrungsmitteln, Kartoffelkrankheiten oder die Kanalisation der Abwässer. Aber während des zwanzigjährigen Bestehens des Vereins hielt keine Frau eine größere Rede oder wurde in ein Vorstandsamt gewählt, obwohl die Statuten das nicht verboten. Die meisten Frauen traten bei, um botanische Stücke auszutauschen. Einige wenige veranstalteten Ausstellungen.

Zwei der weiblichen Mitglieder, Margareth Stovin aus Chesterfield (1756–1846) und Margaretta Hopper Riley aus Nottinghamshire (1804–1899), gehörten zu den ersten britischen Farnspezialisten, einer Studienrichtung, die später sehr beliebt wurde. Margareth Stovin war eine angesehene Naturkundlerin. Ihr Herbarium füllte 20 Bände, und sie schenkte der Gesellschaft zahlreiche Musterstücke. Margaretta Riley aber war die einzige Frau, die wissenschaftliche Arbeiten beisteuerte. Ihre umfassende Monographie über britische Farne wurde 1840

in der Gesellschaft vorgetragen. Fälschlicherweise schrieben die
›Annals and Magazine of Natural History‹ sie allerdings ihrem Mann
zu, der daraufhin als Botaniker Beachtung fand und in verschiedene
wissenschaftliche Gesellschaften aufgenommen wurde. Margaretta
Riley sandte der Botanischen Gesellschaft aber noch mindestens zwei
weitere Papiere und 1841 auch eine Notiz an den ›Phytologist‹.[157]

Anna Worsley Russell (1807–1876), ein weiteres Mitglied der Botanischen Gesellschaft, publizierte in wissenschaftlichen Zeitschriften.
1835 steuerte sie Watsons ›New Botanist's Guide‹ eine Liste der Blütenpflanzen der Gegend von Bristol bei. Im ›Zoologist‹ schrieb sie
1843 ›Anekdoten von Fledermäusen, die am Tage fliegen‹, und 1849
erschienen auch Beiträge von ihr im ›Phytologist‹. Obwohl man sie
heutzutage nur als Pflanzenmalerin kennt – allein über siebenhundert
ihrer Pilzbilder werden im Britischen Museum aufbewahrt – war sie
auch eine der besten Feldbotanikerinnen ihrer Zeit.

Vor dem Zeitalter der Fotografie waren genaue Zeichnungen von
Blumen, Bäumen, Sträuchern und Früchten zur Unterscheidung der
neu klassifizierten Arten absolut notwendig. Systematiker und Gar-
tenarchitekten brauchten Künstler, und viele Naturkundlerinnen
wandten sich der botanischen Illustration zu.[158] Die bekannteste, vielleicht auch begabteste Künstlerin des neunzehnten Jahrhunderts war
Marianne North (1830–1890), die auch viele neue Pflanzen nach Europa brachte. Nach dem Tod ihres Vaters im Jahre 1869 reiste sie mit
sehr vagen geographischen Vorstellungen in die Vereinigten Staaten
und nach Kanada, um die ›tropische Vegetation‹ zu malen. Sie zog
bald weiter nach Jamaica, Brasilien und in den Fernen Osten, wo sie
die für ihre Größe bekannten Kannenpflanzen sammelte und malte.
Sir Joseph Hooker benannte sie nach ihr ›Nepenthes northiana‹. Später
machte sie auch Reisen nach Chile, Australien und in die Südsee. Im
Kensington Museum stellte Marianne North fünfhundert ihrer Bilder
aus, begleitet von einem botanischen Katalog. Schließlich baute sie in
den königlichen Botanischen Gärten in Kew eine eigene Galerie, um
ihre Sammlung unterzubringen. Ihr größtes Interesse galt der Erforschung der geographischen Verbreitung der Pflanzen. Zu ihren Entdeckungen gehören die ›Northea seychellana‹, ›Crinum northianum‹,
›Areca northiana‹ und ›Kniphofia northiana‹.

Marianne North' Interesse galt aber auch der Zoologie, und eine zweibändige Autobiographie, die ihre Schwester Catherine Addington Symonds, selbst eine Blumenmalerin, 1892 bearbeitete und herausgab, brachte einen derartigen Erfolg, daß bereits 1893 ein zusätzlicher dritter Band mit Einzelheiten über ihre ersten Reisen auf das europäische Festland und nach Ägypten und Syrien erscheinen konnte.

Im neunzehnten Jahrhundert befaßten sich die Frauen auch erstmals mit Meeresbiologie. Margaret Gatty publizierte 1863 ein Buch über englische Meerespflanzen mit einem speziellen Kapitel über die passende Ausrüstung für Sammlerinnen. Die Gattung ›Gattya‹ und ein neuer Meereswurm, ›Gattia spectabilis‹, wurden nach ihr benannt. Eine bekannte Zeitschrift schrieb, Muschelkunde sei »ein für Frauen ganz besonders geeignetes Studiengebiet, da keine Grausamkeit damit verbunden ist und sich die Objekte in den Boudoirs so strahlend sauber und dekorativ ausnehmen«. [159]

Frauen als Geologinnen

Die Baronin Martine de Beausoleil war vermutlich die erste Geologin. Ihr Interesse für Mineralogie war so groß, daß sie dreißig Jahre ihres Lebens mit dem Studium von Mathematik, Chemie, Mechanik und Hydraulik verbrachte. Ihre Schriften, ›Véritable Déclaration de la découverte des mines et minières‹ (Paris, 1632) und ›La Restitution de pluton‹ (Paris, 1640), beschrieben die Kohle- und Erzvorkommen Frankreichs und bezweckten, dem König klarzumachen, daß er der reichste Herrscher Europas sein könnte, wenn er die Bodenschätze des Landes ausbeuten würde. Die Baronin behandelte allgemeine Hüttenkunde, verschiedene Bergwerkstypen, Verhüttung, Prüfungsverfahren für Mineralien und wissenschaftliche Methoden zur Lokalisierung von Vorkommen. [160]

Im frühen neunzehnten Jahrhundert wurde Geologie, durch die Aktivitäten der Fossiliensammler vorangetrieben, zu einer Wissenschaft. Zu den ersten englischen Sammlern gehörten die Schwestern Mary, Margaret und Elizabeth Philpot aus Lyme Regis. Schon 1831 war ihr ›Museum‹ berühmt und lieferte Material an so namhafte Geologen wie William Buckland, Sir Richard Owen, James Sowerby und Henry de la Beche. Der schweizerisch-amerikanische Geologe Louis Agassiz benannte eine fossile Fischgattung nach Elizabeth Philpot.

Mary Anning, eine Freundin Elizabeth Philpots, ernährte ihre Familie mit dem Ertrag aus ihren Fossilienfunden. Sie grub das erste vollständige Skelett eines Ichthyosauriers aus, das ihr jüngerer Bruder entdeckt hatte, und verkaufte es. 1821 stieß sie auf das erste annähernd intakte Gerippe eines Plesiosauriers, für welches ihr der Herzog von Buckingham zweihundert Pfund zahlte. Ihr Erfolg machte das Sammeln von Fossilien einer breiten Öffentlichkeit bekannt.

Der ›Bericht über einige Auswirkungen des kürzlichen Erdbebens in Chile‹ (1823) von Marta Graham war die erste Schrift einer Frau, die von der Geologischen Gesellschaft in London veröffentlicht wurde. 1862 publizierte Miss E. Hodgson aus Ulverston einen Bericht über eine kieselalgenhaltige Schicht, die sie in einer Eisenmine entdeckt hatte. In den letzten zwei Jahrzehnten des Jahrhunderts häuften sich Artikel von Frauen über geologische und paläontologische Entdeckungen.

Auch während des neunzehnten Jahrhunderts war eine große Zahl von Engländerinnen geologisch tätig, doch schrieb man nicht ihnen die Verdienste für ihre Arbeit zu. Mary Morland († 1857) hatte sich bereits als Naturforscherin ausgezeichnet, als sie 1825 William Buckland, einen der Begründer der britischen Geologie, heiratete. Sie begleitete ihren Mann auf den geologischen Expeditionen und bestimmte und rekonstruierte die Fossilien, die sie fanden. Sie bearbeitete und illustrierte einige seiner Werke, einschließlich der berühmten Bridgewater-Abhandlung mit dem Titel ›Geology and Mineralogy Considered with Reference to Natural Theology‹ (London, 1858).

Charles Lyell, der das Alter geologischer Formationen dokumentierte, arbeitete ebenfalls mit seiner Frau, Mary Elizabeth Horner, zusammen. Als ausgebildete Muschelspezialistin begleitete sie Lyell auf praktisch allen geologischen Expeditionen, und der Verfasser von Lyells Totenrede sagte von ihr: »Wäre sie nicht ein Teil von ihm gewesen, hätte sie sich größeren eigenen Ruhm erworben.«[161] Der Kreis um die Lyells umfaßte außerordentlich viele naturwissenschaftlich interessierte Frauen, darunter Marys Schwester, Lady Frances Bunbury, und Lyells Schwestern. Lyells Sekretärin, Arabella Buckley, schrieb Naturkundebücher für junge Leute, und sie war es auch, die die letzte

Ausgabe von Mary Somervilles ›On the Connexion of the Physical Sciences‹ bearbeitete.

Charles Lyells Vorlesungen am King's College waren bei den wissenschaftlich interessierten Frauen so beliebt, daß der Bischof von London die Hörsäle für Frauen sperrte. Lyell trat daraufhin protestierend zurück und verlegte seine Vorlesungen in die Royal Institution. Aber in der Geologischen Gesellschaft entbrannte derselbe Streit über die Zulassung von Frauen zu seinen Vorträgen.

Naturforscherinnen werden Biologinnen

Im achtzehnten Jahrhundert wurde Biologie – das Studium der Lebensvorgänge, im Gegensatz zum Studium der Natur – allmählich eine eigene Wissenschaft, obwohl die Bezeichnung ›Biologie‹ erst im neunzehnten Jahrhundert aufkam.

Eine Schweizer Insektenforscherin, Maria Aimée Lullin, untersuchte als eine der ersten Frauen Insekten auf experimenteller Basis. Sie arbeitete gemeinsam mit ihrem Mann, dem blinden Naturwissenschaftler François Huber (1750–1831), in ihrem Heim in der Nähe von Paris. Maria Lullin führte alle Forschungen und Beobachtungen für ihr gemeinsames klassisches Werk über die Bienen durch, das unter dem Namen ihres Mannes publiziert wurde. Sie entdeckten die Funktion der Fühler bei den Bienen, die Ausstoßung der Drohnen aus dem Bienenstock und die Befruchtung der Königin während des Fluges.

Eleanor Ormerod (1828–1901) erlangte vielleicht als erste Frau den Status einer professionellen Insektenkundlerin, einer Entomologin. Ihre Grundausbildung erhielt sie von ihrer Mutter, einer botanischen Malerin. Drei ihrer Brüder wurden Naturforscher, und sie arbeitete häufig mit ihrer Schwester Georgiana zusammen, die Mitglied der Entomologischen Gesellschaft in London war. 1852 begann sie Entomologie zu studieren an Insekten, die die Arbeiter auf dem Gut ihres Vaters sammelten. Sie war schon bald eine autodidaktische Expertin bezüglich des Insektenbefalls an Gemüse, Feldfrüchten, Waldbäumen und Haustieren. Sie befaßte sich auch mit Schnecken, Würmern, Spinnen und Pilzen und mit dem biologischen Gleichgewicht der Natur.

Eleanor Ormerod heiratete nie. Und sie war reich genug, um die

Herausgabe und Verteilung ihrer Werke zu finanzieren, die Originalzeichnungen und Diagramme enthielten. Ihr erster Artikel erschien
1873 im ›Journal of the Linnaean Society‹. Vier Jahre später gab sie eine
Abhandlung über gefährliche Insekten heraus. Von da an erhielt sie
Berichte und Arbeiten von Entomologen aus aller Welt. Ihre wissenschaftliche Korrespondenz wuchs auf rund 1500 Briefe im Jahr an.
1881 publizierte sie das ›Manual of Injurious Insects with Methods of
Prevention and Remedy‹, eine zweite, erweiterte Auflage erschien
1890. 1884 veröffentlichte sie ihren ›Führer über Methoden des Insek-
tenlebens‹, 1898 das ›Handbuch der Schädlinge im Obstgarten und bei
Beerensträuchern mit Ratschlägen zur Vorbeugung und Behandlung‹,
1900 eine achtzigseitige Broschüre, ›Für das Vieh schädliche Fliegen‹.
Sie ließ auch kleinere Flugschriften drucken, die sie frei verteilte. Ihr
ehrgeizigstes Unternehmen war der Jahresbericht über ökonomische
Entomologie, der von 1877 bis 1900 erschien. Viele der Schriften
Eleanor Ormerods basierten auf eigenen Beobachtungen und anatomischen Entdeckungen. Sie erschien als sachverständige Gerichtszeu-
gin für Schiffsladungen verdorbener Nahrungsmittel und dergleichen
und leistete die Arbeit, die normalerweise von der Regierung bezahlte
Entomologen verrichteten.[162] Ihre Schädlingsbekämpfungsmethoden
reichten von der Anwendung von Chemikalien, Petrol, Kerosin, Seife
und Wasser, bis hin zu Maßnahmen wie Ausschneiden und Verbrennen der befallenen Teile. Sie propagierte ganz besonders das ›Pariser-
grün‹, ein umstrittenes Pestizid auf Arsenbasis.

Eleanor Ormerod erhielt zahlreiche Ehrenmitgliedschaften und, im
Jahre 1900, als erste Frau den Ehrendoktor der juristischen Fakultät der
Universität Edinburgh. Von 1882 bis 1892 war sie beratende Entomologin der Royal Agricultural Society. Als politisch konservative Frau
wehrte sie sich heftig, als die Feministin Lydia Becker sie als Beispiel
dafür, was Frauen aus eigener Kraft erreichen können, zitierte. 1889
wurde sie für den neugeschaffenen Posten eines Professors für landwirtschaftliche Insektenkunde an der Edinburgher Universität empfohlen. »Aber«, schreibt sie, »Professorinnen wurden in Schottland
nicht akzeptiert.«[163] Es überrascht nicht zu erfahren, daß das Wahlgre-
mium Mühe hatte, die Stelle zu besetzen, denn als Frau Ormerod zu
forschen begann, war Insektenkunde unter ökonomischen Gesichts-
punkten noch völlig unbekannt. Sie war eine der ersten, die das Gebiet

zu einem wesentlichen Bereich von Biologie und Agrarwissenschaften machte. Aber der Professorenstatus blieb ihr verwehrt. Dasselbe gilt für die Mitarbeiterinnen zweier berühmter Biologen dieser Epoche, Lazzaro Spallanzani und Louis Pasteur.

Spallanzanis naturwissenschaftliches Interesse wurde durch seine Kusine, die Professorin Laura Bassi, bei der er in Bologna Mathematik studierte, geweckt. Sie konnte seine Familie dazu bewegen, ihm den Wechsel von der juristischen zur naturwissenschaftlichen Fakultät zu gestatten. Spallanzanis Interesse wurde von seiner Schwester Marianna, einer Naturkundlerin, und Eleonora von Neapel, Marquise von Fonseca (* 1768), geteilt. Beide waren mitbeteiligt an den Experimenten, die zur Verwerfung der Lehre von der spontanen Entstehung führten.

Marie Laurent arbeitete nach ihrer Heirat mit Pasteur im Jahre 1849 ständig mit ihm zusammen. Die Anteilnahme an seinen Forschungen vertiefte sich kontinuierlich. Sie arbeitete im Labor und schrieb Papiere, sie unterstützte ihn auf seiner langen Suche nach einem Tollwutimpfstoff, und als er 1868 gelähmt wurde, überwachte sie die gesamten Experimente.

Als Charles Darwin 1859 seine Theorie von der Entwicklung durch natürliche Auslese publizierte, wurde die wissenschaftliche Welt aufgerüttelt wie nie zuvor. Clemence Augustine Royer (1830–1902) übersetzte Darwins ›Die Entstehung der Arten‹ 1862 ins Französische. Mit ihrem Vorwort zu dem Werk geriet sie mitten ins Lager der wissenschaftlichen ›Häretiker‹, was sie dazu brachte, 1870 unter dem Titel ›Ursprung des Menschen und der Gesellschaft‹ eine eingehende Diskussion der Evolutionstheorie zu publizieren.

Diese Frauen leisteten Pionierarbeit, und bis zum zwanzigsten Jahrhundert hatten sich dem weiblichen Geschlecht sämtliche biologischen Wissenschaften geöffnet.

FRAUEN ALS ASTRONOMINNEN

Die kopernikanische Revolution

Astronominnen spielten in der Alltagsarbeit der wissenschaftlichen Revolution eine wesentliche Rolle. Sie stammten meist aus ›Sterngukker‹-Familien, und ihr Beitrag zur Himmelskunde lag im irdischen Teil der Arbeit, den mühseligen Beobachtungen und Berechnungen. Auffallend ist die große Anzahl von Astronominnen im siebzehnten und achtzehnten Jahrhundert.

Gut hundert Jahre vor Newton hatte Kopernikus die Astronomie auf den Kopf gestellt, indem er die Sonne in den Mittelpunkt des Weltalls rückte und die Erde um sie kreisen ließ, während sie sich täglich um ihre eigene Achse drehte. Die autodidaktische Astronomin und Alchimistin Sophie Brahe (1556–1643) arbeitete mit ihrem berühmteren Bruder Tycho an dessen Observatorium in Uraniborg. Sie machten die entscheidenden Beobachtungen, die Johannes Kepler erlaubten, die elliptischen Planetenbahnen zu errechnen. Galilei nahm unterdessen den Kampf um die neue Kosmologie auf. Zahlreiche später in Vergessenheit geratene Astronominnen setzten sich an die mühsame Arbeit, die fehlenden Details zu beschaffen. Damit begannen sie eine Tradition, die ihren Höhepunkt im frühen zwanzigsten Jahrhundert mit den berühmten Astronominnen des Harvard College-Observatoriums fand.[164]

Maria Cunitz versuchte als erste Frau, Keplers Rudolfinische Tabellen der Planetarbewegungen zu korrigieren, ein Problem, das die Wissenschaftler des siebzehnten Jahrhunderts stark beschäftigte. Sie wurde 1610 als älteste Tochter eines Arztes in Schlesien geboren und zeigte schon früh Interesse für die Astronomie. Mit zwanzig Jahren heiratete Maria Cunitz den Arzt und Liebhaberastronomen Elias von Löwen. Mit seiner Unterstützung begann sie, erneut auf alte Beobachtungen zurückzugehen und so die Rudolfinischen Tabellen zu bearbeiten. Sie war allerdings im Nachteil, denn ohne finanzielle Mittel und adäquate Beobachtungsinstrumente war sie ausschließlich auf Handberechnungen angewiesen. Trotzdem konnte sie einige Fehler in den Originalen korrigieren. Ihre Tabellen waren einfacher als die Keplers, vor allem weil sie kleine Formelabweichungen vernachlässigte und dadurch andererseits neue Irrtümer einführte.

Ihr Werk ›Urania Propitia‹ entstand auf der Flucht in der Zeit des Dreißigjährigen Krieges. Es war auf deutsch und lateinisch geschrieben und wurde 1650 in Frankfurt gedruckt. In einer Art Rollenumkehrung dankt sie im Vorwort des Buches ihrem Mann für die wertvolle Mithilfe. Wieder auf der Flucht starb Maria Cunitz 1664.

Kurz darauf beschäftigte sich eine andere Polin, Elisabeth Korpmann, bereits damit, exaktere Beobachtungen durchzuführen und das Werk der Cunitz zu verbessern. Sie hatte mit sechzehn Jahren Johannes Hevelius, einen reichen Danziger Kupferstecher und Liebhaberastronomen, geheiratet. Hevelius arbeitete an einem neuen Sternenkatalog und an der Revision der Tabellen Keplers und hatte dazu auf dem Dach seines Hauses ein Observatorium eingerichtet. Er war ein strenger Meister. Drei seiner Assistenten starben, kurz nachdem sie die Beobachtungen aufgenommen hatten, und mehrere Angestellte, die er in der Folge mit der Aufgabe betraute, konnten ihn nicht zufriedenstellen. In letzter Verzweiflung gestattete er seiner Frau den Zugang zum Observatorium. Und sie war die zuverlässigste und genaueste Beobachterin, die er sich wünschen konnte. Zehn Jahre lang arbeiteten sie zusammen, bis 1679 ein Großfeuer Danzig zerstörte. Das Observatorium, alle Papiere und der größte Teil der gedruckten Kopien seines Buches ›Machinae Celestae‹ wurden zerstört. Johannes Hevelius starb als gebrochener Mann, aber Elisabeth setzte ihr gemeinsames Werk fort. Sie veröffentlichte ›Firmamentum Sobieskanum‹ und ›Prodomus Astronomicae‹. Letzteres war ein Katalog der Positionen von 1888 Sternen und nicht nur das umfangreichste, sondern auch das letzte ohne Teleskop entstandene Sternenverzeichnis. In ›Machinae Celestae‹ zeigt ein Stich Elisabeth Hevelius und ihren Mann bei der Sternenbeobachtung mittels eines großen Messingsextanten.

Je mehr mit dem Teleskop gearbeitet wurde, desto wichtiger wurden die Illustrationen als Teil astronomischer Abhandlungen. Maria Clara Eimmart (1676–1707) war eine der ersten Astronomieillustratorinnen. Tochter eines erfolgreichen Malers, Kupferstechers und Liebhaberastronomen, bebilderte sie ihres Vaters ›Micrographia Stellarum Phases Lunae Ultra 300‹ aufgrund von teleskopischen Beobachtungen. Ihre Werkstatt und ihr Observatorium in Nürnberg war Heim für zahlreiche ernsthafte Astronomen, natürlich auch für ihren Ehemann, Johann Heinrich Müller, der später Astronomieprofessor in Altdorf wurde. Mit ihren zeichnerischen Fertigkeiten stellte Maria Kometen, Sonnenflecke, Finsternisse und die Mondgebirge dar, Wahrnehmungen, die mit den vollkommenen und unwandelbaren Himmelsbeobachtungen des Aristoteles ein für allemal aufräumten.

Maria Eimmart starb zu jung, um den Ruhm ihrer Zeitgenossin Maria Winckelmann Kirch zu erlangen. Diese wurde 1670 in der Nähe Leipzigs geboren und erhielt ihre erste Ausbildung bei dem sogenannten ›Bauernastronomen‹ Christoph Arnold. 1692 heiratete sie Gottfried Kirch, einen Astronomen, der bei Hevelius in Danzig studiert hatte. Als sie sich in Berlin niederließen, übernahm Kirch die Ausbildung seiner Frau, so, wie er auch bereits seine drei Schwestern ausgebildet hatte. Selbst nach seiner Ernennung zum Königlichen Astronomen im Jahre 1700 sorgten diese Frauen weiterhin für sich selbst, indem sie Kalender, Almanache und andere Beobachtungs- und Berechnungsbücher verfaßten.

Maria Kirch entdeckte den Kometen des Jahres 1702, den man allerdings weder nach ihr benannte noch ihr zuschrieb. Ihre weitreichendsten Beiträge zur Astronomie waren ihre Beobachtungen der Aurora borealis (1707) und ihre Schriften über die Konjunktion der Sonne mit Saturn und Venus (1709) und die für 1712 bevorstehende Konjunktion von Jupiter und Saturn, einschließlich der obligatorischen astrologischen Vorhersagen. Nach dem Tod ihres Mannes im Jahre 1710 lernte Maria Kirch ihren sechzehnjährigen Sohn Christfried als Gehilfen an. 1712 begannen Maria, ihre älteste Tochter Christine (ca. 1696–1782) und Christfried, im gut ausgerüsteten Observatorium ihres Gönners, des Barons von Krosigk, zu arbeiten. Dort berechneten sie weiterhin Kalender und Jahrbücher, bis zum Tod des Barons im Jahre 1714. Als zwei Jahre später Christfried zum Direktor des Berliner Observatoriums gewählt wurde, wurden Mutter und Schwester seine Assistenten. Doch dieser Rollentausch schadete Marias Prestige nicht. Ihr Freund Leibniz stellte sie dem preußischen Hof vor, und bald darauf erhielt sie eine Einladung vom russischen Zaren Peter dem Großen. Maria entschied sich aber dafür, bei ihrem Sohn zu bleiben, und berechnete weiterhin die Kalender für Breslau, Nürnberg, Dresden und Ungarn. Ihre Töchter bearbeiteten die Annalen und Ephemeriden, d. h. die Tabellen der Positionen und Bewegungen der Himmelskörper für die Berliner Akademie der Wissenschaften, noch lange nach dem Tod ihrer Mutter im Jahre 1720.

Der schwedische Astronom Andreas Celsius lernte die Frauen des Hauses Kirch kennen, als er bei Christfried Kirch in Berlin studierte. In Paris begegnete er einer weiteren begabten Astronomin, der Schwester von Joseph Delisle. Und als er schließlich nach Bologna kam, um sich beim dortigen Observatoriumsdirektor weiterzubilden, hatte auch dieser zwei Schwestern, Teresa und Maddalena Manfredi, beide gebildet und Mitarbeiterinnen ihres Bruders bei der Ausarbeitung der Sonnen-, Mond- und Planetenephemeriden für Bologna. Auch eine dritte Schwester, Agnes Manfredi, half vermutlich bei den Berechnungen mit. Celsius schrieb später an Kirch: »Ich beginne zu glauben, es sei das Schicksal aller Astronomen, deren Bekanntschaft ich zu machen auf meinen Reisen die Ehre habe, gelehrte Schwestern zu besitzen. Ich selbst habe eine Schwester, die allerdings nicht sehr gebildet ist. Um die Harmonie zu wahren, müssen wir auch aus ihr eine Astronomin machen.«[165] Leider gibt es über das Schicksal seiner Schwester keine weiteren Äußerungen.

Gegen Ende des siebzehnten Jahrhunderts trat Jeanne Dumée in Paris den Beweis an, daß »Frauen zum Studium durchaus fähig sind, wenn sie die Anstrengung nicht scheuen, da zwischen weiblichem und männlichem Gehirn keine Unterschiede bestehen«.[166] Mit siebzehn Jahren, nachdem ihr Mann in den Krieg gezogen war, fand Jeanne Dumée Muße und Freiheit, sich der Astronomie zu widmen. Ihre Schrift ›Entretiens sur l'opinion de Copernic touchant la mobilité de la terre‹ bewies anhand von Beobachtungen der Venus und der Monde des Jupiter die Bewegung der Erde und damit die Richtigkeit der Theorien von Kopernikus und Galilei. Ihr bisher unveröffentlichtes Manuskript existiert noch in der Pariser Nationalbibliothek.

Die Französinnen wandten sich nun rasch der Astronomie zu, voran Nicole-Reine Étable de la Brière Lepaute (1723–1788), die Gattin des königlichen Uhrmachers. Ihre erste wichtige Untersuchung befaßte sich mit den Schwingungen von Pendeln verschiedener Länge. Ein Bericht darüber erschien im ›Traité d'horlogerie‹ (1755) ihres Mannes. In Zusammenarbeit mit ihrem Mann erwarb sie sich den Ruf, eine der besten astronomischen Rechnerinnen der Zeit zu sein.

1757 erwarteten die Astronomen die Wiederkehr des Halleyschen Kometen. Er war bereits 1531, 1607 und 1682 zu sehen gewesen. Der Direktor des Pariser Observatoriums, Jérôme Lalande, bat zur Errechnung seiner Kreisbahn um die Mithilfe des Mathematikers Alexis Clairaut. Clairaut, der früher mit Emilie du Châtelet zusammengearbeitet hatte, erbat sich seinerseits die Unterstützung von Madame Lepaute.

Das Problem war immens. Im Zeitalter des elektronischen Computers scheint es unfaßbar, daß eine solche Aufgabe allein mit dem Einsatz des menschlichen Gehirns gelöst werden konnte. »Sechs Monate lang rechneten wir von morgens bis nachts, manchmal selbst während der Mahlzeiten... Die Hilfe Madame Lepautes war so, daß ich ohne sie die enorme Arbeit überhaupt nicht hätte in Angriff nehmen können. Es war notwendig, die Distanz der beiden Planeten Jupiter und Saturn zum Kometen separat für jeden aufeinanderfolgenden Grad über 150 Jahre hinweg zu berechnen.«[167]

Am 14. November 1758 konnten sie der Akademie der Wissenschaften die genauen Daten schließlich bekanntgeben. Es war das erste Mal, daß Wissenschaftler für einen abweichenden Kometen die Rückkehr ins Perihelium, den der Sonne am nächsten liegenden Punkt seiner Umlaufbahn, voraussagten. Die Daten kamen gerade rechtzeitig. Der Komet wurde am 25. Dezember erstmals gesichtet und erreichte das Perihelium am 13. März, innerhalb der vorausgesagten Daten. Es war ein neuer Triumph der Newtonschen Wissenschaft. In seiner Schrift ›Kometen‹ würdigte Clairaut das Verdienst von Madame Lepaute, zog es aber später wieder zurück, und heute wird die Voraussage normalerweise Clairaut allein zugeschrieben.

Nicole-Reine Lepaute beschäftigte sich mittlerweile bereits mit den kommenden Finsternissen von 1762 und 1764. Für 1764 berechnete und veröffentlichte sie eine Tabelle, die den Verlauf der Finsternis in jeder Viertelstunde für ganz Europa angab. Für Paris gab sie eine separate Darstellung aller Phasen der Finsternis heraus. Für ihre Berechnungen brauchte sie Tabellen mit parallaktischen Winkeln, d. h. Abweichungswinkeln, die durch Verschiebung des Beobachterstandpunkts entstehen. Eine erweiterte Fassung dieser Tabellen wurde von der französischen Regierung veröffentlicht.

Eine weitere Publikation betraf sämtliche Beobachtungen, die Nicole-Reine Lepaute über den Durchgang der Venus im Jahr 1761 gemacht hatte. Von 1759 bis 1774 war sie zusammen mit Lalande für die ›Connaissance des Temps‹ verantwortlich, die Jahrespublikation der Akademie der Wissenschaften für Astronomen und Navigatoren. 1774 übernahm sie die ›Epheméris‹. Sie brachte den siebten Band, der die Dekade bis 1784 abdeckte, und den achten Band (1783) für die Periode bis 1792 heraus. Für diesen letzten Band machte sie sämtliche Positionsberechnungen für Sonne, Mond und Planeten selbst. Ein Mondkrater trägt ihr zu Ehren den Namen Lepaute.

Madame Lepaute war aber nicht Lalandes einzige weibliche Mitarbeiterin. Seine Freundin Louise Elisabeth Félicité Pourra de la Madeleine du Piéry (* 1746) errechnete die meisten Finsternisse, die Lalande zu seinem Studium der Mondbewegungen brauchte. Sie stellte auch die verschiedensten astronomischen Tabellen auf, und Lalande widmete ihr sein Buch ›L'Astronomie des Dames‹ (1786).

Lalande veröffentlichte auch eine Würdigung des Werkes seiner angeheirateten Nichte Marie-Jeanne Amélie Harlay Lefrançais de Lalande (1768–1832), die in Paris Vorlesungen über Astronomie hielt und teilweise mit ihrem Mann zusammenarbeitete: »Meine Nichte hilft ihrem Gatten bei seinen Beobachtungen und zieht rechnerische Schlüsse daraus. Sie hat die Beobachtungen von zehntausend Sternen zu einer dreihundertseitigen Sammlung von Stundentabellen verarbeitet – ein immenses Werk für ihr Alter und ihr Geschlecht. Sie sind in meinem ›Abrégé de Navigation‹ enthalten. Sie ist eine der wenigen Frauen, die wissenschaftliche Bücher geschrieben haben. Sie hat Tabellen veröffentlicht, um auf See die Uhrzeit anhand der Höhe von Sonne und Sternen zu bestimmen. Diese Tabellen sind 1791 auf Anordnung der Nationalversammlung hin gedruckt worden... Sie hat auch einen Katalog von zehntausend berechneten, aufeinander bezogenen Sternen verfaßt.«[168]

Frau Lalande nannte ihre Tochter Caroline nach der großen Astronomin Karoline Herschel. Caroline Lalande wurde am 20. Januar 1790 geboren, am Tag, an dem Karoline Herschels Komet zum ersten Mal in Paris erblickt wurde.

Karoline Herschel und ihre Kometensucher

Ich tat für meinen Bruder nichts anderes, als was ein gut dressierter Schoßhund getan hätte: ich führte seine Befehle aus. Ich war nur das Instrument. Die Mühe, es zu schärfen, hatte er. Karoline Herschel[169]

So beschrieb Karoline Herschel das Werk, das sie zur berühmtesten, bewundertsten Astronomin der Geschichte machte. Nie hat eine Wissenschaftlerin ihre eigenen Fähigkeiten und Leistungen derart unterschätzt. Sie befand sich in einem Dilemma, einerseits waren da ihre Erfolge, andererseits die gesellschaftliche Norm, die der Frau in der Naturwissenschaft die Rolle der ungenannten Assistentin zuschrieb. Karolines übertriebene Selbsterniedrigung erklärt sich auch daher, daß solche wissenschaftliche Höchstleistungen bei der bescheidenen Herkunft und Erziehung wirklich beispiellos waren.

Glücklicherweise hinterließ Lucretia Karoline Herschel eine detaillierte Lebensgeschichte. Im Gegensatz zu einigen Zeitgenossen waren ihre persönlichen Berichte jedoch nie für eine Veröffentlichung gedacht. Karoline Herschel war die zurückgezogenste Frau, die man sich denken konnte. Sie zerstörte viele ihrer Tagebücher und Briefwechsel, und sicher hätte sie alle vernichtet, hätte sie geahnt, daß sie eines Tages publiziert würden.

Nichts in ihrer frühen Jugend deutete auf ihre späteren Leistungen hin. Sie wurde 1750 in eine große Hannoveraner Musikerfamilie hineingeboren und genoß eine sehr traditionelle Erziehung, die sicherlich den Grundstein zu ihrem geringen Selbstbewußtsein legte. Ihr Vater, selbst an Astronomie interessiert, meinte zwar, sie sollte eine gewisse Ausbildung erhalten, doch die Mutter war dagegen. Für sie bestand Karolines Aufgabe darin, eine gute Hausfrau zu werden und sich um ihre Brüder zu kümmern. Obwohl Karoline Herschel ihre Abneigung gegen Hausarbeit zeitlebens nie überwand, übertraf sie in ihrer Sorge für die Brüder die kühnsten Erwartungen der Mutter. »Ihre Selbstaufopferung wurde nahezu pathologisch.«[170] Aber ohne formale Ausbildung waren ihre Zukunftsaussichten keineswegs rosig: »Als Hauslehrerin war ich nicht qualifiziert, weil ich keine Fremdsprachen konnte. Nie habe ich meines lieben Vaters Warnung vor Heiratsträumen vergessen. Da ich weder hübsch noch reich sei, sagte er, würde mir wohl kaum jemand je einen Antrag machen.«[171]

Ihre Brüder Friedrich Wilhelm und Alexander, beide mittlerweile Musiker in England, kamen ihr schließlich zu Hilfe. 1772, mit 22 Jahren, fuhr Karoline nach England, um sich als Sängerin ausbilden zu lassen.

Sie wurde tatsächlich eine erfolgreiche Sopranistin, doch Wilhelms Interesse wechselte von Musik zu Astronomie. Da Karoline keinesfalls mit jemand anderem als ihrem Bruder auftreten wollte, blieb ihr nichts anderes übrig, als ihre gerade begonnene Karriere aufzugeben und damit auch die Hoffnung, ihren eigenen Unterhalt zu verdienen und vom Bruder finanziell unabhängig zu werden. Statt dessen begann sie, sich als Astronomiegehilfin ausbilden zu lassen.

Mit der Fertigstellung seiner ersten Teleskope und der Entdeckung des Planeten Uranus im Jahre 1781 hängte Wilhelm die Musik endgültig an den Nagel. Er wurde zum königlichen Astronomen ernannt, allerdings mit einem Jahresgehalt von nur zweihundert Pfund. Damit mußte er seinen Haushalt und sämtliche beruflichen Unkosten bestreiten, und von dieser Zeit an wurde Karoline die Sorgen um das Geld nie mehr los.

Langsam entwickelte sich Karolines Interesse und schließlich ihre Begeisterung für die Wissenschaft. Wilhelm unterrichtete sie in Mathematik und Astronomie, und sie notierte sorgfältig alles in ihrem Notizbuch. Zu Beginn des Jahres 1787 schrieb Wilhelm an Lalande und sandte Grüße seiner Schwester an Frau du Piéry und fügte bei: »Karoline würde sich glücklich schätzen, wenn sie Differentialrechnungen durchführen könnte, so wie sie es von ihrer ›glücklichen Rivalin‹ gehört hat. Jedenfalls veranlaßt sie das gloriose Beispiel, ihren Bruder ununterbrochen um weitere Unterweisung in der sublimen Wissenschaft zu bitten.«[172] Größtenteils erwarb sich Karoline ihre naturwissenschaftlichen und mathematischen Kenntnisse jedoch, Stück für Stück, ganz allein.

Es war ein aufreibendes Leben, die ganze Nacht an den Teleskopen sitzen und tagsüber die schwierigen Berechnungen und Ableitungen anstellen, die Beobachtungen der Nacht protokollieren und Papiere schreiben. Groß aufgebauscht wurde die Geschichte, wie Karoline in diesen frühen Jahren von 1775 bis 1783 Wilhelm fütterte und ihm vorlas, während er die Spiegel seiner Teleskope polierte. Aber Karoline Herschel tat weit mehr. Sie war beteiligt an jedem Erfolg und Mißerfolg, von der Konstruktion des ersten Teleskopes mit sieben Fuß Brennweite[173] bis zu jenem von vierzig Fuß[174], für das sie das erste Kartonmodell herstellte.

Wilhelm Herschels Experimente mit neuen und größeren Teleskopen ermöglichten das Studium entfernter Sterne, während sich andere Astronomen auf Mond, Planeten und Kometen beschränken mußten. Zusammen begründeten die Herschels die Siderastronomie, die Erforschung der Fixsterne, und erweiterten die Astronomie damit von der Wissenschaft des Sonnensystems zur Wissenschaft der Sternensysteme. Zwischen 1783 und 1802 entdeckten sie mit ihrem Zwanzig-Fuß-Spiegelteleskop 2500 neue Astralnebel und Sternenhaufen, Beweise für die Existenz entfernter Galaxien.

Die Jahre 1784 bis 1787 waren dem Aufbau des bereits erwähnten Teleskops mit vierzig Fuß Brennweite gewidmet. Die Spiegel hatten vier Fuß Durchmesser und wogen je eine Tonne. Beim Guß der großen Spiegel fiel Karoline die Aufgabe zu, große Mengen Pferdemist in einem Mörser zu zerstampfen, durch ein feines Sieb zu streichen und zum Material für die Gußform zu verarbeiten. Zu bestimmten Zeiten überwachte sie zwei Mannschaften von je zwölf Leuten, die Tag und Nacht die Riesenspiegel schliffen und polierten. Wissenschaftlich war das gigantische Teleskop eine Enttäuschung, aber es trug Wilhelm Herschel und seinem Schirmherrn, König George III., Prestige und Ruhm ein und wurde von der populären Presse als ›Weltwunder‹ vermarktet.[175] In ihrem Tagebuch von 1786 schreibt Fanny Burney, sie sei aufrecht durch das Teleskop gegangen. Wurde das Instrument benutzt, was selten der Fall war, dann saß Karoline in einer kleinen Hütte an seiner Basis und empfing die Berichte Wilhelms durch ein Sprechrohr.

Als die Herschels 1782 ihre astronomische Ausrüstung von Bath nach Datchet überführten, gab Wilhelm Karoline ein kleines Spiegelteleskop, das sich dazu eignete, den Himmel nach Kometen abzusuchen. Dieser Kometensucher beschäftigte sie während Wilhelms häufigen Abwesenheiten, und so begann ihre Laufbahn als selbständige Beobachterin. Ihre ersten Entdeckungen umfaßten drei neue Nebel, welche Wilhelm mit einem Hinweis auf Karoline in seinen ›Katalog der eintausend neuen Nebel‹ aufnahm.

Im Sommer 1783 baute Wilhelm Herschel für seine Schwester einen neuen Newtonschen Sucher mit einer Brennweite von siebenundzwanzig Zoll.[176] In jenem Sommer vermaß sie für ihren Bruder Doppelsterne und bestimmte ihre Positionen. Bis zum Ende des Jahres hatte sie mehrere Sternhaufen und vierzehn neue Nebel entdeckt, darunter den Begleiter des Andromeda-Nebels, jedoch keine Kometen.

Mit ihrem letzten Umzug nach Slough erhielt Karoline Herschel ihr eigenes kleines Observatorium. Am 1. August 1786 entdeckte sie als erste Frau einen Kometen, und diesmal war ihr die Anerkennung sicher. Ihr Tagebucheintrag lautet: »1. 8. Heute zählte ich hundert Nebel, und diesen Abend entdeckte ich ein Objekt, das sich meiner Meinung nach in der morgigen Nacht als Komet herausstellen wird. 2. 8. Heute zählte ich einhundertundfünfzig Nebel. Ich fürchte, die Nacht wird nicht klar werden. Den ganzen Tag über regnete es, jetzt jedoch scheint es etwas aufzuhellen. Ein Uhr nachts. Das Objekt der letzten Nacht ist ein Komet.«[177]

Karoline Herschel sandte einen Bericht über ihre Entdeckung an Dr. Charles Blagden, Sekretär der Royal Society: »Aufgrund der Freundschaft, die, wie ich weiß, zwischen Ihnen und meinem Bruder besteht, wage ich es, Sie in seiner Abwesenheit mit der folgenden, unvollkommenen Beschreibung eines Kometen zu behelligen. Meine Aufgabe, die Beobachtungen meines Bruders niederzuschreiben, wenn er am Zwanzig-Fuß-Teleskop arbeitet, läßt mir nicht viel Muße, selbst den Himmel zu betrachten. Doch jetzt, da er zu Besuch in Deutschland weilt, nutzte ich die Gelegenheit, die Umgebung der Sonne nach Kometen abzusuchen. In der letzten Nacht nun, am 1. August, ungefähr um zehn Uhr, entdeckte ich ein Objekt, das in Farbe und Leuchtkraft den siebenundzwanzig in ›Connoissance des Temps‹ beschriebenen Nebeln gleicht, mit dem Unterschied allerdings, daß es rund ist. Ich vermutete, es sei ein Komet, allein wegen des aufkommenden Dunstes konnte ich seine Bewegung erst heute abend in befriedigendem

Maße feststellen. Ich fertigte mehrere Zeichnungen der Sterne in seinem Umfeld an und lege eine Kopie davon, zusammen mit meinen Beobachtungen, bei, so daß Sie sie vergleichen können... Darf ich Sie bitten, diese Beobachtungen den Astronomenfreunden meines Bruders zukommen zu lassen.«[178] Am gleichen Tag sandte sie einen entsprechenden Brief an ihren Freund Alexander Aubert. Beide Schreiben enthalten präzise Angaben über die Position des Kometen.

Ihr Brief an Blagden wurde am 9. November der Royal Society vorgelesen und in den ›Philosophical Transactions 1787‹ publiziert, zusammen mit ihren Illustrationen der Kometenposition und Wilhelms Bemerkungen zum neuen Kometen. Fanny Burney war anwesend, als Friedrich Wilhelm Herschel, auf Einladung des Königs, Karolines Kometen der königlichen Familie vorstellte. Sie schrieb in ihr Tagebuch: »Der Komet war sehr klein und hatte nichts Grandioses und Auffallendes in seiner Erscheinung. Aber es ist der erste Komet einer Frau, und ich war äußerst begierig, ihn zu sehen.«[179] Kometen blieben das Spezialgebiet Karoline Herschels, Wilhelm entdeckte keinen.[180]

1787 bewilligte der König Wilhelm Herschel zusätzliche Gelder für die Fertigstellung und den Unterhalt des Vierzig-Fuß-Teleskops, und er setzte ein Jahresgehalt von fünfzig Pfund für Karoline Herschel fest. Zum ersten Mal wurde damit eine Frau zur Assistentin der Hofastronomen ernannt. Es war »das erste Geld, das ich mich je in meinem Leben nach eigenem Gutdünken auszugeben berechtigt fühlte«.[181]

Durch die Heirat ihres Bruders mit Mary Pitt wurden die Jahre von 1788 bis 1798 eine sehr unglückliche Zeit für Karoline, die sich immer noch in erster Linie als Wilhelms Haushälterin fühlte. Dem Heiratsvertrag gemäß mußte Karoline Herschel aber die Wohnung wechseln, und so zog sie, widerstrebend, zuerst in das Cottage Observatory in Slough, später in private Wohnungen, bis sie sich zuletzt in Upton House, dem früheren Heim ihrer Schwägerin, einrichtete. Nach der Heirat war Karoline nur noch während des Sommers, wenn Wilhelm und seine Familie in den Ferien waren, für Observatorium und Instrumente verantwortlich. Trotzdem waren es ihre fruchtbarsten Jahre. Endlich befreit von häuslichen Pflichten, widmete sie sich ganz der Astronomie. Sie machte zahlreiche Beobachtungen und Zeichnungen der Satelliten von Saturn und ›Georgium sidus‹, Wilhelms Name für Uranus, und führte eine ausgedehnte wissenschaftliche Korrespondenz. Sie wurde auch so etwas wie eine lokale Berühmtheit und konnte zum ersten Mal ihre eigenen Freundschaften pflegen. Frau Beckedorff, eine frühere Mitschülerin an der Damenschneiderinnenschule in Hannover, die jetzt am Hof der Königin Charlotte lebte, wurde ihre engste Freundin. Die königlichen Prinzessinnen waren gebildet und an Astronomie interessiert und suchten den Umgang mit der berühmten Wissenschaftlerin. Karoline wurde besonders vertraut mit Prinzessin Sophia Matilda.

Gegen Ende des Jahres 1790 stellte Wilhelm Herschel ein neues Teleskop für seine Schwester fertig, einen größeren Newtonschen Kometensucher mit einer Brennweite von fünf Fuß. Bis Ende 1797 hatte Karoline schon weitere sieben Kometen entdeckt und war in ganz Europa als hervorragende Astronomin bekannt. Berichte jeder Entdeckung wurden der Royal Society zugesandt und in deren Zeitschrift ›Philosophical Transactions‹ veröffentlicht. Während die ersten Beiträge noch zögernd und entschuldigend abgefaßt waren, wurden die späteren zusehends professioneller.

Die Geschwister Herschel arbeiteten auch weiterhin an der Beobachtung von Planeten, Doppelsternen und verschiedenen anderen Phänomenen. Gemeinsam mit Karoline entdeckte Wilhelm tausend Doppelsterne. Es gelang ihnen der Beweis, daß manche dieser Sterne durch gegenseitige Anziehung miteinander verbundene Doppelsysteme waren, ein erster Beweis für das Vorhandensein von Anziehungskraft auch außerhalb unseres Sonnensystems. Viele Jahre später, im Alter von einundachtzig Jahren, schrieb Karoline an ihren Neffen, die Beobachtung von Doppelsternen sei von Anfang bis Ende die interessanteste Materie. »Er [Wilhelm] verlor sie in all seinen Papieren über den Aufbau der Himmel und ähnlichem nie aus den Augen.«[182]

1787 nahm Karoline Herschel für ihren Bruder ein riesiges Projekt in Angriff, den ›Katalog der 860 von Flamsteed beobachteten, im Britischen Katalog jedoch nicht enthaltenen Sterne‹ und ein ›Generalverzeichnis sämtlicher Beobachtungen der im oben erwähnten Britischen Katalog aufgeführten Sterne‹. Beides gab die Royal Society 1798 heraus.

1808 landete Karolines Bruder Dietrich Herschel, »ruiniert an Gesundheit, Geist und Vermögen«, in Slough und hoffte auf Karolines Fürsorge. Und sie sorgte für ihn während der nächsten vier Jahre, ohne deswegen ihre wissenschaftliche Arbeit zu vernachlässigen. »Die Zeit, die ich Dietrich widmete, sparte ich mir gänzlich vom Schlaf ab oder von der Muße, die man sich normalerweise zu den Mahlzeiten gönnt...«[183] Zum ersten Mal begann sie aber, sich gegen die Rolle als Kindermädchen ihrer Brüder zu wehren, vor allem weil es auf Kosten der Astronomie ging.

Wilhelm Herschel starb, nach langer Krankheit, im August 1822. Unmittelbar nach dem Begräbnis verließ Karoline England, das fünfzig Jahre lang ihre Heimat gewesen war. Sie fühlte sich als »Mensch, der in dieser Welt nichts mehr verloren hat«, und kehrte nach Hannover zurück, in eine Heimat, die so nicht mehr existierte.[184] Dort sollte sie noch ein Vierteljahrhundert leben.

Im Alter von fünfundsiebzig Jahren beendete sie ihr großartiges Werk über die Position von ungefähr 2500 Nebeln, ›Ein Katalog von Nebeln, die in einer Folge von systematischen Himmelsabsuchungen von Wilhelm Herschel beobachtet wurden‹. Für dieses Werk erhielt Karoline Herschel 1828 die Goldmedaille von der Royal Astronomical Society. Der einstimmige Beschluß lautete: »Eine Goldmedaille dieser Gesellschaft soll Miss Karoline Herschel verliehen werden für ihre jüngst abgeschlossene Zusammenfassung der Nebel, die ihr berühmter Bruder entdeckt hat. Das Werk darf als die Vollendung einer langen Reihe von Anstrengungen gelten, die in den Annalen der Astronomie vermutlich weder an Umfang noch Bedeutung ihresgleichen finden.«[185]

Anfänglich war Karoline angetan, als John Herschel, ihr Neffe und Präsident der Society, die Medaille an ihrer Stelle in Empfang nahm. Der Briefwechsel jedoch, der zwischen den beiden folgte, verstärkte erneut ihre Hemmungen, die Ehrung für sich zu beanspruchen. Es wird nicht ganz klar, ob John aus Rücksicht auf die Scheu und Bescheidenheit seiner Tante handelte oder ob er tatsächlich fand, sie verdiene die Anerkennung nicht. Jedenfalls schrieb er ihr am 28. Mai 1828: »Laß bitte keine Mißverständnisse aufkommen. Ich bin für die Sache nicht verantwortlich. Ich widersetzte mich hartnäckig... Die Gesellschaft hat es gut entschieden. Ich meine allerdings, sie hätte es besser tun können. Doch meine Stimme war weder gefragt noch gehört.«[186] Er fügte bei, daß eine Verleihung der Medaille an sie in der Royal Society erst diskutiert worden sei.

Was immer John Herschel mit seinem Brief ausdrücken wollte, Karoline antwortete am 21. August: »Was Du mir sagst... die Medaille betreffend, hat mir jede Freude daran gründlich verdorben. Um die Wahrheit zu sagen, ich war von Anfang an eher schockiert als beglückt über diese einmalige Auszeichnung, denn ich weiß, daß es für Frauen gefährlich ist, im Rampenlicht zu stehen. Ein paar Zeilen von Deiner Hand zu erhalten freute mich einzig und allein deshalb ein bißchen, weil ich glaubte, was geschehen sei, sei mit Deiner vollen Zustimmung und sogar auf Deine Empfehlung hin geschehen. In meinem ganzen langen Leben war ich es nicht gewohnt und hatte auch kein Verlangen danach, öffentliche Anerkennung zu erhalten. Und jetzt habe ich nur noch den einen Wunsch, Deine gute Meinung von mir mit ins Grab zu nehmen... Wer immer mir zuviel Ehre antut, tut Deinem Vater zuwenig an und bereitet mir damit nur Unbehagen. «[187]

Obwohl weitere Auszeichnungen folgten, war Karoline Herschel nicht mehr in der Lage, sie mit Freude und als längst überfälligen Tribut anzunehmen. Im Februar 1835 beschloß die Royal Astronomical Society an ihrer Jahresversammlung einstimmig, den beiden führenden Wissenschaftlerinnen des frühen neunzehnten Jahrhunderts, Karoline Herschel und Mary Somerville, die Ehrenmitgliedschaft zu verleihen. In seiner Empfehlung schreibt der Rat dazu: »Wenn auch die Kriterien für astronomische Verdienste von Frauen keinesfalls weniger streng sein sollen als die für Männer, so darf doch das Geschlecht für Frauen auch nicht länger ein Hindernis sein, die gleiche Anerkennung zu finden wie Männer. «[188]

1838 folgte die Wahl Karoline Herschels in die Royal Irish Academy, und 1846 erhielt sie zu ihrem 96. Geburtstag vom preußischen König die goldene Medaille für wissenschaftliche Verdienste. Doch nach lebenslanger harter Arbeit ohne entsprechende Anerkennung oder gar Entschädigung ärgerten sie diese vielen Ehrungen eher. »Die Verleihung der Medaille des Königs von Dänemark für die Entdeckung teleskopischer Kometen macht mich geradezu wütend, denn sie nützt mir rein gar nichts. Mein eines Auge ist praktisch blind. «[189]

In Hannover galt Karoline Herschel als eine der gelehrtesten Frauen der Zeit. Trotz nachlassenden Augenlichts las sie weiter alle wissenschaftlichen Papiere, deren sie habhaft werden konnte, und sie wartete ungeduldig auf Besuche von Wissenschaftlern, um mit ihnen die neuesten Entwicklungen in der Astronomie zu diskutieren. Ihre Aktivitäten und ihr fortgesetztes Interesse für Astronomie strafen die Behauptungen jener Historiker Lügen, die sagen, Karoline Herschel habe sich nicht eigentlich für Wissenschaft interessiert. Im Gegenteil, sie war eine hochbegabte, hingebungsvolle Astronomin, die aufgrund der gesellschaftlichen Vorurteile gegenüber Frauen und aus Mangel an Selbstvertrauen in der Rolle der Gehilfin gefangen blieb.

Karoline Herschel starb am 9. Januar 1848 im Alter von siebenundneunzig Jahren. Ihre Nichte, Anna Knipping, schrieb John Herschel am 13. Januar: »Ich fühlte beim Tod meiner Tante eine beinahe freudige Erleichterung im Gedanken daran, daß ihr ruheloses Herz nun zur Ruhe gekommen ist. Alle Liebe, die sie zu geben hatte, konzentrierte sie auf ihren geliebten Bruder. Seit seinem Tod war sie einsam. Nach all den Jahren der Trennung konnte sie uns nur als Fremdlinge empfinden, und nichts konnte je seinen Verlust ersetzen... Die Zeit minderte und milderte ihren übergroßen Schmerz, und dann bereute sie, England verlassen zu haben und dazu verurteilt zu sein, in einem Land zu leben, in dem sich niemand um Astronomie kümmerte. Ich teilte ihr Bedauern, doch ich wußte nur zu gut, daß sie die gleiche Leere auch in England gefunden hätte. Für sie bedeutete jeder Fortschritt in der Wissenschaft eine Ablenkung vom Ruhme ihres Bruders, und selbst Ihre Forschungen wären zu einer Quelle der Entfremdung zwischen Ihnen geworden, wenn sie bei Ihnen gelebt hätte.«[190]

Karoline Herschel nimmt in der Geschichte der Frauen in der Wissenschaft einen einzigartigen Platz ein. Ihre Persönlichkeit, die Beziehung zu ihrem Bruder Wilhelm, ihre Haltung gegenüber der Wissenschaft im allgemeinen und ihren eigenen wissenschaftlichen Leistungen im besonderen sind voll verwirrender Widersprüche. Wie dem auch sei, sie wurde ohne systematische Schulung und Ausbildung eine große Astronomin, und sie öffnete anderen Frauen des neunzehnten Jahrhunderts den Weg zur Astronomie.

Unter den Zeitgenossinnen Karoline Herschels finden wir die 1777 in Hannover geborene Wilhelmine Böttcher-Witte und deren Tochter Minna, die mit ihrem Mann, dem Astronomen Maedler, zusammenarbeitete. Aufgrund eigener teleskopischer Beobachtungen fertigte Wilhelmine Böttcher ein detailliertes Mondmodell an, und auf Bitten Alexander von Humboldts, der immer ein Befürworter weiblicher

Wissenschaftler war, stellte sie für Friedrich Wilhelm III. ein Duplikat dieses Modells her. Die Frau des Direktors des Hamburger Observatoriums, Frau Rumker, errechnete für ihren Mann die Kometenbahnen. Am 11. Oktober 1847 erblickte sie als erste in Deutschland den Kometen der amerikanischen Astronomin Maria Mitchell.

Dem Werk der Herschels folgend, berechnete Madame Yvon-Villarceau die Umlaufbahnen verschiedener Doppelsterne, nachdem sie zuvor die diesen Berechnungen zugrundeliegenden Formeln verifiziert hatte.

Am 1. April 1854 entdeckte auch Caterina Scarpellini einen Kometen. Bereits als Kind war sie von ihrem Onkel, Feliciano Scarpellini, dem Begründer des Observatoriums auf dem Kapitol, zum Studium der Astronomie angeregt worden. 1866 beobachtete sie die Leoniden, anscheinend ein Sternschnuppenschwarm aus dem Sternbild des Löwen, und sie verfaßte den ersten italienischen Meteorenkatalog. Sie organisierte auch die meteorologisch-ozonometrische Station in Rom und gab deren Monatsbulletin heraus. Auch verschiedene Studien über einen möglichen Einfluß des Mondes auf Erdbeben stammen von ihr. Sie war Ehrenmitglied mehrerer europäischer Gelehrtengesellschaften und erhielt 1872 von der italienischen Regierung eine Goldmedaille in Anerkennung ihres statistischen Werkes.

DIE PHILOSOPHINNEN DER
WISSENSCHAFTLICHEN REVOLUTION

*Es war ein geistreiches Zeitalter, weil die Frauen geistreich waren und
Verstand und Schönheit in sich vereinten wie nie zuvor.*

Will und Ariel Durant[191]

In Frankreich studierte im sechzehnten Jahrhundert Catherine de Par-
thenay, Prinzessin de Rohan, jahrelang Mathematik und Astronomie
bei François Viète. Sein Werk über mathematische Analyse, ›In Artem
Analyticam Isagoge‹, war ihr gewidmet: »Dir, erhabene Tochter der
Melusine, verdanke ich vor allem meinen Erfolg in Mathematik.
Deine Liebe zu dieser Wissenschaft und deine großen Kenntnisse
darin, sowie deine Meisterschaft in allen anderen Wissenschaften, haben mich angespornt.«[192]

Den Spuren der Prinzessin de Rohan folgend, waren die Philosophinnen der wissenschaftlichen Revolution zuerst und vor allem
Mathematikerinnen.

Die Philosophinnen Italiens

Im siebzehnten und achtzehnten Jahrhundert erlebte die wissenschaftliche Tätigkeit von Frauen in Italien erneut einen großen Aufschwung.
Da gab es Elena Cornaro Piscopia (1646–1684), die den Doktortitel in
Philosophie an der Universität Padua erwarb und dort 1678 auch Dozentin für Mathematik wurde. Diamante Medaglia, die eine Dissertation über die Wichtigkeit mathematischer Studien für Frauen schrieb.
Cristina Roccati, die siebenundzwanzig Jahre lang am wissenschaft-

lichen Institut von Rovigo Physik lehrte. Die Neapoletanerin Maria Angela Ardinghelli, eine Studentin der Mathematik und Physik, die Stephen Hales Werk über Biophysik, ›Vegetable Staticks‹ (1727), ins Italienische übersetzte, und Laura Bassi.

Laura Maria Catharina Bassi (1711–1778) war ein Wunderkind. Sie wurde von einem Professor der Medizinischen Fakultät, Dr. Gaetano Tacconi, in Mathematik, Philosophie, Anatomie, Naturkunde und Sprachen unterrichtet. Mit einundzwanzig Jahren stellte sie sich einer öffentlichen Debatte mit fünf Philosophen. Im folgenden Jahr, 1733, erwarb sie den Doktorgrad in Philosophie der Universität Bologna, und der Senat sprach ihr ein Stipendium zur Weiterführung des Studiums zu. Als Professorin schließlich publizierte sie zahlreiche Abhandlungen über kartesianische und newtonsche Physik. Zwei ihrer lateinischen Dissertationen über Mechanik und Hydraulik wurden in den ›Kommentaren des Instituts von Bologna‹ gedruckt, und viele ihrer Physikvorlesungen existieren heute noch als Manuskripte. Am Ende ihres Lebens war sie in ganz Europa als eine der fähigsten Wissenschaftlerinnen des achtzehnten Jahrhunderts bekannt.

Die berühmteste italienische Gelehrte der wissenschaftlichen Revolution aber wurde Maria Gaetana Agnesi (1718–1799). Ihr Vater, Mathematikprofessor an der Universität Bologna, erkannte schon früh die außergewöhnlichen Fähigkeiten seiner Tochter, die das älteste seiner einundzwanzig Kinder war, und engagierte ihr als Privatlehrer Don Ramiro Rampinelli, einen Mathematikprofessor der Universität Pavia. Schon bald besuchten Intellektuelle von überall her den Salon Agnesi, um Marias Erörterungen mathematischer und philosophischer Probleme zu hören. Der Franzose De Bosses beschreibt eine derartige Veranstaltung: »Graf Belloni... hielt eine glänzende lateinische Rede in Form einer Universitätsvorlesung. Sie antwortete umgehend und gewandt in derselben Sprache, und beide ließen sich in eine, immer noch lateinische, Diskussion ein über den Ursprung von Fontänen und über die Gründe von Ebbe und Flut, die man in einigen Fontänen ebenso wie im Meer beobachten kann. Sie redete wie ein Engel zu diesem Thema, und ich habe es nie zufriedenstellender abhandeln hören. Dann forderte mich Graf Belloni auf, mit ihr über irgendeinen beliebigen Gegenstand aus Mathematik oder Naturphilosophie zu debattieren... und so disputierten wir denn über Fortpflanzung und Brechungsfarben des Lichts. Loppin diskutierte mit ihr über durchsichtige Körper und kurvenförmige Figuren der Geometrie, eine Sache, von der ich nicht ein Wort verstand... Nachdem sie Loppin geantwortet hatte, wurde die Unterhaltung allgemeiner. Jeder redete zu ihr in seiner Muttersprache, und sie antwortete jeweils in derselben Sprache. Ihre Sprachkenntnisse sind phänomenal. Zuletzt sagte sie mir, es tue ihr leid, daß die Konversation an diesem Tag in einem so förmlichen akademischen Ton verlaufen sei. Sie erklärte, sie rede in zahlreicher Gesellschaft nur ungern über solche Themen.«[193]

Schließlich setzte Marias Vater diesen Auftritten ein Ende, da mit dem Tode seiner Frau die älteste Tochter die Verantwortung für den Riesenhaushalt übernehmen mußte. Trotz ihrer außerordentlichen Talente war Marias einziger Wunsch, in ein Kloster einzutreten. Da der Vater die Erlaubnis verweigerte, widmete sie die nächsten zwanzig Jahre der Erziehung ihrer jüngeren Brüder und ihrem eigenen Fortkommen in Mathematik. Mit siebzehn schrieb sie einen Kommentar über die Analyse der Kegelschnitte des Marquis de l'Hôpital.[194] 1738 gab sie eine Sammlung von einhundertneunzig Essays über Philosophie, Logik, Mechanik, Elastizität, Himmelsmechanik und Newtons allgemeine Gravitationstheorie heraus. Ihre ›Propositiones Philosophicae‹ enthielten die Forderung nach Frauenbildung.

Maria Agnesi vollendete ihr wichtigstes mathematisches Werk, noch bevor sie dreißig Jahre alt war. Der für ihre jüngeren Brüder italienisch geschriebene Text, ›Analytische Gesetze‹, ist eine klare, prägnante Synthese der neuen Mathematik. Der erste Band behandelt die Analyse endlicher Größen, Algebra und Geometrie, der zweite die Differential- und Integralrechnung, d. h. die Analyse variabler Größen und ihrer Wechselverhältnisse, die erst kürzlich unabhängig voneinander von Leibniz und Newton entwickelt worden waren. Maria Agnesi fügte zahlreiche Beispiele und Aufgaben, eigene Methoden und Verallgemeinerungen an. Es war das erste systematische Werk dieser Art und wurde in zahlreiche Sprachen übersetzt.[195] Fünfzig Jahre später war es immer noch der vollständigste mathematische Text, den man finden konnte.

Maria Agnesi wurde 1748, im Jahr, in dem die ›Analytischen Gesetze‹ in Mailand publiziert wurden, in die Akademie der Wissenschaften zu Bologna gewählt. Obwohl die französische Akademie der Wissenschaften ihre Aufnahme ablehnte, schrieb ihr deren Vorstandssekretär eine Empfehlung: »Erlauben Sie mir, Mademoiselle, dem Beifall der ganzen Akademie meine persönliche Verehrung beizufügen... Ich kenne kein anderes Werk auf dem Gebiet, das klarer, methodischer und umfassender wäre als Ihre ›Analytischen Gesetze‹. In keiner Sprache gibt es ein Werk, das den Lernbegierigen sicherer, schneller und weiter in die mathematische Wissenschaft einführt. Ich bewundere vor allem die Kunst, mit der Sie die verschiedensten Schlußfolgerungen, die in den Werken der Geometer verstreut und auf völlig verschiedene Arten erreicht worden sind, in einer stets gleichbleibenden Methode zusammenfassen.«[196]

Die ›Analytischen Gesetze‹ waren ›Ihrer Majestät, der deutschen Kaiserin und Königin von Ungarn und Böhmen, Maria Theresia‹ gewidmet: »Nichts hat mich so sehr ermutigt als die Tatsache Ihres Geschlechts, dem Sie, Majestät, zu so großer Zierde gereichen und das durch eine glückliche Fügung auch meines ist. Diese Erwägung hat mich vor allem in meiner mühseligen Arbeit gestützt und mich unempfindlich gemacht für die Gefahren, die einem so schwierigen Unterfangen drohen. Denn wenn je eine Zeit die Kühnheit einer Frau zu entschuldigen vermochte, die in die Feinheiten einer Wissenschaft einzudringen wagt, welche keine Grenzen, nicht einmal die der Unendlichkeit selbst kennt, dann ist es sicher die gegenwärtige glorreiche Epoche, in der eine Frau mit allgemeinem Beifall und universaler Bewunderung herrscht. Es ist meine feste Überzeugung, daß in diesem Zeitalter, das durch Ihre Herrschaft ausgezeichnet sein wird bis in die fernsten Generationen, sich jede Frau bis an die Grenzen ihrer Kraft anstrengen muß, um den Ruhm ihres Geschlechtes zu fördern... So ist es denn, daß Ihr Geist sich so früh den Wissenschaften zuwandte, daß Sie nun wohlvertraut mit ihnen allen sind.«[197]

1748 übernahm Maria Agnesi die Universitätsvorlesungen ihres Vaters, und zwei Jahre später berief sie der Papst auf den früheren Lehrstuhl ihres Vaters für Mathematik und Naturphilosophie. Aber obwohl sie noch jung war, trat plötzlich eine große Ernüchterung in ihrer Beziehung zur Mathematik ein. Sie widmete die restlichen vierzig Lebensjahre barmherzigen Werken und richtete in ihrem eigenen Heim ein kleines Hospital ein. Als man sie 1762 bat, ein aufsehenerregendes neues Papier des französischen Mathematikers Lagrange zu besprechen, antwortete sie: »Diese Probleme beschäftigen mich nicht mehr.«[198]

Obwohl Maria Agnesi mehr Anerkennung fand als die meisten ihrer Zeitgenossen, wurde ihr historischer Ruf durch einen merkwürdigen Vorfall verfälscht. Im Kapitel über analytische Geometrie in den ›Analytischen Gesetzen‹ befindet sich eine Darstellung der umgekehrten Sinuskurve. Durch eine unkorrekte englische Übersetzung wurde die Kurve als die ›Hexe von Agnesi‹ bekannt, und mit diesem Namen ist Maria Agnesi in den Annalen der Mathematik verewigt.

Die Marquise du Châtelet

Sie war ein großer Mann, dessen einziger Fehler war, eine Frau zu sein. Eine Frau, die Newton übersetzte und deutete ... mit einem Wort, ein wirklich großer Mann.[199]

Das schrieb Voltaire über seine Freundin, Mitarbeiterin und Geliebte, Gabrielle-Emilie Le Tonnelier de Breteuil, Marquise du Châtelet-Lomont (1706–1749). Während Maria Agnesi als eine der ersten die Berechnungen von Newton und Leibniz erläuterte, war die französische Wissenschaftlerin Emilie du Châtelet eine der ersten, die Newtons Physik und Leibniz' vitalistische Naturphilosophie populär machten. Obwohl Newtons allgemeine Gravitationstheorie viel einleuchtender war als die kartesische Theorie der Wirbel, hatte die newtonsche Lehre auf dem europäischen Kontinent noch keineswegs generell Fuß gefaßt. Es war vor allen anderen die Marquise du Châtelet, die in Frankreich den Wechsel von der überholten Wissenschaft Descartes' zur kosmischen Ordnung Newtons einleitete. Damit leistete sie einen wesentlichen Beitrag zur Förderung der wissenschaftlichen Revolution.

Emilie de Breteuil wurde in eine aristokratische Gesellschaft hineingeboren, die von Frauen erwartete, daß sie klug, geistreich und schön seien. Nie zuvor jedoch hatte diese Gesellschaft eine Frau erlebt, die bereits in so jungen Jahren Intelligenz und zielstrebige Gelehrsamkeit mit einem derart strahlenden Auftreten verband. Den Rahmen, der gebildeten Frauen in der Zeit der Aufklärung zugestanden wurde, sollte sie bei weitem sprengen. Zweifellos wurde sie in einigen Kreisen als Bedrohung des patriarchalischen Gesellschaftssystems empfunden, das auf der unhinterfragten These männlicher Überlegenheit beruht. Man konnte sie nicht einfach übergehen, und so richteten Zeitgenossen wie auch spätere Historiker ihr ganzes Augenmerk auf ihre Verbindung mit dem großen Schriftsteller, Historiker und Philosophen Voltaire, auf ihre Affären mit anderen Männern, ihre exzentrischen Verhaltensweisen und körperlichen Vorzüge, während sie ihre wissenschaftlichen Leistungen verschwiegen. Ihre Schriften wurden von Voltaires Werk an Umfang und Vielfältigkeit in den Schatten gestellt, und ihre Persönlichkeit und ihre offene Beziehung zum bekanntesten Satiriker der Epoche zogen ihr nicht wenige Feindschaften zu.[200] Von Ausnahmen abgesehen, wurden ihr Einfluß auf die intellektuelle Entwicklung Voltaires und ihre eigenen wissenschaftlichen Erfolge ignoriert.

Als Kind zeigte Emilie keinerlei Anzeichen des für Frauen ihrer gesellschaftlichen Stellung ausschlaggebenden Attributs – der Schönheit. Ihr Vater, der Baron de Breteuil, Protokollchef am Hofe Ludwigs XIV., schrieb von ihr: »Meine Jüngste ist ein wunderliches Geschöpf, dazu prädestiniert, die hausbackenste aller Frauen zu werden. Hätte ich nicht eine so geringe Meinung von verschiedenen Bischöfen, würde ich sie auf eine religiöse Laufbahn vorbereiten und in einem Kloster verstecken. Sie ist zweimal so groß wie andere Mädchen ihres Alters, stark wie ein Holzfäller, unvorstellbar plump, hat riesige Füße, die man allerdings völlig vergißt, wenn man ihre enormen Hände sieht.«[201]

Mit ihrer Größe, sie war gut 1,75 m, überragte sie die meisten Männer des achtzehnten Jahrhunderts. Überzeugt, daß sie nie einen Ehemann finden werde, ließen ihr die Eltern die bestmögliche Erziehung angedeihen, damit ihr zukünftiges Dasein etwas erträglicher werde. Bis sie mit sechzehn Jahren am Hof von Versailles eingeführt wurde, hatte sich Emilie trotz allem zu einer anziehenden, intelligenten, schlagfertigen jungen Dame entwickelt. Fest entschlossen, ihr Leben in die eigenen Hände zu nehmen, begann sie, sich einen Mann zu suchen. Er sollte etwas älter und wohlhabend sein und möglichst weit von Paris entfernt leben. Im Marquis Florent-Claude du Châtelet-Lomont fand sie den idealen Gatten. Er besaß mehrere ausgedehnte Güter, war passionierter Krieger, und das Paar hatte überhaupt keine Gemeinsamkeiten. 1725 heirateten sie.

Mit zwei Kindern, die von Kindermädchen und Gouvernanten erzogen wurden, und einem Mann, der sich zumeist bei seiner Truppe aufhielt, konnte Emilie du Châtelet das Leben an einem der dekadentesten Höfe aller Zeiten genießen – doch nach all den mit Tanzen, Flirten und Spielen verbrachten Nächten kehrte sie unfehlbar in ihr häusliches Studierzimmer zurück. Einer ihrer Liebhaber, der Staatsmann, Gelehrte und Patensohn Ludwigs XIV., der Herzog von Richelieu, ermutigte sie zu weitergehenden Studien in Physik und Mathematik. Ihre gesellschaftliche Stellung erlaubte ihr, einige der größten Wissenschaftler des Jahrhunderts als Privatlehrer zu gewinnen. Der glänzende Mathematiker und Entdecker Pierre Louis de Maupertuis und sein Schützling Alexis-Claude Clairaut unterwiesen sie in Algebra und newtonscher Physik.[202] Emilie du Châtelet und Voltaire erhielten ihre wertvollsten Belehrungen durch Maupertuis, und Clairauts gesammelte Unterrichtslektionen für die Marquise wurden später als seine ›Eléments de géometrie‹ gedruckt.

In den dreißiger Jahren des achtzehnten Jahrhunderts entstanden die ersten Pariser Kaffeehäuser, zu denen allerdings Frauen ausschließlich als Kurtisanen Zutritt hatten. Emilie du Châtelet pflegte als Mann verkleidet ihre Freunde Maupertuis und Moreau im Café, wo auch die Philosophen diskutierten, zu treffen. Niemand ließ sich durch die Maskerade täuschen, aber man akzeptierte sie, und Emilie du Châtelet konnte auf diese Weise tiefer in diesen ›männlichen Wissenschaftsklüngel‹ eindringen als manche ihrer Geschlechtsgenossinnen im zwanzigsten Jahrhundert.

Obwohl sie Descartes studiert hatte, fühlte sie sich mehr zu den neueren Philosophien von Newton und Leibniz hingezogen. Wahrscheinlich waren zu jener Zeit Maupertuis und Clairaut die einzigen Newtonianer der Französischen Akademie, aber sie fanden in Emilie du Châtelet und Voltaire sofort Verbündete. Voltaires ›Briefe über die Engländer‹ enthalten sowohl Kommentare zur Naturphilosophie Sir Isaac Newtons wie zu Lady Montagus kürzlich eingeführter Pockenschutzimpfung. Seit diesem Zeitpunkt ritt Voltaire im Namen der newtonschen Wissenschaft auch seine vehementen Attacken gegen Kirche und Staat, Monarchie und Aristokratie.

Emilie du Châtelet begegnete Voltaire erstmals 1733. Kurz darauf mußte er wieder einmal, von der Geheimpolizei verfolgt, ins Exil fliehen. Diesmal hatte er einen perfekten Rückzugsort. Die Jungverliebten ließen sich in Cirey nieder, einem heruntergekommenen Landsitz aus dem dreizehnten Jahrhundert, der Emilies Mann gehörte und im unabhängigen Herzogtum Lothringen lag. Sie ließen das große Haus vollständig umbauen, statteten ihre Bibliothek mit Tausenden von Bänden, die sie mitbrachten, aus und verwandelten den großen Saal in ein voll ausgerüstetes Laboratorium, mit Luftpumpen, Schmelzofen, Teleskop, Mikroskop und einer ganzen Anzahl weiterer Apparate. Hier führte die Marquise ihre Experimente zur newtonschen Optik durch. Das Ganze geschah mit der vollen Billigung ihres Ehemannes, der entzückt war, seine Besitzung auf Voltaires Kosten instand gesetzt und unterhalten zu sehen. Seine einzige Bedingung war, daß ihm Voltaire ein Wildrevier einrichtete.

Cirey stellte sich als ideales Heim für die Gelehrten heraus. Obwohl sie häufig Gäste hatten, die meist zur Aufführung des neuesten Theaterstückes von Voltaire eingeladen wurden, unweigerlich mit Emilie in der Hauptrolle, verbrachten die Marquise und Voltaire die meiste Zeit zurückgezogen in ihren getrennten Wohnungen bei Arbeit und Studium. Cirey wurde schnell zum französischen Zentrum der newtonschen Wissenschaft mit regelmäßigen Aufenthalten von Maupertuis, Algarotti, Samuel König, Clairaut und den Bernoullis und mit engen Beziehungen zu Friedrich dem Großen von Preußen und den Akademien der Wissenschaften in Berlin, Skandinavien und Rußland.

In ihren eigenen adligen Gesellschaftskreisen wurde Emilie du Châtelet als Wissenschaftlerin nie ernst genommen, bei anderen Wissenschaftlern und Mathematikern dagegen war sie wohlbekannt und respektiert. Auch ihren intellektuellen Einfluß auf Voltaire sollte man nicht unterschätzen. Auf ihr Betreiben hin wandte er sich allmählich von Dichtung und Bühnenschriftstellerei der Physik und Metaphysik zu. Man erzählt sich, sie habe sein halbfertiges Manuskript zum ›Jahrhundert Ludwigs XIV.‹ versteckt und ihn dazu gebracht, statt dessen Naturwissenschaft zu studieren. Während ihres ganzen gemeinsamen Lebens war sie eindeutig die bessere Mathematikerin.

Als im Laufe der dreißiger Jahre Newtons Wissenschaft das kartesianische System nach und nach zu verdrängen begann, erhob sich in der Französischen Akademie der Wissenschaften ein Sturm von Kontroversen, wobei Emilie du Châtelet selbstverständlich auf seiten der triumphierenden Newtonianer stand. Gegen Ende des Jahres 1736 kam Francesco Algarotti nach Cirey, wo er nach Beratung mit der Marquise seinen ›Newtonianismus für die Damen‹ fertigstellte. Er inspirierte das Paar, und die beiden begannen unverzüglich mit ihrer eigenen volkstümlichen Version der newtonschen Theorien für eine französische Leserschaft. Als Gerüchte über ihr Unternehmen durchsickerten, war das für die Pariser Zeitungen ein gefundenes Fressen. Sie verulkten die Idee, Voltaire würde mit irgendjemandem auf irgendeinem Gebiete zusammenarbeiten, und dann noch mit einer Frau und in einer so schwierigen Materie wie der Philosophie Newtons. ›Elemente der Philosophie von Newton‹ wurde denn auch offiziell Voltaire zugeschrieben, wobei er immer wieder beteuerte, Emilie du Châtelet habe ihn erst in das Werk von Newton eingeführt und die komplexeren Aspekte der Kosmologie habe sie erläutert. In der Widmung zur Erstausgabe von 1738 bestätigt Voltaire, ›Lady Newtons‹ Beitrag sei der größere der beiden gewesen.[203]

Die Kapitel über die Lichtlehre waren zum großen Teil ihr Werk. Einige ihrer Papiere sind in der Voltaire-Sammlung der öffentlichen Bibliothek Leningrads enthalten. Darunter befindet sich ein fünfunddreißigseitiges Manuskript, das ausschließlich die Entstehung der Farben behandelt. Es ist das vierte Kapitel des verschollenen ›Essay über die Optik‹, den Emilie du Châtelet wahrscheinlich 1736 schrieb. Obwohl er die newtonsche Lichtlehre allgemeinverständlich behandelt, geht er mehr in die Tiefe, als es die Behandlung des gleichen Themas in den ›Elementen‹ tut.[204] Ihr Beitrag zum Rest der ›Elemente‹, die sich mit Newtons Schwerkraft befassen, war vermutlich etwas geringfügiger. Ihr ›Brief über die Elemente der Philosophie von Newton‹, eine Besprechung und Verteidigung der Gravitationslehre, wie sie in den ›Elementen‹ dargestellt wird, erschien in der Septemberausgabe 1738 des ›Journal des sçavans‹. Der Artikel schloß mit dem Ruf nach einem umfassenden französischen Text über Physik, einer subtilen Werbung für ihr eigenes Werk, ›Institutions de physique‹, dessen ersten Entwurf sie bereits fertiggestellt hatte.[205]

1737 schrieb die Akademie der Wissenschaften einen Wettbewerb für den besten Essay über die Natur des Feuers aus. In den vergangenen hundert Jahren hatte die Wissenschaft in Astronomie, Optik und Mechanik beachtliche Fortschritte gemacht, während die Chemie noch immer in den Kinderschuhen steckte. Das Phänomen des Feuers war im achtzehnten Jahrhundert wissenschaftlich umstritten. Die Kontroverse konzentrierte sich auf die Frage, ob Hitze eine materielle Substanz oder eine Form von Energie sei. Kurz nach der Ankündigung beschloß Voltaire, an dem Wettbewerb teilzunehmen, und begann, zusammen mit Emilie du Châtelet zu experimentieren. Newton hatte geglaubt, Hitze sei Energie, die aus der Bewegung von Molekularpartikeln entstehe, aber es war ihm nicht gelungen, einen überzeugenden Beweis seiner Theorie zu liefern. Die Mehrzahl der Wissenschaftler waren der Ansicht, Hitze sei eine stoffliche Substanz mit meßbarem Gewicht und ein erhitzter Gegenstand werde folglich schwerer. Diese Hypothese wurde durch die Versuche Emilie du Châtelets und Voltaires mit verschieden großen Massen kalten und heißen Eisens widerlegt.

Einen Monat vor Terminschluß entschied sich die Marquise dafür, einen unabhängigen Beitrag einzureichen. Sie arbeitete in der Nacht und im geheimen und beendete ihre ›Dissertation über Natur und Fortpflanzung des Feuers‹ knapp vor der Einreichungsfrist. Da die beiden die gleichen Experimente durchgeführt hatten, gab es in ihren Essays zwar Analogien, aber ihre Schlußfolgerungen waren verschieden, beide bemerkenswert originell. Im Gegensatz zu Voltaire kam Emilie zu dem Schluß, Licht und Hitze seien dieselbe Substanz, leuchtend, wenn die Teilchen geradlinig flossen, Hitze erzeugend, wenn sie sich unregelmäßig bewegten. Sie behauptete auch, verschiedene Farben des Lichtes strahlten verschiedene Mengen an Hitze ab.[206]

Emilie du Châtelet und Voltaire waren überzeugt, einer von ihnen werde den Wettbewerb gewinnen, und ihre Enttäuschung war groß, als der Preis zwischen Leonhard Euler und zwei weiteren Mitbewerbern geteilt wurde. Auf Voltaires Einfluß hin, und weil das Paar so bekannt war, stimmte die Akademie aber zu, ihre beiden Arbeiten zusammen mit denen der drei Gewinner zu publizieren.

Emilie du Châtelets nächstes Werk, die ›Einführung in die Physik‹, wurde im November 1740 anonym veröffentlicht und war von Anfang an umstritten.[207] Sie brauchte eine auf den neuesten Stand gebrachte Einführung in die Physik für ihren Sohn. Die ›Elemente‹ behandelten ein für diesen Zweck zu enges Feld, und der klassische französische Text von Rohault war über achtzig Jahre alt und stammte aus der Zeit vor Newton und Leibniz. Emilies Freundin und Nachbarin, Frau von Champbonin, überredete sie, heimlich ein solches Lehrbuch zu schaffen.

Die ›Einführung‹ hielt sich getreulich an Newtons Physik, aber seine rein wissenschaftlich materialistische Philosophie vermochte die Marquise nicht ganz zu befriedigen. Ihrer Ansicht nach bedurfte die wissenschaftliche Theorie einer metaphysischen Grundlage, und diese fand sie bei Leibniz. Im Jahr 1738 war sie soweit, die ›forces vives‹, die Theorie der beseelten Monaden von Conway und Leibniz, anzuerkennen, und sie beschloß, die frühen Kapitel der ›Einführung‹ unter Berücksichtigung dieser Dimension neu zu schreiben. Sie zweifelte nie daran, daß Leibniz' Metaphysik und Newtons Physik vereinbar seien, solange sich die Folgerungen aus Newtons System auf empirische, physikalische Phänomene beschränkten. Die ›Einführung‹ ging weiter als die Philosophien von Newton und Leibniz. Emilie du Châtelet schloß den ganzen historischen Hintergrund und die neuesten Entwicklungen in der Physik mit ein. Damit gelang es ihr zwar, praktisch die gesamte Wissenschaft und Philosophie des siebzehnten Jahrhunderts zusammenzufassen, doch zugleich beschwor sie eine Katastrophe herauf.

Das Originalmanuskript der ›Einführung‹ war schon genehmigt worden, und der Druck hatte begonnen, als Emilie du Châtelet Maupertuis nach Cirey bat, um ihr bei der Überarbeitung zu helfen. Er traf im März 1739 in Begleitung von König und Johann Bernoulli ein. König blieb dort als Mathematiklehrer für die Marquise und Voltaire und reiste im Mai mit den beiden nach Brüssel. Offizielles Lob und Anerkennung des fertiggestellten Entwurfs der ›Einführung‹ hatten Emilie du Châtelets Selbstbewußtsein beträchtlich gehoben. Sie verriet König, daß sie das Manuskript verfaßt hatte, und bat um seine Assistenz bei der Revision der Kapitel über die Leibnizsche Metaphysik.

König kehrte im September nach Paris zurück, enthüllte dort einerseits das Geheimnis der Marquise, behauptete unglaublicherweise aber gleichzeitig, er habe ihr das Werk diktiert. Es ist ein besonders prägnantes Beispiel für die Art, in der Männer sich wissenschaftliche Leistungen von Frauen aneignen. Emilie du Châtelet beendete in Eile die fehlenden Kapitel und appellierte an Maupertuis und die Akademie der Wissenschaften, ihrer Aussage Glauben zu schenken. Aber erst nach ihrem Tode wurde sie voll rehabilitiert.

Die Herausgabe der ›Einführung‹ löste neue Konflikte aus. Im Februar 1741 veröffentlichte Jean Jacques Mairan, Kartesianer und Sekretär der Französischen Akademie auf Lebzeiten, eine scharfe Erwiderung auf Emilie du Châtelets Erläuterungen zu den ›forces vives‹, wobei er sie erneut des Plagiats bezichtigte. Die Marquise reagierte mit einem Frontalangriff in einem im gleichen Jahr in Brüssel publizierten Essay. Die Akademie der Wissenschaften, die erst vor kurzem von Descartes auf Newton übergeschwenkt war und Kontroversen fürchtete, ließ sich auf eine Newton-Leibniz-Debatte ein, engstirnige Newton-Anhänger sahen aber in Emilie du Châtelet eine Verräterin ihrer Sache.

Trotz Königs Behauptungen konnte niemand ernsthaft leugnen, daß die ›Einführung‹ das Werk von Emilie du Châtelet war. Voltaire konnte man es schlecht unterschieben, denn er lehnte Leibniz offiziell ab. Es war eine seriöse wissenschaftliche Arbeit, die erheblich zur Stärkung des Rufs der Marquise beitrug. Sie brachte auch etliche adlige Kritiker zum Schweigen, die sich über Jahre hinweg geweigert hatten, in ihr etwas anderes als die Mätresse Voltaires zu sehen. In der Folge tauchten auch jüngere Wissenschaftler in Cirey auf, um bei ihr zu studieren. Die eifrige Schülerin war zur Lehrerin geworden, und die Intellektuellen Europas mußten sich fortan ernsthaft mit ihr auseinandersetzen.

Die zweibändige Übersetzung von Newtons ›Principia‹ bedeutete den Höhepunkt im Lebenswerk Emilie du Châtelets. Sie umfaßte ihre Kommentare, die im ersten Teil rein mathematischer Natur waren, im zweiten die ›Elemente‹ zusammenfaßten und wesentlich verbesserten. Das Werk ist die einzige französische Übersetzung Newtons. Mit seiner Publikation wurden die wissenschaftlichen Methoden Newtons zu einem wesentlichen Bestandteil der französischen Aufklärung.

Man weiß nicht genau, wann Emilie du Châtelet mit den Arbeiten an den ›Principia‹ begann, sicher ist, daß sie 1745 den größten Teil ihrer Zeit darauf verwandte. Im folgenden Jahr fing die Zusammenarbeit mit Clairaut an, und im Frühling 1747 war die Übersetzung beendet, die Kommentare standen im Entwurf, und die Drucklegung begann. Veröffentlicht allerdings wurde das Werk erst 1759, zehn Jahre nach ihrem Tod.

1748 begegnete Emilie du Châtelet am Hof des im Exil lebenden polnischen Königs Stanislaus in Lunéville dem Marquis de Saint-Lambert, einem um zehn Jahre jüngeren Armeeoffizier. Sie verliebten sich und verlebten eine stürmische Zeit. Emilie du Châtelets Briefe an ihren neuen Geliebten gehören zu den leidenschaftlichsten des Jahrhunderts. Sie übertreffen sogar Voltaires erotische Korrespondenz mit seiner letzten Liebe, seiner Nichte Louise Denis. Im Alter von zweiundvierzig Jahren wurde die Marquise schwanger, und da der Vater des Kindes nicht mit Bestimmtheit ausgemacht werden konnte, schlug Voltaire vor, es unter Emilies ›verschiedenen Werken‹ einzuordnen.[208]

Emilie rechnete nicht damit, die Geburt zu überleben, und war entschlossen, ihre Arbeit an Newton vor dem Wochenbett zu vollenden. Im Februar 1749 übersiedelten Emilie und Voltaire nach Paris, damit sie mit Clairaut zusammenarbeiten konnte. Am 18. Mai und noch einmal zwei Tage später schrieb sie an Saint-Lambert: »Tadle mich nicht für meinen Newton, ich bin bestraft genug dafür. Nie habe ich der Vernunft ein größeres Opfer gebracht, als hierzubleiben und ihn zu Ende zu bringen... Ich stehe um neun auf, manchmal um acht, arbeite bis um drei Uhr und trinke dann meinen Kaffee. Um vier nehme ich die Arbeit wieder auf und unterbreche sie um zehn, um ganz allein eine Kleinigkeit zu essen. Bis um Mitternacht diskutiere ich mit Herrn von Voltaire, der mit mir zur Nacht speist. Von Mitternacht bis fünf in der Früh schufte ich wieder... Ich muß es tun, will ich nicht die ganze Frucht meiner Anstrengungen verlieren, falls ich bei der Geburt sterbe... Ich vollende das Werk aus Vernunft und Ehrgefühl, aber ich liebe nur Dich.«[209]

Emilie du Châtelets Tochter kam am 4. September 1749 in Lunéville zur Welt. Nach Voltaires Version gebar sie das Kind, während sie am Schreibpult saß. Sie soll es auf einen Geometrieband gelegt und der Zofe geklingelt haben. Einige Tage darauf starb Emilie du Châtelet am Kindbettfieber.

Emilie du Châtelet hat in erheblichem Maße Anteil an der Entwicklung der wissenschaftlichen Denkweise in Frankreich. Mehr als jeder anderen Person ist ihr die Einführung und Popularisierung der Philosophien von Newton und Leibniz in Frankreich zu verdanken, obwohl man dieses Verdienst normalerweise Voltaire zuschreibt. Einmal schrieb sie an Friedrich den Großen: »Beurteile mich nach meinen eigenen Verdiensten oder nach dem Mangel daran, betrachte mich nur nicht als Anhängsel dieses großen Generals oder jenes berühmten Gelehrten, dieses glänzenden Sterns am Hofe Frankreichs oder jenes anerkannten Schriftstellers. Ich bin eine eigene, vollwertige Person, verantwortlich für alles, was ich bin, was ich sage und was ich tue. Es mag Metaphysiker und Philosophen geben, die mehr wissen als ich, obwohl ich keinem begegnet bin. Trotzdem sind auch sie schwache Menschen mit ihren Fehlern. Wenn ich also die Summe meiner Verdienste ziehe, darf ich gestehen, daß ich keinem unterlegen bin.«[210] Mit diesen Worten hätte Emilie du Châtelet im Namen der Wissenschaftlerinnen von über zweitausend Jahren reden können.

DIE MATHEMATIKERINNEN DES NEUNZEHNTEN JAHRHUNDERTS

*Alles abstrakte Wissen, alles Wissen, das trocken ist, davor sei gewarnt,
muß dem fleißigen, soliden Geist des Mannes vorbehalten bleiben. ›Deshalb auch‹, so wird weiter argumentiert, ›werden Frauen nie Geometrie
lernen.‹* Immanuel Kant[211]

Sophie Germains Beiträge zur Mathematik

Zur Zeit Napoleons war Paris das europäische Zentrum der Wissenschaft, und die Mathematik erlebte eine Hochblüte. Der Physiker
Ernest Chladni rief bei seinem Besuch in Paris eine Sensation hervor,
als er demonstrierte, daß eine mit Sand bestreute Platte, deren Rand
man mit einem Geigenbogen strich, immer wieder dieselben Muster
hervorbrachte. Das Interesse an Tonschwingungen in elastischen Körpern ging auf Pythagoras zurück, aber es gab keine mathematische
Theorie zur Erklärung des Phänomens. Napoleon drängte die oberste
Klasse des Institut de France, die mathematisch-physikalische Abteilung der wiedererrichteten Französischen Akademie, einen ›prix extraordinaire‹ auszusetzen, nämlich eine Goldmedaille von einem Kilogramm Gewicht im Werte von dreitausend Francs, für die Analyse des
Vibrationsmusters solcher elastischer Scheiben.

Pierre Laplace organisierte 1809 den Wettbewerb in der Hoffnung,
damit den Ruf seines persönlichen Schützlings Siméon Denis Poisson
zu begründen. Aber Poisson nahm an der Konkurrenz nicht teil, zumindest nicht offiziell. Statt dessen wurde der Preis in einer öffentlichen Sitzung des Instituts am 8. Januar 1816 an Sophie Germain ver-

liehen. Trotz dieses Erfolges ist auch Sophie Germains Schicksal das einer Frau, die ihr Wissen und ihre Fähigkeiten in ein von Männern beherrschtes Wissenschaftghetto nicht in vollem Maße einbringen konnte.

Marie-Sophie Germain wurde 1776 in eine bürgerliche Pariser Familie hineingeboren. Als Kind zog sie sich bereits vor den Tumulten der Revolution in die Bibliothek ihres Vaters zurück. Dort entdeckte sie mit dreizehn Jahren die Mathematik. Obwohl ihre Familie versuchte, sie von diesen Interessen abzulenken, verbrachte sie die Jahre der Schreckensherrschaft (1793–1794) damit, selbständig die Integralrechnung zu erlernen.

Als 1795 die Ecole polytéchnique eröffnet wurde, verschaffte sich Sophie Germain die Vorlesungsnotizen des Chemiekurses von Fourcroy und des Kurses über Analyse von Lagrange. Zum Semesterende reichte sie unter dem Pseudonym eines Studenten LeBlanc bei Joseph Lagrange eine Arbeit ein. Dieser war so beeindruckt, daß er ihr persönlich gratulierte, nachdem er von ihrer wahren Identität erfahren hatte. Es war der Beginn einer der merkwürdigsten Karrieren in der Geschichte der Wissenschaft. Die Neuigkeit über die begabte junge Mathematikerin verbreitete sich schnell in ganz Paris, und zahlreiche Mathematiker offerierten ihre Hilfe, aber nicht einer war bereit, ihr eine seriöse, vollständige mathematische Ausbildung zu geben.

Die 1801 erschienene Dissertation von Karl Gauß über Zahlentheorie regte Sophie Germain zum Studium dieses Zweiges der höheren Arithmetik an. 1804 schrieb sie an Gauß, wieder unter dem Namen LeBlanc. Die Antwort war ermutigend, und sie schickte weitere Proben ihrer Arbeit. Gauß war jedoch so mit seinem eigenen monumentalen Werk befaßt, daß er nur auf das reagierte, was mit seinem eigenen Thema in Zusammenhang stand. Ihre eigenständigen Ausarbeitungen kommentierte er nie. Ein einziges Mal antwortete Gauß umgehend, als er nämlich darauf kam, daß Herr LeBlanc in Wirklichkeit eine Frau war.[212] Das kam so: Im Jahre 1806 kämpften Napoleons Armeen in Preußen, und Sophie Germain begann, um die Sicherheit ihres Mentors zu bangen. Sie bat den Kommandanten der französischen Artillerie, einen alten Familienfreund, um Schutz für Karl Gauß. Diese Aufmerksamkeit verwirrte den Mathematiker, denn er kannte in Paris nur eine Frau Lalande. Nun fühlte sich Sophie verpflichtet, ihm die Wahrheit zu gestehen, worauf Gauß erwiderte: »Die Begeisterung für abstrakte Wissenschaften allgemein, und ganz besonders die Liebe zu den Geheimnissen der Zahlen, ist außerordentlich selten. Das ist nicht erstaunlich, denn diese sublime Wissenschaft entdeckt ihren Reiz und ihre Schönheit nur dem, der den Mut hat, sie in ihrer ganzen Tiefe auszuloten. Für eine Frau ist es, ihres Geschlechtes und unserer Sitten und Vorurteile wegen, unendlich viel schwieriger, mit den komplizierten Problemen vertraut zu werden. Wenn sie aber alle Hindernisse überwindet und bis zum Innersten vordringt, besitzt sie zweifellos edle Beherztheit, außergewöhnliches Talent und einen überragenden Geist.«[213]

Sophie schrieb Gauß noch viele Jahre lang, während seine Antworten ab 1808 gänzlich versiegten. Aus seinen Briefen an andere Korrespondenten ist aber zu entnehmen, daß er ihr Werk weiterhin bewunderte und es ihn zeitweilig zu neuen mathematischen Überlegungen anregte.[214]

Sophie Germain bewegte sich außerhalb jeder wissenschaftlichen Gemeinschaft, weit mehr noch als andere Frauen, denen Väter, Brüder oder Ehegatten die sonst verschlossenen Türen öffneten. Für sie war »jede Diskussion ein formelles, gesellschaftliches Ereignis, das Einladungsbriefe erforderte, das Organisieren einer Transportmöglichkeit, das Erlangen einer Genehmigung. Sophie Germain konnte nicht bei Institutssitzungen ungezwungen mit Freunden reden oder bei Zigarren und Likör nach dem Essen ernsthaft debattieren.«[215]

Ihre Isolation stellte kein besonderes Problem für ihre Arbeit an der Zahlentheorie dar, da die Pariser Mathematiker wenig Interesse für ein derart abstraktes Problem zeigten. Nachteile ergaben sich erst, als sie in das neue Feld der mathematischen Physik mit ihren zahlreichen Anwendungen vordrang. Es fehlten ihr Methoden, um Probleme wie Chladnis Platten anzugehen, und Lagrange versuchte außerdem, sie davon abzubringen. Eine Demonstration Chladnis packte sie aber derart, daß sie begann, Euler zu studieren. Sie übersetzte seine mathematische Physik mühsam aus dem Lateinischen, das sie nie systematisch gelernt hatte. Ihr Mangel an vorgefaßten Kenntnissen und ihr fehlendes Wissen um den aktuellen Stand der Diskussion erwiesen sich dabei durchaus als Vorteil.

Ursprünglich hatte Sophie Germain am Wettbewerb um den ›prix extraordinaire‹ der Akademie gar nicht teilnehmen wollen. Dann aber arbeitete sie in den ersten acht Monaten des Jahres 1811 einen Beitrag aus und reichte ihn am 21. September anonym ein. Es war der einzige Beitrag überhaupt. Von den Jurymitgliedern, Legendre, Laplace und Lagrange, wußte nur Legendre, daß sie die Autorin war. Er hielt sie auf dem laufenden über die Verhandlungen der Jury und bat sie auch, einen erläuternden Zusatz zu ihrer Person zu schreiben, den er an die anderen Jurymitglieder weiterreichte. Das war zwar eindeutig unkorrekt, aber vermutlich üblich. In diesem Falle existieren darüber sogar Beweise einer Korrespondenz zwischen Sophie und Legendre. Normalerweise würden im männlichen Wissenschaftsklüngel solche Informationen nur in kurzen Gesprächen ausgetauscht.

Im Dezember teilte man Sophie Germain mit, die grundlegende Gleichung ihrer Einleitung sei falsch und man habe den Termin für den Wettbewerb bis Oktober 1813 verlängert. Als dann aber Lagrange Sophie Germains Gleichung benutzte, um daraus die richtige abzuleiten, stieg ihr Selbstvertrauen, und sie arbeitete die nächsten eineinhalb Jahre alleine weiter, überzeugt, auf dem richtigen Weg zu sein. Sie begann allerdings die Kompetenz und Unparteilichkeit der Juroren in Zweifel zu ziehen. Im Oktober 1813 schrieb sie an einen unbekannten Adressaten, wahrscheinlich aber Legendre: »Ich habe Vorbehalte gegen Ihre Prüfung meiner ersten Abhandlung, die mit dem folgenden Motto eingeleitet wird: ›Das bei weitem größte Hindernis für den Fortschritt der Wissenschaft und das Angehen neuer Aufgaben und Gebiete besteht darin, daß der Mensch verzweifelt und nicht an ihre Machbarkeit glaubt.‹ Hätte ich die Gelegenheit gehabt, hätte ich die Verwendung dieses Zitates zuvor mit Ihnen besprochen, da es eine gewisse Anmaßung ausdrücken könnte, die mir kaum zusteht, habe ich doch Grund genug, meinen Fähigkeiten zu mißtrauen. Ich sehe auch keine größeren Einwände gegen meine Theorie, außer der Unwahrscheinlichkeit, daß sie gerecht beurteilt wird. Ich befürchte eine Beeinflussung durch die Meinung des Herrn Lagrange. Zweifellos wurde das Problem nur deshalb aufgegeben, weil dieser große Geometer es für schwierig hält. Das könnte die Verurteilung meines Werkes ohne gründliche Prüfung bedeuten.«[216]

Nach Ablauf der Frist war ihr Beitrag wiederum der einzige, und diesmal saß Poisson neben Laplace und Legendre in der Bewertungskommission. Am 4. Dezember 1813 antwortete Legendre auf Sophie Germains Bitte, einen weiteren Zusatz beifügen zu dürfen: »Mademoiselle, ich verstehe Ihre Analyse überhaupt nicht. Ganz bestimmt ist ein Schreib- oder ein Überlegungsfehler darin. Ich neige zu der Annahme, Ihre Vorstellungen von den doppelt integralen Operationen zur Berechnung von Abweichungen seien unklar. Auch Ihre Erklärung zu den vier Punkten befriedigt mich nicht mehr... Dem Ganzen fehlt es an Klarheit. Ich will gar nicht versuchen, Sie auf alle Schwierigkeiten einer Materie hinzuweisen, die ich nicht speziell studiert habe und die mich auch wenig interessiert. Ihr Vorschlag, Sie zu einer Besprechung zu treffen, ist deshalb nutzlos. Im übrigen ist die Geschichte gelaufen, an der Abhandlung gibt es nichts mehr zu ändern. Ich kann mit dem besten Willen nichts für Sie tun... Sie haben ja auf jeden Fall die Möglichkeit, ihre Forschungsarbeit zu publizieren und damit Anerkennung zu erlangen, entweder mit korrigierter Analyse oder indem Sie sie herunterspielen. Vielleicht wäre dieser Weg von Anfang der richtige gewesen. Ich versichere Sie wie immer meiner absoluten Verschwiegenheit, und wenn Sie keine anderweitigen Indiskretionen begangen haben, können wir die ganze Geschichte als ungeschehen betrachten.«[217]

Sophie Germains zweite Abhandlung erhielt eine ehrenvolle Erwähnung, und der Wettbewerb wurde ein weiteres Mal verlängert. Poissons Berufung an die oberste Klasse der Physik-Abteilung schloß ihn vom Wettbewerb aus. An einer Sitzung im August 1814 begann er jedoch, über die Theorie elastischer Oberflächen zu lesen. Legendre erhob sofort Einspruch. Es folgte eine Diskussion, eine Kommission bildete sich, Poisson durfte schließlich sein Referat zu Ende bringen. Er hatte eindeutig von Sophie Germains zweiter Eingabe profitiert. Seine Ableitung aus der zentralen Gleichung, jener, die Lagrange aus Sophies erster Abhandlung hergeleitet hatte, war nicht besser als die von Sophie, aber Sophies zweites Papier hatte gezeigt, wie nützlich diese Gleichung sein konnte. Wieder einmal hatte sich jemand die Errungenschaft einer Frau willkürlich angeeignet.

Obwohl der Wettbewerb noch lief, publizierte Poisson seine Arbeit in einer von ihm herausgegebenen Zeitschrift, überzeugt, der Preis werde zurückgezogen. Schließlich hatte Lagrange ja den ganzen Wettbewerb im Hinblick auf Poisson aufgezogen, und nun hatte dieser eine

Analyse geliefert, die die meisten seiner Kollegen akzeptieren konnten. Sofort stellte Sophie Germain ihre Arbeit an diesem Problem ein. »Sie befand sich in der Lage eines noch unbekannten Schriftstellers, der in fast völliger Abgeschiedenheit an einem komplizierten, aber faszinierenden Szenarium arbeitet. Plötzlich erscheint das neue Buch eines schon bekannten Autors mit praktisch derselben Handlung, brillanter begründet und überzeugend belegt. Der Neuling mag wohl geistigen Diebstahl vermuten, doch er ist machtlos. Was bleibt ihm anderes übrig, als das Projekt aufzugeben.«[218]

Das übelste an der ganzen Sache war, daß Poisson in der Jury sitzen würde, und Sophie war nicht bereit, das Problem anders als bisher anzugehen, da seine Lösung sie nicht überzeugte. Doch dann änderte sie ihren Entschluß. Die Historiker Bucciarelli und Dworsky vermuten, Legendre, Poisson und Laplace könnten zu folgender mündlicher Übereinkunft gelangt sein: Wenn Legendre seine Klage gegen Poisson zurückzog, konnte der Wettbewerb weitergehen, und der Preis konnte Sophie Germain zugesprochen werden, unter der Voraussetzung, daß ihre dritte Eingabe ihn verdiente. Dieses dritte Papier Sophie Germains war halb so lang wie das zweite und unterschied sich wesentlich von ihm. Sie versuchte, eine von Poissons Gleichungen mit ihren eigenen Methoden abzuleiten. Da aber Poissons Arbeit falsch war, war es ihre auch. Ihr einziger Trost war, daß sie der Sache näher kam als Poisson. Die Jury begründete die Preisvergabe an Sophie Germain mit ihren experimentellen Versuchen, nicht aber mit ihren mathematischen Verdiensten. Zur öffentlichen Preisverleihung kam das Publikum zahlreich, um die berühmte Mathematikerin zu sehen. Es wurde enttäuscht, denn Sophie zog es vor, nicht persönlich zu erscheinen.

Trotz großer Mängel mußte Sophie Germain ihre Arbeit über Elastizität herausgeben, um zu verhindern, daß Poisson ihr zuvorkam. 1821 publizierte sie privat die ›Untersuchungen zur Theorie elastischer Oberflächen‹ und setzte ihre Forschungen zur Elastizität fort und unterbreitete 1824 der Akademie ein neues Manuskript. Laplace, Poisson und der Baron de Prony wurden beauftragt, abzuklären, ob die Akademie die Abhandlung drucken sollte. Es kam nie zu einer Berichterstattung, und die ›Abhandlung über die Funktion der Dicke in der Theorie der elastischen Oberflächen‹ blieb bis 1879 in Pronys Besitz.[219]

1826 schrieb Sophie Germain nochmals eine Studie mit dem Titel ›Bemerkungen zu Wesen, Grenzen und Reichweite der Frage der elastischen Oberflächen‹. Auf Drängen von Augustin Cauchy, welcher der Akademie die Verlegenheit ersparen wollte, Stellung nehmen zu müssen, publizierte sie den Artikel selbst, ehe sie ihn der Akademie sandte. Da Sophie Germain keine adäquate Mathematikausbildung besaß und keinen Zugang zu den neuesten Veröffentlichungen und den aktuellen Diskussionen in ihrem Fachgebiet hatte, war das, was sie schrieb, offensichtlich unzulänglich und konnte von der Akademie nicht akzeptiert werden. Andererseits empfanden die Akademiemitglieder, daß sie, in Anbetracht der Umstände und aus Respekt dem weiblichen Geschlecht gegenüber, ihr Werk nicht rundweg ablehnen konnten, wie sie es bei einem Berufskollegen getan haben würden. Es war eine unmögliche Situation. Ursprünglich hatte Sophie Germain als einzige über Elastizität gearbeitet, und ihre relativ begrenzten mathematischen Kenntnisse waren der einzige einengende Faktor gewesen. Nun gab es ein breites Interesse für das Phänomen, Interesse, das durch ihre Arbeitsergebnisse geweckt worden war. All das vollzog sich aber wiederum innerhalb einer Gemeinschaft, von der sie so vollständig ausgeschlossen war, daß sie überhaupt nicht realisierte, was vor sich ging. Jetzt gab ihr Geschlecht den Ausschlag, nicht ihre mathematischen Fähigkeiten.

Sophie Germain verdankt ihren Platz in der Geschichte der Wissenschaft dem ›prix extraordinaire‹, doch ihr wirklicher Beitrag zur Mathematik liegt ironischerweise woanders. Sie kehrte zur Zahlentheorie zurück, zu einem Problem, das Mathematiker über Jahrhunderte fasziniert hat, dem Beweis des letzten Theorems von Fermat. Es lautet: Es ist unmöglich, für eine ganze Zahl $n > 2$ positive ganze Zahlen x, y und z zu finden, für die $x^n + y^n = z^n$ ergibt. Naiv wie immer, suchte Sophie Germain zuerst einen allgemeinen Beweis für das Theorem. Legendre überzeugte sie, daß es besser sei, mit der Suche nach einer korrekten Lösung für ein begrenztes Teilgebiet zu beginnen. Sophie bewies, daß es keine Lösung der Gleichung gibt für sämtliche Primzahlen $n < 100$, wenn keine der drei Zahlen x, y und z durch n teilbar ist. Dieser Lehrsatz wurde seither verallgemeinert und verbessert, aber nicht ersetzt. Andere Mathematiker erweiterten mit Sophie Germains Methoden die Gültigkeit auf ganze Zahlen, die größer sind als 100. Die Arbeit von Sophie Germain wird in einer Fußnote zu Legendres ›Untersuchungen zu einigen Problemen mit unbestimmter Analyse, und im besonderen zum Theorem von Fermat‹ erwähnt.

Während der Julirevolution 1830 zog sich Sophie Germain in ihr Studierzimmer zurück, so wie sie es bereits mit dreizehn Jahren getan hatte. Dort schrieb sie zwei letzte Abhandlungen, eine über Oberflächenkrümmung und die andere über Zahlentheorie, wobei sie die Erfahrungen aller früheren Arbeiten berücksichtigte. Beide Abhandlungen wurden nach ihrem Tod im Jahre 1831 in ›Crelles Journal für die reine und angewandte Mathematik‹ veröffentlicht.[220]

Schließlich ermöglichte ihr die Freundschaft mit Joseph Fourier doch noch einen begrenzten Zugang zur Wissenschaftlergemeinschaft. Fourier wurde 1822, zum Teil dank Sophie Germains Einfluß, zum Ständigen Sekretär der Akademie der Wissenschaften gewählt. Eine seiner ersten offiziellen Handlungen bestand darin, Sophie Germain den Zutritt zu allen öffentlichen Sitzungen der vier Akademien, einschließlich des Instituts, zu garantieren. Die Frauen waren nicht prinzipiell davon ausgeschlossen, doch gingen die wenigen verfügbaren Karten normalerweise schon unter der Hand an die Ehefrauen der Akademiemitglieder.

Als Sophie Germain erfuhr, daß sie Brustkrebs hatte, gab sie die Mathematik auf und widmete sich allgemeineren kulturellen und philosophischen Problemen. Ein unvollendeter Essay, ›Überlegungen zum aktuellen Stand von Natur- und Geisteswissenschaften‹, behandelt die Beziehung zwischen wissenschaftlichen und künstlerischen Anstrengungen, die Geschichte der intellektuellen Entwicklung und das Wesen der Gesellschaft. Ihre Ideen entsprachen der später von Auguste Comte ausgearbeiteten positivistischen Philosophie. Sophie Germains Neffe publizierte den Artikel zwei Jahre nach ihrem Tod.[221]

Sophie Germain war eine ebenso kompetente Naturwissenschaftlerin wie eine brillante Mathematikerin, allerdings ohne zulängliche Ausbildung. Ihre Zeitgenossen sahen in ihr jedoch nur ein Phänomen und nicht eine ernsthafte Studentin, die Unterricht und Anleitung brauchte. Dem gleichen Hindernis begegneten auch andere Mathematikerinnen des neunzehnten Jahrhunderts.

Ada Lovelace und die Anfänge der Computerwissenschaft

Die Mathematik mochte in Paris blühen, in England hatte sie ein nie dagewesenes Tief erreicht. Einzig Charles Babbage und Augusta Ada Lovelace machten wesentliche Fortschritte, und sie waren ihrer Zeit so weit voraus, daß die Bedeutung ihrer Arbeit erst ein Jahrhundert später erkannt wurde.

Ada Byron Lovelace (1815–1852) lebte im Schatten ihrer tyrannischen Mutter, deren Ehe mit dem Dichter Lord Byron nur einige Monate gedauert hatte, während die gerichtliche Trennung zu einem langen, bitteren, in der Öffentlichkeit ausgetragenen Kampf wurde. Lady Byron hatte beim Cambridger Universitätslehrer William Frend Algebra, Geometrie und Astronomie studiert, und Byron nannte sie gelegentlich ›Prinzessin der Parallelogramme‹.[222] Sie gab ihrer Tochter Ada eine sorgfältige Erziehung und Ausbildung, und diese wandte sich mit ihren ersten wissenschaftlichen Fragen an Frend, wie ihre Mutter.

Ada war ein kränkelndes Einzelkind, das an Migräne und zeitweiligen Lähmungserscheinungen litt, und die Hausmittel der Mutter bestanden in häufigem Schröpfen und Aderlassen. Ada beherrschte jedoch mit vierzehn Jahren bereits Mathematik, Astronomie, Latein und Musiklehre. Mit siebzehn nahm sie sich vor, eine größere Mathematikerin zu werden als Mary Somerville, die in ihrer Autobiographie schrieb: »Die ganze Zeit, die wir in Chelsea lebten, hatten wir regen Verkehr mit Lady Byron und Ada, die in Esher wohnten, und als ich wegzog, verblieb ich mit beiden in einem lebenslangen Briefwechsel. Ada hing an mir und besuchte mich oft. Auf meine Anregung hin studierte sie Mathematik. Wenn Schwierigkeiten auftauchten, bat sie mich immer um Erklärungen. Kürzlich fand ich in meinen Papieren zahlreiche Notizen von ihr, in denen sie mathematische Fragen stellte.«[223]

Um diese Zeit begegnete Ada Lovelace erstmals Charles Babbage, der später als Erfinder und Schrittmacher für den modernen Computer Anerkennung finden sollte. 1834 wohnte sie am Institut für Mechanik einer Vorlesungsreihe über Babbages Differenziermaschine bei, und zur gleichen Zeit besuchte sie auch erstmals Pferderennen. Die beiden Ereignisse wurden zu entscheidenden Faktoren für ihre Zukunft.

Ada Lovelace war eine außerordentlich ehrgeizige Frau. Sie wollte unbedingt eine berühmte Wissenschaftlerin werden, und darin unterstützten sie ihre Mutter und ihr Mann, William King, Earl von Lovelace. Zuerst einmal war Ada Lovelace aber enttäuscht und erbittert über die Unmöglichkeit, einen geeigneten Mathematiklehrer zu finden, denn ohne diesen hatte auch die begabteste Studentin keine Aussicht, irgendetwas zu erreichen. Sie träumte davon, bei Charles Babbage zu studieren, doch der war vollauf damit beschäftigt, Geld für die Entwürfe und Ausführungen seiner Rechenmaschinen und für die Gründung wissenschaftlicher Gesellschaften aufzutreiben. Verbissen machte sie sich selbst an das Studium endlicher Differenzen, die mathematische Grundlage der Differenziermaschine von Babbage, wobei ihr jedoch, genau wie Sophie Germain, die Führung und ein klares Ziel fehlten. Sie war nahe daran, Mathematik zugunsten ihrer musikalischen Interessen aufzugeben.

Dann publizierte 1842 ein italienischer Ingenieur, L. F. Menabrea, eine theoretische und praktische Beschreibung der neuesten Erfindung von Babbage, der analytischen Maschine. In seiner Autobiographie vermerkt Babbage: »Einige Zeit nach dem Erscheinen dieses Berichts in der ›Bibliothèque Universelle de Genève‹ teilte mir die Gräfin Lovelace selig mit, sie habe den Artikel Menabreas übersetzt. Ich fragte, weshalb sie nicht selbst ein Memorandum über ein ihr so vertrautes Thema geschrieben habe? Sie antwortete, der Gedanke dazu sei ihr nicht gekommen. Darauf schlug ich ihr vor, Menabreas Bericht ein paar eigene Bemerkungen beizufügen, eine Idee, die sie sofort aufnahm. Wir besprachen gemeinsam einige Illustrationen, die einzufügen wären, wobei ich gewisse Vorschläge machte, die Wahl ihr aber vollständig überließ. Dasselbe galt für die algebraische Arbeit innerhalb der verschiedenen Probleme, außer dem Zusammenhang mit den Bernoullischen Zahlen, die ich zu übernehmen anbot, um Lady Lovelace die Mühe zu ersparen. Prompt schickte sie sie mir zur Korrektur zurück, da sie in meinem Vorgehen einen schwerwiegenden Fehler entdeckt hatte. Die Notizen der Gräfin waren schließlich dreimal so lang wie das ursprüngliche Memorandum. Ausführlich ging sie auf alle mit der Materie zusammenhängenden, äußerst schwierigen und abstrakten Fragen ein. Beide Berichte gemeinsam liefern jenen, die fähig sind, die Argumentation zu verstehen, eine vollständige Demonstration, daß die Gesamtheit der analytischen Ableitungen und Operationen heute von einer Maschine ausgeführt werden können.[224]

In der ersten ihrer sieben Bemerkungen unterscheidet Ada Lovelace zwischen der ›Differenziermaschine‹ und der ›analytischen Maschine‹. Die Differenziermaschine war ein mechanischer Apparat zur Zusammenstellung und Aufzeichnung von Tabellen mathematischer Funktionen, die auf Addition beruhten, mit Hilfe der Methode der endlichen Differenzen. Babbage verwandte mehrere Jahrzehnte seines Lebens sowie 17 000 Pfund öffentlicher Gelder und einen großen Teil seines privaten Vermögens auf den erfolglosen Versuch, den Apparat konstruieren zu lassen. Seine ›analytische Maschine‹ war völlig anders. Sie beruhte auf einem viel komplizierteren Konzept, konnte direkt addieren, subtrahieren, multiplizieren und dividieren und war in den Plänen so ausgelegt, daß sie mit Lochkarten programmiert werden konnte. Heute würde sie als vollautomatischer Allzweck-Digitalcomputer gelten. Auch dieser Apparat kam nicht über das Planungsstadium hinaus.

Der Beitrag von Ada Lovelace bestand in der Programmierung des analytischen Apparates. Sie entwickelte verschiedene Programme zur Ausführung fortgeschrittener mathematischer Berechnungen. Zudem machte sie bemerkenswerte Vorhersagen für die zukünftigen Anwendungsmöglichkeiten des Apparates, einschließlich des Komponierens von Musik, aber sie wies auch auf einige Probleme hin, die der Umgang mit solchen Maschinen mit sich bringen werde: »Es ist wünschenswert, vor übertriebenen Vorstellungen in bezug auf die Möglichkeiten des Apparates zu warnen... Die analytische Maschine maßt sich in keiner Weise an, etwas Neues zu schaffen. Sie kann das ausführen, was wir zu programmieren imstande sind. Sie kann der Analyse folgen, sie kann keine analytischen Bezüge oder Realitäten vorausnehmen. Ihre Aufgabe ist es, uns zu helfen, das verfügbar zu machen, was wir schon wissen. Durch ihre Fähigkeit, Befehle auszuführen, ist sie hauptsächlich und in erster Linie dazu angelegt. Daneben wird sie vermutlich einen indirekten und wechselseitigen Einfluß auf die Wissenschaft selbst ausüben. Denn indem wir die Wirklichkeit und die Formeln der Analyse so verteilen und kombinieren, daß sie der mechanischen Auslegung der Maschine am direktesten und schnellsten zugänglich sind, werden sich Bezüge und Wesen vieler wissenschaftlicher Gegenstände in neuem Lichte zeigen und gründlicher untersucht werden.«[225]

Ada Lovelaces Übersetzung und Notizen wurden 1843 in ›Taylor's Scientific Memoirs‹ publiziert, wobei Babbage der Meinung war, ihre Notizen hätten als Separatum erscheinen sollen. Obwohl Ada Lovelace die Anerkennung der Leistung durchaus für sich in Anspruch nehmen wollte, zeichnete sie nur mit den Initialen, denn es galt für Damen der Aristokratie als unschicklich, unter eigenem Namen zu publizieren.

Die meisten Wissenschaftlerinnen waren bescheiden und anspruchs-los, und seit der etwas exzentrischen Herzogin von Newcastle im siebzehnten Jahrhundert hatte England niemanden mehr vom Format der Gräfin von Lovelace gesehen. Während sie an ihren Kommentaren arbeitete, schrieb sie an Babbage: »Ich hoffe, in einem Jahr eine Analytikerin von Format zu sein. Je mehr ich mich damit befasse, desto unwiderstehlicher fühle ich meinen Genius. Ich glaube nicht, daß mein Vater je ein Dichter war oder hätte sein können, wie ich eine Analytikerin und Metaphysikerin sein werde, denn die beiden gehören für mich untrennbar zusammen.«[226]

Im Juli 1843 schrieb sie: »Ich kann mich nicht enthalten, ›mein eigenes Kind‹ zu bewundern. Am meisten beeindruckt mich der prägnante und kraftvolle Stil. Zeitweise scheint da eine halb satirische, humorvolle Trockenheit durch, die aus mir einen formidablen Rezensenten machen würde. Ich bin ganz erschlagen von der Kraft meiner Schreibweise. Sicher ist es ganz und gar kein weiblicher Stil, doch kann ich ihn auch nicht mit dem irgendeines Mannes vergleichen.«[227]

Bald darauf hatte sich Ada Lovelace völlig der Kybernetik verschrieben, der ›Mathematik der Gehirnfunktionen‹, wie sie es nannte. Sie arbeitete durchaus im mittelalterlichen Rahmen des Musters von Mikro- und Makrokosmos, sah sich selbst aber, genau wie die Herzogin von Newcastle, als eigenschöpferisch an: »Ich habe Hoffnungen, und zwar sehr klare, Gehirnphänomene eines Tages so zu analysieren, daß ich sie in mathematische Gleichungen fassen kann, kurz, ein Gesetz oder Gesetze über die wechselseitigen Reaktionen der Gehirnmoleküle zu formulieren [eine Entsprechung zum Gesetz der Anziehung in der Welt der Planeten und Gestirne]. Ich folge einer ganz besonderen und, wie ich glaube, einmaligen Spur. Ich stoße auf zahlreiche und beträchtliche Hindernisse, habe bis jetzt aber keinen Anlaß anzunehmen, sie seien unüberwindlich... Die große Schwierigkeit liegt bei den praktischen Experimenten. Um brauchbare Resultate zu erhalten, brauche ich ein außerordentliches Geschick in der Durchführung von Tests, und das auf so schwierig zu manipulierenden Gebieten wie dem Gehirn, dem Blut und den Nerven von Tieren. Ich glaube fest, eines Tages so weit zu kommen... Ich hoffe, zukünftigen Generationen eine Analyse des Nervensystems hinterlassen zu können.«[228]

Ada Lovelaces Pläne waren ebenso naiv wie ehrgeizig. Ihr Mann hatte sich in die Royal Society aufnehmen lassen, damit sie Zugang zu den wissenschaftlichen Büchern und Schriften erhielt, die er minutiös für sie abschrieb. Sie selbst hatte auch um die Erlaubnis nachgesucht, unter dem Namen ihres Mannes frühmorgens die Bibliothek der Society zu benutzen, da, wie sie schrieb, der Sekretär ein verschwiegener Mann war, der nichts ausplaudern würde. Doch die Königliche Gesellschaft war nicht bereit, von der Regel, die den Frauen den Zutritt verbot, eine Ausnahme zu machen. Ada Lovelaces zentrales Interesse galt immer noch dem Werk von Babbage. Sie hoffte, mit ihm zusammen die ›analytische Maschine‹ zu einem praktikablen Prototyp weiterentwickeln zu können. Allerdings wollte sie die Bedingungen der Zusammenarbeit bestimmen: »Ich habe verschiedene, zum Teil sehr attraktive Möglichkeiten, meine wissenschaftlichen und literarischen Qualitäten auszuüben und weiter zu entfalten, möchte jedoch meinen alten Freunden die erste Option darauf lassen. 1. Falls ich weiterhin an Ihrem eigenen großen Projekt mitarbeite, will ich wissen, ob Sie bereit sind, meine Entscheidungen in allen praktischen Fragen, welche sich im Zusammenhang mit irgendwelchen vom Projekt betroffenen Mitmenschen stellen, voll zu akzeptieren (oder, bei auftretenden Meinungsverschiedenheiten, diejenigen von Referenzpersonen, die Sie mir bitte jetzt nennen wollen). 2. Können Sie mir ehrlich und vorbehaltlos versichern, allen Problemen, für die ich gelegentlich Ihre intellektuelle Hilfe und Kontrolle brauche, oberste und unumstößliche Priorität zu geben? Können Sie versprechen, die Dinge weder zu vernachlässigen noch zu übereilen, nichts zu verlegen und keine Mißverständnisse oder Fehler in die Dokumente einschleichen zu lassen? 3. Wenn ich Ihnen im Laufe eines oder zweier Jahre ausgereifte, anständige Vorschläge zur Herstellung Ihrer Maschine unterbreiten kann ... besteht dann die Möglichkeit, daß Sie mir und Teilhabern meinerseits die Geschäftsführung überlassen, damit Sie Ihre Energien ungeteilt auf Ihr Werk konzentrieren können...?«[229]

Das wirkliche Problem lag darin, daß die Pläne für die Maschine die Möglichkeiten der damaligen Präzisionsmechanik bei weitem überstiegen, während Ada Lovelace glaubte, mit einem neuen Kapitalbeschaffungsprogramm das Projekt realisieren zu können.

Offensichtlich gewann Ada Lovelace ihren Mann und Babbage dafür, sich an einem sogenannten ›unfehlbaren Gewinnsystem für Pferderennen‹ zu beteiligen. Der Earl von Lovelace stieg allerdings rechtzeitig wieder aus und hielt seine Verluste in Grenzen. Er nahm an, seine Frau folge seinem Beispiel. Babbage seinerseits scheint als Mittelsmann zwischen Ada Lovelace und den Buchmachern fungiert zu haben. Die Folgen waren katastrophal. Sie verwickelten Ada Lovelace in Erpressungsgeschichten, und es brauchte jahrelange Bemühungen des Earls of Lovelace, der Lady Byron und des Sohns von Mary Somerville, des Rechtsanwaltes Woronzow Greig, den finanziellen Schaden in etwa auszugleichen und ihren guten Ruf einigermaßen wiederherzustellen. Ada Lovelace verbrannte die meisten ihrer Briefe seit 1844, und Babbage zerstörte ebenfalls alles, was Adas angeschlagene Reputation weiter hätte belasten können.

Weitere Schwierigkeiten kamen auf Ada zu. Als sie 1843 krank wurde, behandelte ihre Mutter sie mit Aderlaß und Laudanum, einer Opium-Tinktur. Zusätzlich gab sie ihr ein neues Medikament, das noch im Experimentierstadium war und unter dem Namen Morphin lief, und als Anregungsmittel bekam sie Alkohol. In der Folge wurde Ada drogenabhängig, und bis zum Ende des Jahres lebte sie zwischen Verzweiflung und Ekstase. Als sie sich schließlich erholte, begann sie, mit Chemie und Elektrizität zu experimentieren. Sie schrieb an Sophia de Morgan, die Frau des Mathematikers Auguste de Morgan, ihre vergangenen Verwirrungen hätten verschiedene Ursachen gehabt, die sie in Zukunft zu vermeiden trachte. Ein Faktor, aber nur einer unter vielen, sei zu viel Mathematik gewesen.[230] Professor de Morgan pflichtete dieser Ansicht 1844 in einem Brief an Lady Byron bei: »Die Kraft des Denkvermögens, die Lady L. in dieser Materie [Mathematik] seit dem Beginn unserer Korrespondenz an den Tag legt, ist so völlig außerhalb des Normalen... Aber diese Kraft muß von ihren Freunden richtig eingeschätzt werden bei der Frage, ob sie sie in ihrer offensichtlichen Entschlossenheit, die jetzigen Grenzen des Wissens nicht nur zu erreichen, sondern zu sprengen, ermutigen oder zurückhalten sollen. Die enorme geistige Anspannung, die sie [die mathematischen Studien] erfordern, übersteigt die physischen Kräfte einer Frau...« Aus diesem Grunde sagte de Morgan Ada Lovelace auch nie, was er von ihren mathematischen Fähigkeiten hielt: »Das Traktat über Babbages Maschine ist an sich schon eine schöne Leistung, doch ich glaube, ich könnte allein aus den ersten Fragen, die Lady Lovelace zu neuen Untersuchungsobjekten stellt, eine ganze Serie von Abstrakta ableiten, die jedem Mathematiker klarmachen würden, daß von der Dame noch weit mehr zu erwarten ist.«[231]

Es blieb nur noch wenig Zeit, sich über die physischen Auswirkungen von zu viel Beschäftigung mit Mathematik aufzuregen. Ada Lovelace hatte zwar ihre Laudanum-Abhängigkeit überwunden, aber ihre Spielschulden wuchsen weiterhin an, und sie sah sich schließlich gezwungen, ihrem Mann zu gestehen, daß sie seine Familienjuwelen zweimal verpfändet hatte. Unheilbar krebskrank starb sie 1852, im Alter von sechsunddreißig Jahren.

Das mathematische Denkvermögen:
Die Geschichte der Sonja Kowalewski

Es war keine nihilistische, kaum eine politische Bewegung. Es war das verzweifelte Bemühen um Wissen und geistige Entfaltung. Die Strömung war so stark und mitreißend, daß in diesem Moment Hunderte junger Mädchen aus den besten Familien ihr Heim verließen und an fremde Universitäten zogen, um Naturwissenschaft zu studieren.

Anna Charlotte Leffler[232]

Ähnlich rebellierte auch Sophia Wassiljewna Kowalewskaja gegen ihre Familie. Sie lief von zu Hause weg, um ein neues Leben zu suchen. Dieses Leben sollte aufgrund der politischen Konstellation jener Zeit aufregend werden, tragisch in bezug auf ihre psychischen und emotionalen Bedürfnisse und glänzend wegen ihres mathematischen und literarischen Genius. Es ist einer der faszinierendsten Lebensläufe in der Geschichte der Wissenschaft. Doch sollte über dieser bewegten Lebensgeschichte die Tatsache nicht vergessen werden, daß Sophia Kowalewski in allererster Linie eine große Mathematikerin war.

Sophia, gemeinhin als Sonja bekannt, wurde 1850 geboren. Ihr Großvater mütterlicherseits war ein hervorragender deutscher Mathematiker und Astronom, und auch ihre Mutter hatte eine hervorragende Erziehung genossen. Sonjas frühes Interesse an Mathematik wurde auf seltsame Weise geweckt. Im großen Landhaus der Familie in Weißrußland fehlte es an genügend Tapeten für alle Räume, und so tapezierte man eines der Kinderzimmer schlichtweg mit Blättern aus Ostrogradskijs lithographierten Vorlesungen über Differential- und Integralrechnung. Sonja verbrachte Stunden damit, die Formeln und Texte zu entziffern. Als sie Jahre später erstmals Mathematikunterricht bei Alexander Nikolajewitsch Strannoljubskij erhielt, war sie längst vertraut mit der Schreibung und den Formeln höherer Mathematik. Ihre früheste Schulung lag in den Händen des Hauslehrers Josif Ignatjewitsch Malewitsch, der ihr eine Zukunft als Schriftstellerin voraussagte. Ihrem Onkel Peter dagegen machte es vor allem Spaß, mit ihr über Mathematik zu diskutieren.

Im Sommer 1864 begann Sonja mit dem Studium der ›Elemente der Physik‹, die ihr Nachbar, Professor Nikolaj Tyrtow, geschrieben hatte. Dabei brachte sie sich selber Trigonometrie bei und erarbeitete das Konzept der Sinuskurve in genau der Weise, in der es ursprünglich entdeckt worden war. Tyrtow war äußerst beeindruckt und drängte ihren Vater, den General Krukowskij, Sonja in höherer Mathematik unterrichten zu lassen. Da der General selber mathematisch interessiert war, förderte er ihre Studien – bis zu einem gewissen Grad. Sonja kaufte sich ein Mikroskop und begann auch, Biologie zu studieren.

In den sechziger Jahren des neunzehnten Jahrhunderts lehnte sich die Jugend des russischen Adels gegen jede Form von Autorität auf. Viele wurden Nihilisten. Sie setzten sich begeistert ein für die Bildung und Förderung der Frauen, die Befreiung der Sklaven und die Erforschung der Naturwissenschaften. Es war der Sohn des Ortspopen, der zuerst die Schwester Anjuta, später Sonja selbst in radikale Politik einführte.

Um die Ausbildung Sonjas und ihres Bruders zu erleichtern, zog die Familie 1868 in die Hauptstadt, St. Petersburg. Hier lehrte Strannoljubskij Sonja analytische Geometrie und Infinitesimalrechnung und animierte sie zugleich, sich in der Sache der Frauenbildung zu engagieren. Jahre später arbeiteten die beiden in einer Kommission zur

Geldbeschaffung für höhere Frauenschulen zusammen. Sonja erlangte sehr schnell die Universitätsreife.

Die Universität von St. Petersburg hatte 1861 den Frauen ihre Tore geöffnet, doch kurz darauf wurden die Fakultäten wegen der politischen Agitationen der Studenten geschlossen. Bei der Wiedereröffnung zog man die Zulassungserlaubnis für Frauen zurück. Viele junge Aristokratinnen beschlossen daraufhin, im Ausland weiterzustudieren. Waren sie unverheiratet, erhielten sie jedoch nur mit der Einwilligung der Eltern einen Paß. In dieser Situation wurden in radikalen Studentenkreisen sogenannte Gefälligkeitsehen üblich. Der Ehemann reiste mit zur fremden Universitätsstadt und überließ die Frau dort in Ruhe ihrem Studium. Für die jungen Paare hatte diese Form der Heirat einen höheren ethischen Wert als eine gewöhnliche Liebesverbindung.

Sonjas Schwester Anjuta war nicht auf ein Universitätsstudium vorbereitet, sehnte sich jedoch danach, ins Ausland zu gehen. Sonja selbst wurde als zu jung für eine Heirat angesehen. Wenn es aber Anjuta oder ihrer Freundin Anna Michajlowna Jewreinowa (Jeanne) gelang, für eine von ihnen eine Heirat zu arrangieren, dann bekam die andere ebenfalls die Erlaubnis zur Ausreise, und sehr wahrscheinlich gestattete man Sonja dann, sie zu begleiten. Marija Alexandrowna Bokowa hatte mit Hilfe einer solchen Zweckheirat in Zürich Medizin studiert und praktizierte jetzt in Rußland als Chirurgin. Sie war schon mehreren Frauen bei der Vermittlung einer solchen Verbindung behilflich gewesen, weigerte sich jedoch, im vorliegenden Fall, den Physiologieprofessor Iwan Setschenow deswegen anzusprechen. Es war Sonja und Anjuta entgangen, daß Marija Bokowa Iwan Setschenow liebte und mit ihm und ihrem Ehemann in einer heimlichen ›ménage à trois‹ lebte. Sie wandte sich aber an Setschenows Freund, Wladimir Onufriewitsch Kowalewskij.

Eigentlich sollte sich Kowalewskij dem Jurastudium widmen, doch er verbrachte seine Zeit mit der Übersetzung und Veröffentlichung der Werke von Charles Darwin, Thomas Huxley, Louis Agassiz und weiteren Naturphilosophen. Wladimir Kowalewskij hatte nichts gegen eine Verbindung mit Anjuta oder Zhanna, doch als er der schönen und intelligenten Sonja begegnete, änderte er seine Meinung und bestand auf einer Heirat mit Sonja. Das brachte Probleme mit sich, denn Sonja war noch sehr jung, und normalerweise sollte zuerst die sechs

Jahre ältere Anjuta heiraten. Der Vater bestand also auf einer langen Verlobungszeit, gab aber nach, als Sonja Anstalten traf, mit Wladimir durchzubrennen.

Sonja und Wladimir setzten ihre Studien in St. Petersburg fort und suchten daneben eifrig nach einer passenden Verbindung für Anjuta. Sonja hatte sich endgültig für Mathematik entschieden, als sie im April 1869 mit Wladimir die Universität Wien bezog. Doch die Stadt erwies sich als zu teuer für ihre bescheidenen Mittel, und Sonja fand die Mathematik in Wien höchst mittelmäßig. Sie reisten also weiter und verbrachten den Sommer in England, wo sie Charles Darwin, Thomas Huxley und George Eliot kennenlernten. In George Eliots Heim geriet Sonja eines Abends mit einem männlichen Gast in eine hitzige Debatte über die weibliche Intelligenz. Der Gast war Herbert Spencer. Sonja und Eliot wurden enge Freunde, und Jahre später schrieb Sonja ihre ›Erinnerungen an George Eliot‹, die 1886 in Rußland erschienen und später in zahlreichen Sprachen übersetzt wurden.

Im Herbst zogen die Kowalewskis nach Heidelberg. Wladimir studierte dort Paläontologie, und Sonja gelang es schließlich, eine Spezialgenehmigung für die Teilnahme an den Mathematik- und Physikvorlesungen zu erhalten. Eine Kusine Jeannes, Julija Wsewolodowna Lermontowa, schloß sich ihnen an, und dank Sonjas Erfolg war es auch für sie leichter, die Erlaubnis zur Teilnahme an den Chemiekursen zu bekommen. R. W. Bunsen, der die Spektralanalyse einführte, das Cäsium entdeckte und den nach ihm benannten Gasbrenner erfand, ein eingefleischter Frauenfeind, hatte jahrelang proklamiert, nie werde ein weibliches Wesen sein Laboratorium betreten. Sonja stattete ihm einen Besuch ab, und schließlich akzeptierte auch er beide Frauen als Studentinnen. Später warnte Bunsen Karl Weierstraß, Sonja Kowalewski sei eine gefährliche Frau, die ihn mit ihrem Charme überlistet habe.

Über ihr gemeinsames Leben in Heidelberg schrieb Julia Lermontowa: »Ich erinnere mich an diese ersten glücklichen Monate in Heidelberg, diese enthusiastischen Diskussionen über jedes nur mögliche Thema, ihre poetische Beziehung zu ihrem jungen Ehemann, der sie in jenen Tagen mit einer absolut idealistischen Liebe vergötterte... Ihre Jugend war voll von edlen Gefühlen und Bestrebungen, an ihrer Seite hatte sie einen Mann, der sich vollkommen beherrschte und sie zärtlich liebte. Es war die einzige Zeit, wo ich Sonja wirklich glücklich gesehen habe... Vom ersten Moment an erregte Sonja durch ihr außerordentliches mathematisches Talent die Aufmerksamkeit ihrer Lehrer... Ihr Benehmen entzückte die deutschen Professoren, die Schüchternheit an einer Frau immer bewundern, erst recht an einer so anmutigen und jungen Frau, die zudem eine so abstrakte Wissenschaft wie Mathematik studiert.«[233]

Der Vater Jeannes verweigerte seiner Tochter immer noch die Erlaubnis, mit ihren Freunden in Deutschland zu studieren, so daß sie schließlich verzweifelt über die Grenze floh und im November 1869 in Heidelberg eintraf. Anjuta kam aus Paris zurück, und die Wohnung der Kowalewskis war hoffnungslos überfüllt. Die Neuankömmlinge gaben Wladimir ihren Mißmut zu verstehen, und so zog er aus. Er wechselte über nach Jena und promovierte dort mit einer Dissertation, die ihn als Begründer der Evolutionspaläontologie auswies.

Nach drei Semestern in Heidelberg beschloß Sonja Kowalewski, ihr Studium in Berlin bei Weierstraß, dem ›Vater der mathematischen Analyse‹, fortzusetzen. Der Entschluß war entscheidend für ihr zukünftiges Leben. Obwohl sie sich keine Hoffnungen machte, die Erlaubnis zum Vorlesungsbesuch zu erhalten, wandte sie sich doch an Weierstraß persönlich. Sie brachte ausgezeichnete Empfehlungen ihrer Heidelberger Professoren mit, doch Weierstraß wollte keine Studentin. Nur um sie loszuwerden, stellte er ihr ein paar schwierige Aufgaben. Von ihren Lösungen war er so beeindruckt, daß er sie als Privatschülerin akzeptierte und für die nächsten vier Jahre unentgeltlich betreute. Sonja Kowalewski lebte in Berlin wieder mit Julia Lermontowa zusammen, der es gelungen war, ein Arrangement für ein privates Chemiestudium zu finden.

Für einige Zeit wurden Sonjas Studien durch die Sorge um ihre Schwester unterbrochen. Anjuta Krukowski war nach Paris zurückgekehrt, wo sie aktive Frauenrechtlerin und Führerin der Pariser Kommune wurde. In einer Frühlingsnacht im Jahre 1871 gelang es Sonja und Wladimir, die deutschen Linien zu durchbrechen und über die Seine bis nach Paris hinein zu rudern, wo eben Kämpfe zwischen Republikanern und Kommuneanhängern ausgebrochen waren. Einen Monat später fuhren sie nach Deutschland zurück, nachdem sie Anjuta nicht zum Verlassen der Stadt hatten überreden können. Nach dem

Fall der Kommune mußten die Schwestern dann die Hilfe ihres Vaters in Anspruch nehmen, um eine Flucht Anjutas bewerkstelligen zu können.

Bei dieser Gelegenheit entdeckten Sonjas Eltern, daß ihre ältere Tochter mit einem Mann zusammenlebte, mit dem sie nicht verheiratet war, während die jüngere Tochter mit einem Mann verheiratet war, mit dem sie nicht zusammenlebte. Die ganze Familie drängte daraufhin Sonja, ihre Ehe aufzunehmen, doch diese ging nun völlig und ausschließlich in ihrer Mathematik auf.

Weierstraß erwies sich als die intellektuelle Herausforderung, die sie brauchte, und sie ihrerseits forderte ihn heraus. Ihre Beziehung wuchs über das Lehrer-Schüler-Verhältnis hinaus. Sie wurden Kollegen, zuletzt enge Freunde. Es brauchte lange, bis Weierstraß für Sonja Kowalewski die Erlaubnis zur Benützung der Universitätsbibliothek erwirken konnte. Als nächstes begann er, seinen früheren Studenten Lazarus Fuchs zu bearbeiten, ihr ein Doktorat in absentia der Universität Göttingen zu verleihen, denn er fürchtete, Sonja werde, aus Schüchternheit und Unsicherheit über ihr Deutsch, nicht in ein mündliches Examen steigen. Er operierte mit ihren hervorragenden Leistungen in Mathematik, ihrem ererbten mathematischen Verständnis, mit ihrem Kampf um eine entsprechende Ausbildung und mit ihrer Weiblichkeit. Schließlich zitierte er Karl Gauß' Argumente für die Verleihung eines Göttinger Ehrendoktors an Sophie Germain.

Die Universität Göttingen war bereit, Sonja Kowalewskis ›Theorie partial-differentialer Gleichungen‹ (1875) als Dissertation anzuerkennen. Die Arbeit enthielt den berühmten Cauchy-Kowalewski-Lehrsatz über die Existenz und Einmaligkeit der Lösungen solcher Gleichungen. Weder Weierstraß noch Sonja kannten Cauchys Werk, und Sonjas Abhandlung war auch viel allgemeiner. Sie fügten zwei weitere Arbeiten bei, eine über die Saturnringe, die andere über elliptische Funktionen, die beide ebenfalls als Doktoratsthesen gewürdigt wurden. Wie Laplace setzte Sonja voraus, die Saturnringe seien gasförmig, und sie bewies, daß ihre stabile Form eine Ellipse wäre. Viele Jahre später stellte sich heraus, daß die Ringe aus festen Partikeln bestanden, ihr mathematisches Lösungsvorgehen blieb jedoch von bleibendem Wert. Ihre Abhandlung ›Über die Reduktion einer gewissen Klasse Abelinscher Integrale des dritten Ranges zu elliptischen Inte-

gralen‹ wurde 1884 in den ›Acta Mathematica‹ veröffentlicht. Sehr oft
verlor Sonja das Interesse an einem Problem, sobald sie es zufrieden-
stellend gelöst hatte, und kümmerte sich nicht um eine entsprechende
Veröffentlichung.

1874 wurde Sonja Kowalewski in Abwesenheit der Doktortitel verliehen, mit dem Prädikat ›summa cum laude‹. Julija Lermontowa dagegen mußte neben der Einreichung ihrer Doktorarbeit ›Über den
Wissensstand über Methylen-Verbindungen‹ mündliche und schrift-
liche Prüfungen ablegen. Es war eine schreckliche Probe für eine Frau,
die noch nie im Leben im Examen gestanden hatte. Weierstraß erfuhr
später, daß einige der Prüfer geplant hatten, sie durchfallen zu lassen.
Trotzdem erhielt auch Julija von der Universität Göttingen ihren
Doktor der Chemie ›magna cum laude‹. Sie erhielt daraufhin die Möglichkeit, in einem privaten Laboratorium für organische Chemie in
Moskau zu arbeiten. Sonja Kowalewski und Julija Lermontowa waren
die ersten, doch innerhalb weniger Jahre wurde Göttingen weltweit
bekannt als Zufluchtsort für Naturwissenschaftlerinnen und Mathematikerinnen.

Sonja Kowalewski hatte nun zwar ihren Abschluß, aber in ganz Europa gab es keinen Posten für einen weiblichen Doktor der Mathematik. Die Kowalewskis kehrten nach Rußland zurück, und die einzige
Möglichkeit für Sonja war, in einer Mädchenprimarschule Rechenun-
terricht zu erteilen. Sie kommentierte einmal: »Ich war leider im Ein-
maleins ausgesprochen schwach.«[234] Zu einem Magisterexamen, das
ihr erlaubt hätte, an einer Universität zu lehren, meldete sie sich an,
doch das Erziehungsministerium lehnte ihren Antrag ab.

Trotz aller Bemühungen von Weierstraß schien sie das Interesse an
weiterer wissenschaftlicher Arbeit verloren zu haben. Zwei Jahre lang
beantwortete sie keinen seiner Briefe. Endlich 1885 publizierte sie in
den ›Astronomischen Nachrichten‹ einen überarbeiteten Artikel, ›Zusätzliche Bemerkungen und Beobachtungen zu Laplaces Untersuchung über die Form der Saturnringe‹. Ein Student von Weierstraß,
Gösta Mittag-Leffler, berichtete nach einem Besuch in St. Petersburg,
Sonja habe die Mathematik aufgegeben und sei nun Theaterkritikerin
und Wissenschaftsreporterin für eine Zeitung. Ungefähr zu der Zeit
nahmen Sonja und Wladimir ihr Eheleben auf.

Als Sonja 1878 mit ihrer Tochter Sophia schwanger war, kehrte sie zur Mathematik zurück. Im Januar 1880 wurde sie, wahrscheinlich auf Anregung von Weierstraß, eingeladen, an einem Kongreß russischer Naturkundler und Physiker über die Abelinschen Integrale zu reden. Mittag-Leffler fuhr nach St. Petersburg, um sie zu hören.

Unterdessen steckten die Kowalewskis tief in Schulden. Ihre Immobilienspekulationen und waghalsigen Verlagsgeschäfte waren jämmerlich mißlungen, und früh im Jahre 1880 waren sie gezwungen, in Julijas enge Moskauer Wohnung umzusiedeln. In Unkenntnis der neuen Erfindungen Edisons begannen die drei Wissenschaftler auf Sonjas Vorschlag hin, mit einer elektrischen Glühbirne zu experimentieren. Sonja Kowalewski vermerkte in ihrem Tagebuch, daß allein im Jahre 1880 weltweit siebzig Patente an Frauen verliehen worden waren.[235] Sie studierte Geologie und Naturgeschichte, in der Hoffnung, Wladimir in seiner Arbeit unterstützen zu können. Sie half ihm, Brehms ›Vögel‹ zu übersetzen. Aber auch das brachte finanziell nichts ein. Nun überließ sie ihr Kind Julija Lermontowa und reiste im Herbst 1880 nach Berlin. Dort schlug ihr Weierstraß vor, die Brechung des Lichts in kristallinen Körpern zu untersuchen. Sie kehrte im Januar zwar nach Moskau zurück, aber die Beziehungen zu Wladimir waren äußerst gespannt, und schon Ende des Monats fuhr sie nach Paris, wobei sie ihre kleine Tochter mit sich nahm.

Im Jahr zuvor hatte Mittag-Leffler versucht, Sonja Kowalewski eine Stelle an der Universität von Helsinki zu vermitteln, aber die Fakultät lehnte eine Russin ab. Jetzt war Mittag-Leffler Mathematikprofessor in Stockholm, und er setzte alles daran, die erste große Mathematikerin an diese Universität zu verpflichten. Sonja war geschmeichelt, doch sie zögerte: »Eine andere Stelle als diese habe ich nie in Betracht gezogen, und ich gebe zu, daß ich mich weniger schüchtern und unsicher fühlen würde, wenn man mir die Möglichkeit gäbe, mein Wissen an einer höheren Lehranstalt anzuwenden. Vielleicht könnte ich damit den Frauen die Universität öffnen, was bis jetzt nur auf spezielle Gunst hin möglich war, eine Gunst, die jederzeit widerrufen werden kann, wie das neulich an den deutschen Universitäten geschah. Ohne reich zu sein, habe ich doch genügend Mittel, um unabhängig zu leben. Die Lohnfrage spielt also bei meiner Entscheidung keine Rolle. Ich möchte vor allem der Sache, die mir so am Herzen liegt, den bestmöglichen Dienst erweisen und zugleich für meine Arbeit leben können, umgeben von Menschen, die sich mit den gleichen Problemen beschäftigen, eine Chance, die ich bisher nur in Berlin, nie aber in Rußland hatte.«[236]

Sonja Kowalewski fand, sie müsse zuerst ihre augenblickliche Aufgabe beenden. ›Über die Fortpflanzung des Lichts in kristallinen Medien‹ erschien 1883 in den ›Acta Mathematica‹, und ein zweiter Artikel folgte 1884. Allerdings stellten Sonja Kowalewski und Weierstraß im nachhinein mit Bestürzung einen schwerwiegenden Fehler fest, den sie von einem früheren Mathematiker übernommen hatte. Er hatte eine vielwertige Funktion als einwertig behandelt.

Anfang 1882 ließ sich Sonja Kowalewski in Paris nieder, wo sie in die Mathematische Gesellschaft aufgenommen wurde. Ihr Töchterchen schickte sie nach Rußland zurück. Am 15. April 1883 beging ihr Mann in Rußland Selbstmord. Im August des gleichen Jahres hielt Sonja in Odessa, am Kongreß russischer Naturforscher und Physiker, ein Referat über ihre Arbeit mit Kristallen, und 1884 zog sie schließlich an die Universität von Stockholm.

Die Universität war neu und fortschrittlich, doch man bereitete Sonja Kowalewski einen gemischten Empfang. Einer Zeitung, die sie als ›Prinzessin der Wissenschaft‹ willkommen hieß, antwortete sie: »Schöne Prinzessin! Wenn sie mir wenigstens ein Salär zugeständen.«[237] Ihr erbittertster Feind in Schweden war der Bühnenautor August Strindberg. »Ein weiblicher Mathematikprofessor ist eine gefährliche und unerfreuliche Erscheinung, man kann ruhig sagen eine Ungeheuerlichkeit. Ihre Einladung in ein Land, in dem es so viele ihr weit überlegene männliche Mathematiker gibt, kann man nur mit der Galanterie der Schweden dem weiblichen Geschlecht gegenüber erklären.«[238]

Sonja Kowalewski erwiderte: »Er hat natürlich recht, aber ich möchte, daß er den klaren Beweis dafür antritt, daß es so zahlreiche schwedische Mathematiker gibt, die besser sind als ich, und daß die Wahl aus ›Galanterie‹ auf mich fiel!«[239] Gegen vehementen Widerstand wurde ihr am Ende des ersten Jahres eine bezahlte Professur auf fünf Jahre angeboten.

Anfänglich fand Sonja Kowalewski das Leben in Stockholm anregend. Sie las dreimal die Woche über die neuesten und fortgeschrittensten Maximen der Analyse, betreute eine große Anzahl Studenten und führte die wichtigste Forschungsarbeit ihres Lebens durch. Sie schrieb eine kurze Abhandlung, die Weierstraß in ›Borchardts Journal‹ publizierte, und begann dann zusammen mit Mittag-Leffler eine breit angelegte mathematische Arbeit. Im Sommer kehrte sie nach Berlin zurück in der Erwartung, nun als Universitätsdozentin zu den Vorlesungen zugelassen zu werden. Aber ein weiteres Mal wurde das Gesuch, das Weierstraß für sie stellte, negativ beschieden.

Sonja Kowalewski wurde Redakteurin der von Mittag-Leffler 1882 gegründeten Zeitschrift ›Acta Mathematica‹, in der sie unter anderem zwei von ihr übersetzte Artikel des großen russischen Mathematikers P. L. Tschebyschew herausbrachte. 1885 bekam sie in Stockholm neben Mathematik auch einen Lehrauftrag für Mechanik. Doch bis 1886 hatte sie das Leben in Stockholm satt: »[Sie] konnte nun arbeiten, vertrat jedoch immer heftiger die Meinung, Arbeit – und vor allem wissenschaftliche Arbeit – sei schlecht. Sie mache weder Vergnügen, noch bewirke sie menschlichen Fortschritt. Es sei idiotisch, die Jugend mit Arbeit zu vergeuden, und eine wissenschaftlich begabte Frau sei besonders übel dran, da sie in eine Atmosphäre gezogen werde, in der sie niemals glücklich sein könne.«[240] Sie vermißte die intellektuelle Anregung von Paris und St. Petersburg bitter und wandte sich schließlich, abgeschnitten vom Kontakt brillanter Mathematikerkollegen, der Literatur zu.

Mittag-Lefflers Schwester, Anna Charlotte Leffler-Edgren, war eine bekannte Schriftstellerin und Feministin. Sie war eng befreundet mit Sonja, und 1887 begannen die beiden, ein Theaterstück zu schreiben. Anna Leffler notierte: »Ich glaube nicht, daß zwei Freundinnen je ihre gegenseitige Gesellschaft so sehr genossen wie wir, und wir werden in der Literatur das erste Beispiel für die geglückte Zusammenarbeit zweier Autorinnen sein.«[241] ›Das Ringen um Glück‹, eigentlich zwei Stücke, wurde unter dem Pseudonym Korvin-Leffler gedruckt.

Sonja Kowalewski sprach von ihrer literarischen Arbeit als von ihrem ›Kind‹, gebrauchte also den gleichen Ausdruck wie Ada Lovelace für ihre mathematischen Werke. Sie schrieb auf französisch, schwedisch und russisch, Kurzgeschichten, Zeitschriftartikel, eine Gedichtsammlung und Erinnerungen an den polnischen Aufstand. Dann begann sie mit Anna Leffler, ein unvollendetes Manuskript Anjutas zu einem Theaterstück umzuarbeiten. Mit dem Erscheinen ihrer russischen Autobiographie ›Kindheitserinnerungen‹ (1890) war ihr Ruf als Schriftstellerin gefestigt. Das Werk wurde mehrfach übersetzt und in Schweden unter dem Titel ›Aus dem russischen Leben: Die Schwestern Rajewskij‹ ein bekannter Roman. Nach Sonja Kowalewskis Tod gab ihre Freundin noch einen nicht bearbeiteten Roman mit dem Titel ›Wera Baranzova‹ heraus. Diese Geschichte einer jungen revolutionären Märtyrerin wurde 1892 in Schweden gedruckt. In Rußland erschien sie erst 1906 mit dem Titel ›Ein Nihilisten-Mädchen‹ und wurde später in sechs weitere Sprachen übersetzt. Es fanden sich auch noch andere Romanfragmente in Sonja Kowalewskis Nachlaß.

Im Sommer 1886 erfuhr Sonja, daß die höchste Auszeichnung der französischen Akademie der Wissenschaften, der ›Prix Bordin‹, für die beste Arbeit über die Rotation eines festen Körpers um einen Fixpunkt vergeben werde. Dieses Problem war schon zum viertenmal Thema eines Wettbewerbs. Weder Euler noch Lagrange, noch Poisson hatten bisher eine Lösung gefunden. Sonja Kowalewski hatte schon früher auf diesem Gebiet gearbeitet, und nachdem sie mit ihrer achtjährigen Tochter nach Stockholm zurückgekehrt war, begann sie eine Vorlesungsreihe über die Fragen ›fester Körper‹.

Sonja Kowalewski arbeitete sehr hart, um den ›Prix Bordin‹ zu gewinnen, hätte die Eingabe allerdings beinahe unvollendet gelassen, weil sie sich in den großen russischen Soziologen und Historiker Maxim Maximowitsch Kowalewskij, einen entfernten Verwandten der Familie ihres Mannes, verliebte. Schließlich gelang ihr die Problemlösung doch noch, aber sie hatte keine Zeit mehr, das Manuskript durchzugehen. So fragte sie ihren Mathematikerfreund Charles Hermite an, ob sie den Entwurf einreichen und die endgültige Fassung später nachliefern dürfe. Das wurde, unter Wahrung ihrer Anonymität, akzeptiert.

Im Dezember 1888 wurde Sonja Kowalewski in einer feierlichen Sitzung der Französischen Akademie der ›Prix Bordin‹ verliehen. Wie ihre Freundin Anna Leffler schrieb, war es »die größte wissenschaftliche Ehrung, die einer Frau je zuteil wurde, und eine der höchsten Auszeichnungen, die man überhaupt anstreben konnte«.[242] Ihre Lösung, die aus fünfzehn anonymen Einsendungen als beste hervorgegangen war, wurde als so elegant beurteilt, daß der Preis um weitere zweitausend Francs aufgestockt wurde. Für eine erweiterte und verfeinerte Überarbeitung verlieh ihr 1889 die schwedische Akademie der Wissenschaft einen Preis von 1500 Kronen. Ihre Lösung war so umfassend, daß seither keine weiteren Untersuchungen der Rotation um einen Fixpunkt unternommen wurden.

1889 erlangte Mittag-Leffler für Sonja Kowalewski in Stockholm eine Professur auf Lebzeiten. Sie dagegen bemühte sich immer noch, eine Stelle in Paris zu erhalten, und als das mißlang, versuchte sie es erneut in Rußland. Ihr Kollege Tschebyschew erreichte, daß sie als erste Frau zu einem korrespondierenden Mitglied der kaiserlichen Wissenschaftsakademie ernannt wurde, was immerhin eine Statutenänderung voraussetzte. Es war ein kleiner Trost. Als sie im Sommer nach St. Petersburg kam, um einen Verleger für ihre ›Erinnerungen‹ zu finden, versuchte sie, die Vollmitgliedschaft der Akademie zu erhalten. Das hätte ihr ein Salär gesichert und jährlich nur zwei Monate Aufenthalt in Rußland erfordert. Aber sie erhielt nicht einmal Zutritt zu den Akademieversammlungen.

Nach einer Versöhnung mit Maxim erlitt sie auf einer Klettertour mit ihm in der Nähe von Nizza eine Herzattacke. Im Februar 1891 fuhr sie nach Stockholm zurück. Sie hatte sich entschlossen, ihre Professur aufzugeben, um Maxim zu heiraten und sich ganz mathematischer Forschung zu widmen. Doch sie starb innerhalb weniger Tage. Ihre letzte mathematische Arbeit war ein Artikel über Potenzialtheorie in den ›Acta Mathematica‹ (1891).

Sonja Kowalewski hatte kein einfaches Leben. In ihrem Charakter und ihrem literarischen Schaffen war sie absolut eine Frau des neunzehnten Jahrhunderts. Ihre mathematische Brillanz jedoch hätte ein liberaleres Zeitalter gebraucht. Ihre grundsätzliche Schüchternheit, ihre romantische Natur und emotionale Abhängigkeit lagen in ständigem Kampf mit ihren beruflichen Ambitionen. Anna Leffler schrieb von ihr: »Sonja übertrieb ihre Ängstlichkeit vielleicht aus Koketterie. Sie besaß in hohem Maße weibliche Anmut, die Männer so ungeheuer schätzen. Sie liebte es, beschützt zu werden. Eine durchaus männliche Energie und Begabung und einen in gewisser Weise unbeugsamen Charakter verband sie mit fraulicher Hilflosigkeit. Sie lernte nie, sich in Stockholm auszukennen... Sie war unfähig, sich um ihre Geldangelegenheiten oder ihren Haushalt oder ihr Kind zu kümmern. Aber sie schaffte es immer wieder, Freunde zu finden, die ihre Interessen wahrnahmen und auf die sie die ganze Last ihrer Geschäfte abwälzen konnte... Sie genoß es dermaßen, wenn man ihr half und ihr den täglichen Kleinkram abnahm, daß sie, wie ich schon sagte, Scheu und Hilfsbedürftigkeit eher etwas hochspielte. Trotz alledem gab es nie eine Frau, die, im tiefsten Sinne des Wortes, unabhängiger war als sie... Mittag-Leffler predigte ihr oft, dieses Bedürfnis nach Beistand und Mitgefühl sei eine weibliche Schwäche. Doch sie behauptete das Gegenteil, indem sie eine ganze Anzahl von Männern zitierte, die ihre höchsten Inspirationen durch die Liebe zu einer Frau gefunden hatten. «[243]

POPULARISIERUNG UND
PROFESSIONALISIERUNG DER
WISSENSCHAFT

Statt darüber beschämt zu sein, daß Wissenschaft und nützliche Litera-
tur den Frauen bisher so wenig Dankbarkeit erweisen, bin ich überrascht
zu sehen, wie viel sie leisteten. Bis in die neueste Zeit hinein wurden
Frauen ja in türkischer Ignoranz gehalten. Jede Möglichkeit, sich Wis-
sen zu erwerben, wurde gesellschaftlich diskriminiert, und für jene, die
bereit waren, sich über Konventionen hinwegzusetzen, wurde der Weg
verbarrikadiert. Die wissenschaftlichen Bücher waren in einem unver-
ständlichen Jargon geschrieben, wobei der Schleier des Geheimnisvollen
nur zu oft prahlerische Dummheit versteckte und vor der Verachtung des
breiten Volkes schützte. Heute jedoch müssen die Autoren ihre Entdek-
kungen klar und allgemeinverständlich formuliert darlegen. Technische
Ausdrucksweisen können mangelndes Wissen nicht mehr überdecken.
Die Nachfrage nach Bildung hat die Kunst des Unterrichtens vervoll-
kommnet. All das wirkt sich für die Frauen vorteilhaft aus. Viele Ge-
biete, die man als zu hoch für ihr Begriffsvermögen oder als ungeeignet
für ihr Geschlecht erachtete, erweisen sich nun als ihren Fähigkeiten
durchaus angemessen und ihrer Situation sogar besonders gut angepaßt.
Botanik ist in Mode gekommen, zu gegebener Zeit wird sie sich auch als
nützlich herausstellen, sofern sie das nicht heute schon ist. Die Wissen-
schaft gab ›unter dem Banner der Phantasie‹ der unwiderstehlichen An-
ziehungskraft des Geistes nach. Der gleiche Geist wird die Jünger der
Wissenschaft allmählich von den loseren Analogien der poetischen Bil-
derwelt zu den strengeren philosophischen Schlußfolgerungen hinfüh-
ren. Maria Edgeworth[244]

Maria Edgeworth (1767–1849) war in erster Linie Schriftstellerin, bekundete aber wie so viele gebildete Frauen ihrer Tage zeit ihres Lebens ein waches Interesse an der Naturwissenschaft. Als echte Vertreterin der Aufklärung gab es in ihrem gesellschaftlichen Umfeld zahlreiche berühmte Wissenschaftler: Erasmus Darwin, Sir Humphry Davy, William Wollaston, Joseph Priestley, Sir John Herschel und seine Frau und Charles Babbage, dazu ebenso viele mit Wissenschaft befaßte Frauen, wie Marie Lavoisier, Jane Marcet und Mary Somerville. Die beiden letzteren gehörten zu ihren engsten Freunden. Die erste Publikation, die sie unter ihrem eigenen Namen herausgab, die ›Briefe für literarisch interessierte Frauen‹, war ein Plädoyer für Frauenbildung.

Im neunzehnten Jahrhundert versuchte eine Pseudowissenschaft, die intellektuelle Minderwertigkeit der Frauen zu beweisen. Es sollte gezeigt werden, daß sie geistig und moralisch für wissenschaftliche Tätigkeit nicht geeignet seien. Auf jede Maria Edgeworth kamen hundert Männer, die dafür kämpften, den Frauen Bildung vorzuenthalten. Doch es war zu spät. In ganz Europa begannen bereits Frauen und auch Männer, Schulbildung für beide Geschlechter zu verlangen.

Angiulli publizierte 1876 in Neapel die Forderung nach einem Laienschulsystem für Mädchen, analog dem für Knaben: »Betrachten wir Punkt für Punkt die Gründe für Frauenbildung, im Hinblick auf ihre Rolle als Gattinnen, Mütter und Erzieherinnen. Frauen müssen mit den grundlegenden kosmischen Gesetzen unseres Planetensystems und den einfacheren Fakten von Meteorologie und Physik vertraut sein. Solche Kenntnisse gehören heute zur Menschenwürde. Nur so werden Frauen aufhören, die himmlischen Räume mit imaginären Wesen zu bevölkern, und jene Freiheit des Geistes erlangen, die es braucht, um sich selbst und andere zu erziehen. Dann werden sie aufhören zu glauben und ihre Kinder glauben zu machen – was deren Intelligenz abstumpfen läßt –, daß der Regen vom Jesuskind gesandt wird und der Donner eine Drohung des zürnenden Gottes ist und daß gute oder schlechte Ernten vom Willen der Vorsehung abhängen und nicht von harter Arbeit und dem Verlauf von Naturereignissen.«[245]

Naturwissenschaft wurde im neunzehnten Jahrhundert zusehends populärer. Mit der Ausbreitung einer allgemeinen Erziehung für

Mädchen und Knaben wurden neue Entwicklungen breiten Schichten zugänglich gemacht. Rasanter technischer Fortschritt, vorangetrieben durch die industrielle Revolution, bewies augenfällig die Wichtigkeit wissenschaftlicher Kenntnisse. Bücher, Magazine und neue, lokale Wissenschaftsvereine kamen dem intensiven Interesse an naturwissenschaftlicher Forschung nach.

Die ›Konversationen‹ der Jane Marcet

» Ich schulde dem Verfasser der bewundernswerten ›Konversationen über Chemie‹ die Erwähnung, daß der Titel des vorliegenden Bandes gewählt wurde, weil es der einzige dem Thema angemessene war, den nicht schon frühere Autoren benutzt hatten. «

So schrieb Jane Marcet im Vorwort zu ihren ›Konversationen über Botanik‹. Es war ein Scherz, denn Jane Marcet selbst hatte die ›Konversationen über Chemie‹ und eine Reihe weiterer populärwissenschaftlicher Bücher geschrieben. Allerdings begriffen wohl die wenigsten Leser die Pointe, denn die Werke kamen normalerweise anonym oder unter verschiedenen Pseudonymen heraus oder wurden anderen Urhebern zugeordnet.

Jane Haldimann (1769–1858) wurde in London als Tochter Schweizer Eltern geboren. 1799 heiratete sie Alexander Marcet, einen Schweizer Arzt, der später auf dem Gebiet der experimentellen Chemie arbeitete. Die Marcets verkehrten in den Londoner literarischen und wissenschaftlichen Zirkeln, und Jane hörte, ermutigt durch ihren Mann, Vorlesungen bei Sir Henry Davis. Bald wurde sie dessen reguläre Studentin.

Als Jane Marcet 1805 ihre ›Konversationen über Chemie, vor allem für das weibliche Geschlecht‹ publizierte, gab es praktisch noch keine elementaren wissenschaftlichen Texte. Das zweibändige Werk erschien anonym: »Der Autor, selbst eine Frau, hält ein paar Erklärungen für die Herausgabe dieser Einführung in die Chemie speziell für Frauen für nötig, um so mehr, als sie sich für die Unternehmung entschuldigen muß, insofern als ihre eigenen Kenntnisse auf dem Gebiet noch frisch sind und sie keinen reellen Anspruch auf den Titel eines

Chemikers erheben kann.«²⁴⁶ Trotzdem vermuteten die meisten Leser einen Mann als Verfasser. Jane Marcets Identität wurde erst bei der dreizehnten Auflage im Jahre 1837 bekanntgegeben.

In der klassischen Form des Dialogs – zwischen der Lehrerin, Mrs. Bryan, und den Schülerinnen Emily und Caroline – beschrieb Jane Marcet die wichtigen neuen chemischen Entdeckungen. Mrs. Bryan und Emily nahmen die Sache sehr ernst, während Caroline überhaupt kein Interesse für die Theorie zeigte, sondern nur spektakuläre Experimente, ganz besonders Explosionen, sehen wollte. Carolines Charakter erlaubte Jane Marcet, Texte mit minutiösen Beschreibungen experimenteller Methoden gefällig aufzulockern. Sie hatte bei Sir Joshua Reynolds und Thomas Lawrence Malerei studiert und illustrierte Apparate und Versuche mit eigenen Holzschnitten und Zeichnungen.

Die Chemie machte im frühen neunzehnten Jahrhundert unvorstellbar rasche Fortschritte. Die ›Konversationen über Chemie‹ erlebten sechzehn englische Auflagen, von denen jede von der Autorin sorgfältig auf den neuesten Stand gebracht war. Es gab zwei französische Übersetzungen und mindestens fünfzehn amerikanische Editionen. In den Vereinigten Staaten, wo bis 1853 rund 160000 Exemplare verkauft wurden, nennt man das Buch normalerweise ›Mrs. Bryans Konversationen‹. Allerdings nahmen sich die amerikanischen Herausgeber mit dem Text einige Freiheiten heraus, teilweise ging es bis zum Plagiat. Ein empörter Anhänger Jane Marcets schrieb: »Ein amerikanischer Verleger erklärte uns, er habe Jane Marcets Name auf der Titelseite nicht genannt, weil die männlichen Wissenschaftler glaubten, er sei fiktiv!«²⁴⁷

Der Hinweis auf Mrs. Bryan, die Lehrerin im Text, vergrößerte die Konfusion noch. Die ›Konversationen über Chemie‹ wurden daher oft Margaret Bryan, einer Londoner Lehrerin, zugeschrieben. Diese hatte in zwei relativ schwierigen Textbüchern, ›A Compendious System of Astronomy‹ (1797) und ›Lectures on Natural Philosophy‹ (1806), ihre Vorlesungen, Experimente und Aufgaben aus einem Frauenseminar veröffentlicht. Ein großer Teil der Käufer beider Bücher waren Frauen. Die Werke der Marcet schrieb man oft auch ihrem Mann zu, der häufig Korrespondenzen für sie erledigte, oder aber ihrem Verleger.

Der große Chemiker Michael Faraday stieß als junger Buchbinderlehrling beim Binden der ›Konversationen‹ von Jane Marcet erstmals auf die Chemie. Später wurden beide gute Freunde, und Jane Marcet verarbeitete seine und Davys jeweils neuesten Ergebnisse in jeder ihrer Editionen. Man kritisierte allerdings, daß sie auch Davys eher fragwürdige Resultate unbesehen übernahm. Vermutlich ging sie auf seinen Rat hin nicht auf die Atomtheorie, die atomaren Gewichte und Symbole John Daltons ein. Dalton zeigte schon 1808, daß Elemente Verbindungen in einfachen Zahlenverhältnissen eingehen, und stellte die Behauptung auf, Atome des gleichen Elementes seien alle identisch, während sich Atome verschiedener Elemente auch in Größe und Gewicht unterschieden. Die Bedeutung seines Werkes wurde von den meisten Chemikern erst viele Jahre später erkannt.

›Konversationen über Botanik‹, für junge Leute geschrieben und 1817 und 1820 anonym publiziert, wurden zumeist Elizabeth und Sarah Mary Fitton zugeschrieben. Es waren Gespräche zwischen ›Mutter‹ und ›Edward‹. Das Buch enthielt zwanzig kolorierte Stiche und basierte auf dem Linnéschen Klassifikationssystem. Zu ihren ausführlichen ›Konversationen über Pflanzenphysiologie‹ (1829) wurde Jane Marcet durch ihre enge Verbindung mit dem schweizerischen Naturforscher Augustin de Candolle inspiriert. Ihr erstes Buch, ›Konversationen über Naturphilosophie‹, wurde 1819 als Einführung zu den ›Konversationen über Chemie‹ gedruckt. Wie ihre anderen Schriften fielen auch diese in den Vereinigten Staaten dem Plagiat anheim. Ihre Titelseiten enthielten nur den Namen des amerikanischen Herausgebers.

In der Struktur der Wissenschaften machte sich im neunzehnten Jahrhundert eine weitere Strömung breit, die im Gegensatz zu ihrer zunehmenden Popularität stand.

Universitäten und Naturwissenschaftliche Gesellschaften

Je komplexer, spezialisierter und professioneller die Naturwissenschaften wurden, desto angesehener wurden sie als Universitätsfach. In Paris wurde 1794 die hohe Ecole polytéchnique gegründet, die ersten Frauen wurden 1972 zugelassen. Ebenso waren die Frauen, von einigen Ausnahmen abgesehen, von den wichtigsten naturwissenschaftlichen Zentren des neunzehnten Jahrhunderts, den deutschen Universitäten, ausgeschlossen.

Den englischen Frauen erging es etwas besser. Obwohl es Arthur Cayley zu Beginn des neunzehnten Jahrhunderts nicht gelungen war, die Mathematik an der Cambridger Universität den Frauen zugänglich zu machen, konnten sie doch bis Mitte des Jahrhunderts das Fach in ihren eigenen Colleges studieren. Das Queen's College begann 1848 mit 200 Studentinnen, darunter Sophia Jex Blake, die später den Kampf für das Medizinstudium der Frauen anführte. Zwar nahmen die Universitäten von Oxford, Cambridge und London noch immer keine Frauen an, doch sie erhielten unentwegt zahlreiche Eintrittsgesuche, und die Mädchen durften auch die Eintrittsexamen ablegen. 1863 wurden dem Vorstand der nationalen Gesellschaft zur Förderung der Sozialwissenschaften die Papiere von 83 Cambridger Schülerinnen zur Graduierung vorgelegt. Ihre ausgezeichneten Resultate in Naturwissenschaft und Mathematik wurden an einer Versammlung der Gesellschaft diskutiert, und ein Experte versicherte den Anwesenden, daß Mädchen, die man zu Geistesarbeit anregte, keineswegs geisteskrank würden. Zum Beweis lehrte ein Universitätsprofessor an einer Mädchenschule auf dem Dorf Botanik, und die Berichterstattung darüber hielt fest, die Mädchen seien »außergewöhnlich intelligent, ordentlich und sauber in ihrer Erscheinung und ganz besonders begehrt als Kindermädchen«.[248]

Schon lange bevor Frauen an den Universitäten genauso wie Männer akzeptiert wurden, gab es bereits den Kampf um die Aufnahme in Gesellschaften und Akademien. Als erste hatten die Italiener ihre Wissenschaftlichen Gesellschaften den Frauen geöffnet, doch die Inquisition löste die meisten dieser Institutionen auf. Die einflußreichsten europäischen Wissenschaftsvereine wurden dann in der Mitte des siebzehnten Jahrhunderts gegründet, als Instanzen, die neue Forschungsergebnisse bestätigten oder kritisierten, die auch die Untersuchung sozialer Fragen und Problemkreise unterstützten und die durch ihre Zeitschriften neue Erkenntnisse und Entdeckungen publik machten. Im achtzehnten Jahrhundert begannen diese Gesellschaften die ganze Richtung naturwissenschaftlicher Forschung zu bestimmen.

Die Errichtung einiger Gesellschaften ist das Werk von Frauen.

Königin Sophie Charlotte von Preußen stand 1700 maßgebend hinter der Gründung der Preußischen Akademie der Wissenschaften. Richelieu war bei der Schaffung der Französischen Akademie vom akademieartigen Salon der Madame de Rambouillet inspiriert, und die Petersburger Akademie der Wissenschaften stand unter dem Patronat der Kaiserinnen Katharina I., Anna und Katharina der Großen. Prinzessin Katharina Daschkowa (1748–1810), die 1783 Direktorin der Petersburger Akademie wurde, kümmerte sich um deren Reorganisation und Wiederbelebung. Sie war eine begeisterte Naturforscherin, und ihr Freund Benjamin Franklin brachte es fertig, daß sie 1789 einstimmig als erste Frau in die Amerikanische Philosophische Gesellschaft aufgenommen wurde. Trotzdem verweigerte die St. Petersburger Akademie den Frauen noch im ausgehenden neunzehnten Jahrhundert die Mitgliedschaft.

In England blieb die Royal Society ein reiner Männerverein, doch die 1799 von Graf Rumford zur Förderung naturwissenschaftlicher Forschung gegründete Royal Institution hing für ihre Arbeit von den Beiträgen der Mitglieder beiderlei Geschlechts ab. Die Damen der Londoner Gesellschaft drängten sich zu den Vorlesungen der Institution in der Albemarle Street.

Die Popularität der Naturwissenschaft im neunzehnten Jahrhundert und ihre zunehmende Bedeutung für die Industrie brachte eine ganze Reihe von Wissenschaftsvereinen hervor, die weniger auf Männergleisen eingefahren waren. Die ›British Association for the Advancement of Science‹, auch kurz ›BAAS‹ genannt, beschäftigte sich seit ihrer Gründung im Jahre 1831 mit der ›Frauenfrage‹. Ihr Präsident, Pfarrer William Buckland, schrieb am 27. März 1832 an Roderick Murchinson: »Alle, mit denen ich über den Punkt sprach, waren sich einig, daß Frauen nicht zu den Vorträgen zugelassen werden sollten, und schon gar nicht an einem Ort wie Oxford, wenn die Zusammenkünfte wissenschaftlich nutzbringend sein sollen. Statt der Versammlungen ernsthaft mit Philosophie befaßter Männer würden daraus unweigerlich Dilettantenkränzchen à la Albemarle. Ich sah Mrs. Somerville nicht selber, aber ihr Mann versicherte mir mit Bestimmtheit, daß das auch ihre Meinung in der Sache sei, außerdem befürchte ich, daß sie überhaupt nicht kommen würde.«[249] Dabei wäre Mary Somerville, die angesehenste aller Naturwissenschaftlerinnen des neunzehnten Jahrhunderts, ganz bestimmt nicht zu einer Veranstaltung gegangen, an der sie nicht willkommen war.

Die Vorstandsmitglieder der British Association beschlossen also, daß Frauen den gesellschaftlichen Ereignissen, nicht aber den Vorlesungen beiwohnen könnten. Doch Charles Babbage erhob Einspruch, wenn auch wegen ›des bezaubernden Lächelns der Damen‹ und weil mehr Mitglieder zu den Vorträgen erscheinen würden, wenn sie zugleich Frauen und Töchtern damit etwas Zerstreuung bieten könnten.[250] Er gewann, und Frauen wurden zu allgemeinen Veranstaltungen und gelegentlich zu Abendvorlesungen als ›Member's Philosophical Associates‹ zugelassen.

Doch den Frauen genügte das nicht. Schon 1833 füllten sie die Emporen bis zum letzten Platz, und 1834 übertrafen sie zahlenmäßig bereits die Männer. Um das zu verhindern, wurden strenge Regeln für die Ausgabe von Damenkarten aufgestellt. An der Dubliner Versammlung 1835 setzten sich die Frauen über das Verbot, an Sektionstreffen teilzunehmen, hinweg, und aus Angst, sie würden wieder die Türen stürmen, lud man sie 1837 offiziell zu den Gebieten Geologie und Naturgeschichte ein, wies ihnen allerdings zum Sitzen gesonderte Galerien zu. Immerhin gelang es Caroline Fox (1819–1871), ohne Zwischenfall auch den Veranstaltungen der Physik beizuwohnen.

1838 nahmen 1100 Frauen und 1300 Männer an Versammlungen der British Association in Newcastle upon Tyne teil, und zum erstenmal hatten die Frauen auch zu den meisten Sondersitzungen Zugang. Von der naturgeschichtlichen Abteilung waren sie ausgeschlossen, »wegen der delikaten Natur einiger Papiere aus der Zoologie«.[251] Aber das Verbot wurde nicht beachtet. 1839 wurden die Frauen endlich überall zugelassen, allerdings immer noch in eigenen Galerien oder abgetrennten Logen. Mit der einfachen Taktik des massenhaften Auftretens hatten sich die Frauen den Zugang zu den Veranstaltungen der British Association erkämpft.

Von Anfang an hatten einige BAAS-Mitglieder gemerkt, daß die Frauen für den Erfolg und den Stil der Gesellschaft entscheidend waren, und bald waren sie auch aus finanziellen Gründen unentbehrlich, obwohl Humphrey Lloyd an Edward Sabine schrieb: »Ich mache mir einzig Gedanken über die Frage, ob es schicklich sei, die Gesellschaft mit Frauen zu vermischen oder ihr Geld anzunehmen. Ist das nicht eher amerikanisch?«[252] Die meisten Frauen beteiligten sich aus echtem wissenschaftlichen Interesse an der British Association, wurden jedoch von der Mehrzahl der Männer nicht ernst genommen. Trotzdem profitierten Wissenschaftlerinnen von der Gesellschaft. Das erste weibliche Mitglied, Miss Bowlby aus Cheltenham, wurde zwar erst 1853 aufgenommen, aber seit 1840 waren Frauen aktive Teilnehmerinnen an den Veranstaltungen.

Paulina Jermyn (1816–1866), Naturkundlerin und Geologin, lernte ihren zukünftigen Mann, den Geologen Walter Calverley Trevelyan, 1833 an einer Versammlung in Cambridge kennen. Sie kümmerte sich um die Geschäfte der Gesellschaft und wurde von den führenden Wissenschaftlern als Kollegin betrachtet. In den vierziger Jahren hielt Mrs. Davies Gilbert in der Statistischen Abteilung eine Vorlesung über die Notwendigkeit landwirtschaftlicher Ausbildung an Gewerbeschulen und stellte Proben ihres aus Intensivanbau stammenden Weizen aus. Der erste rein wissenschaftliche Vortrag, der in der British Association von einer Frau gehalten wurde, war wahrscheinlich der von Miss R. Zorubin im Jahre 1858, ›Über Wärme und die Unzerstörbarkeit von Elementarkörpern‹. Lydia E. Becker (geb. 1827), die Autorin der ›Botanik für Anfänger‹ (1864), steuerte jahrelang eine ganze Anzahl von Vorträgen bei, 1868 einen in der Abteilung für Ökonomie und Statistik, in dem sie die Beweisführung antrat, daß zwischen den Geschlechtern kein intellektueller Unterschied besteht. In den folgenden Jahren führte sie eine Kampagne zur Wahl von Frauen in die Vorstände und Büros der BAAS. Man sagte ihr, es gebe keine Regel, die solche Wahlen verböte, aber 1876 entschied der Gesellschaftsrat gegen ihre Aktivitäten mit der Begründung, Frauen hätten diese Posten noch nie innegehabt.

Ähnliche Kontroversen waren das ganze neunzehnte Jahrhundert über in naturhistorischen Clubs und Vereinen fast alltäglich. Die London Botanical Society, die Zoological Society of London (1827) und die Royal Entomological Society (1833) nahmen von ihrer Gründung an Frauen zu gleichen Bedingungen wie Männer auf. Die Linnaean Society of London, die Royal Microscopical Society, die Geological Society und die vornehme und einflußreiche Royal Society dagegen öffneten sich den Frauen erst im zwanzigsten Jahrhundert.

Mary Somerville: ›Die Königin der Naturwissenschaft des neunzehnten Jahrhunderts‹

Wir verbrachten hier zwei angenehme Tage mit Dr. Wollaston, Dr. und Mrs. Somerville ... neben unserer eigenen lieben Freundin, Mrs. Marcet. Mrs. Somerville ist, wie La Place sagt, die einzige Frau in England, die sein Werk versteht. Sie zeichnet wunderschön, und während ihr Kopf in den Sternen schwebt, stehen ihre Füße solide auf der Erde. Maria Edgeworth[253]

Als Mary Somerville 1872 starb, wurde sie von ›The London Post‹ als ›Die Königin der Naturwissenschaft des neunzehnten Jahrhunderts‹ gepriesen.[254] John Stuart Mill schrieb, sie habe vielleicht als einzige Frau genügend mathematische Kenntnisse, um neue mathematische Entdeckungen zu machen[255], und Margaret Fuller warf die Frage auf: »Kann man irgendeinem jungen Mädchen das Physikstudium verbieten, wenn es den Wunsch dazu verspürt, nachdem die Somerville so viel geleistet hat?«[256]

Mary Somerville war zeit ihres Lebens Heldin wissenschaftlicher und feministischer Zirkel, doch im Gegensatz zu anderen Wissenschaftlerinnen wich sie nie, jedenfalls nicht öffentlich, von den gesellschaftlich Frauen zugestandenen Gebieten und Verhaltensweisen ab, was zum Teil übrigens ihren Erfolg erklären mag. Alle Zeitgenossen betonten ihre Weiblichkeit. Im Brief, der Mary Somerville darüber informierte, daß die Royal Society einstimmig beschlossen habe, ihre Büste in der Großen Halle aufzustellen, schrieb J. G. Children, die Gesellschaftsmitglieder »ehrten die Wissenschaft, ihr Land und sich selber, indem sie den weiblichen Geisteskräften diesen stolzen Tribut zollten – und zugleich schüfen sie einen unzerstörbaren Beweis für die vollkommene Verträglichkeit zwischen der vorbildlichsten Ausübung der sanfteren Pflichten des häuslichen Lebens und der tiefschürfendsten Forschung in mathematischer Philosophie«.[257]

Children fühlte sich nicht bemüßigt beizufügen, daß Mary Somerville die Große Halle der Royal Society als Frau nicht betreten durfte. In ›Nature‹ bemerkte ein Rezensent ihres Buches ›Persönliche Erinnerungen‹: »Wahrscheinlich hätte niemand ... einen schlagenderen Ge-

genbeweis für das Axiom liefern können, das noch vor einem halben Jahrhundert praktisch universelle Geltung hatte, daß nämlich große wissenschaftliche Leistungen absolut unvereinbar seien mit der ordentlichen Erfüllung der natürlichen und zugeschriebenen Rolle des Frauenschicksals.«[258]

Mary Somerville war teilweise recht widersprüchlich in ihren Ansichten. Sie war eine ausgesprochene Feministin, ihre Unterschrift stand zuoberst auf John Stuart Mills Petition für das Frauenstimmrecht, sie fand jedoch, daß sie selbst außerordentliche Chancen gehabt habe und daß es Wissenschaftlerinnen an Originalität und Kreativität mangle.

Sie wurde 1780 als Mary Fairfax in Schottland geboren und erhielt so ungefähr das Minimalste an Schulbildung, was sich denken läßt. Ein Jahr im Pensionat der Miss Primrose, wo »ich in ein Korsett mit einer Stahlstütze vorn gepackt wurde, während Bänder über dem Kleid meine Schultern so weit zurückzwängten, bis sich die Schulterblätter berührten. Ein Stahlstab mit einem Halbrund, das unter mein Kinn paßte, wurde auf die Stahlplatte meines Korsetts montiert...«[259]

Wieder zu Hause, vertrieb sie sich die Zeit damit, Vögel zu beobachten und sich Latein beizubringen, einfach »um beschäftigt zu sein«.[260] Ihre Kindheit war kaum dazu angetan, die größte Naturwissenschaftlerin des neunzehnten Jahrhunderts hervorzubringen. Nur ihr Onkel, Dr. Somerville, ihr späterer Schwiegervater, begeisterte sie mit den Geschichten großer gelehrter Frauen des Altertums.

Mary knobelte an den Mathematikrätseln in den Frauenzeitschriften, aber sie hatte nie etwas von Algebra gehört und hatte keine Ahnung, was x und y bedeuteten. Der Hauslehrer ihres jüngeren Bruders gab ihr Kopien der ›Elemente‹ von Euklid und der ›Algebra‹ von Bonnycastle. Ihr Vater erhob Einspruch: »Eines Tages werden wir Mary in die Zwangsjacke stecken müssen. Da war doch die X, die über der Longitüde den Verstand verlor.«[261] Doch als die Eltern die Kerzen wegnahmen, damit Mary nachts nicht lesen konnte, lernte sie die Bücher auswendig und löste die Aufgaben im Kopf.

1804 heiratete Mary einen Kapitän der russischen Kriegsmarine, Samuel Greig, »der eine sehr geringe Meinung von den Fähigkeiten meines Geschlechts und weder Kenntnisse noch irgendein Interesse an Wissenschaft hatte«.[262] Drei Jahre später war sie eine Witwe mit zwei kleinen Söhnen. Nun konnte sie ihren eigenen Interessen nachgehen, und sie gewann eine Silbermedaille für die Lösung einer diophantischen Gleichung in William Wallaces ›Mathematical Repository‹. Wallace, der später Mathematikprofessor an der Universität Edinburgh und ihr Freund an der ›Edinburgh Review‹ wurde, ermutigte sie, ihr Studium weiterzuführen. So las sie bald Newtons ›Prinzipien‹.

Sie heiratete wieder, diesmal ihren Vetter William Somerville, einen Arzt, der ihr Interesse für Naturgeschichte teilte. Mary Somerville hätte keinen verständnisvolleren und hilfreicheren Gatten finden können. Als Mitglied der Royal Society konnte er für sie die Bibliothek benutzen und sie mit bedeutenden Wissenschaftlern bekannt machen. Als sie Jahre später die führende wissenschaftliche Autorin ihrer Zeit geworden war, korrigierte und kopierte er ihre Manuskripte, stellte ihre Bibliographien zusammen und führte ihre Korrespondenz mit Wissenschaftlern und Verlegern. Gemeinsam studierten sie auch Geologie und legten eine Mineraliensammlung an, und mit 33 Jahren ging Mary Somerville von Griechisch und Botanik über zu Meteorologie, Astronomie, höherer Mathematik und Physik.

1816 übersiedelten die Somervilles von Edinburgh nach London, wo sie sich mitten in einem anregenden, fortschrittlichen Kreis von Amateur- und Berufswissenschaftlern befanden. Mary Somervilles enger Freund William Wollaston bereicherte ihre Mineralienkollektion und schenkte ihr wenige Stunden nach seiner Entdeckung des Sonnenspektrums das Prisma, das er dazu benutzt hatte. Thomas Young erklärte ihr seine Methode, ägyptische Papyrusrollen astrologisch zu datieren. Sir Edward Parry brachte ihr Samen und Mineralien aus der Arktis mit, wo er eine Insel nach ihr benannte, Sir James South unterrichtete sie in der Beobachtung binärer Systeme, und Lady Bunburry lehrte sie die Klassifikation von Meeresmuscheln. Sie bewunderte Charles Babbages Rechenmaschinen und wurde die Mentorin der jungen Ada Lovelace.

Die Somervilles waren auch häufige Besucher im Observatorium der Herschels in Slough. In Paris und in der Schweiz trafen sie mit den größten Wissenschaftlern ihrer Tage zusammen. Mary Somervilles Freunde sandten ihr Bücher und Abhandlungen, führten für sie Experimente durch, luden sie zu ihren Versammlungen und Vorlesungen ein und beantworteten bereitwillig all ihre Fragen. Kurz, sie war in einer denkbar günstigen Position, um wissenschaftliche Arbeiten zu schreiben.

Mary Somervilles erste Schrift, ›Über die Magnetisierungskraft der stärker brechbaren Sonnenstrahlen‹, wurde der Royal Society von ihrem Mann vorgestellt. Mit so einfachen Hilfsmitteln wie einer nichtmagnetischen Stahlnähnadel, Papier und einem Prisma kam sie zu dem Schluß, daß Magnetismus durch das blau-grün-violette Ende des Sonnenspektrums hervorgerufen wurde.[263] Ihre Ergebnisse und Schlußfolgerungen wurden vorerst weitgehend akzeptiert und regten eingehendere Untersuchungen auf dem Gebiet an, wurden schließlich aber widerlegt.

Mary Somerville legte zwei weitere Forschungspapiere vor, einmal die ›Experimente zur Übertragung chemischer Strahlen des Sonnenspektrums durch verschiedene Medien‹, erschienen 1836 in den ›Comptes Rendus‹ der französischen Akademie der Wissenschaften, und zum anderen ›Über die Wirkung der Spektralstrahlen auf Pflanzensäfte‹, ein Auszug aus einem Brief an Sir John Herschel, der 1845 von der Royal Society publiziert wurde.

Mary Somerville war sich der Begrenztheit ihrer experimentellen Arbeit aber durchaus bewußt. In einem Entwurf zu ihrer Autobiographie schrieb sie: »Die Anerkennung durch einige der größten Wissenschaftler unserer Tage und durch das allgemeine Publikum brachten mir wohl Genugtuung, doch geriet ich deswegen weit weniger in Hochstimmung, als man annehmen möchte. Denn ich hatte zwar einige der ausgeklügeltsten und schwierigsten analytischen Prozesse und astronomischen Entdeckungen in sehr klarer Form aufgezeichnet, aber ich war mir bewußt, nie selber eine Entdeckung gemacht, nie selber Originalität besessen zu haben. Ich besitze Ausdauer und Intelligenz, aber keinen Genius. Dieser himmlische Funke ist unserem Geschlecht nicht gegeben. Wir gehören der Erde an, sind erdgebunden. Gott allein weiß, ob uns in einer anderen Existenz höhere Kräfte zugestanden werden, in dieser jedenfalls besteht für uns keine Hoffnung auf originellen Schöpfergeist.«[264] Diese Gedankengänge spiegeln die zeitgemäße Haltung den Wissenschaftlerinnen gegenüber wider, die Botanik studieren oder die Entdeckungen ihrer männlichen Kollegen beschreiben, aber nicht eigenständige Forschung und Versuche ausführen durften. Letztere wurden als unschicklich oder die weiblichen Fähigkeiten übersteigend betrachtet.

Am 27. März 1827 fragte Lordkanzler Baron Henry Brougham Dr. Somerville an, ob Mary seiner ›Gesellschaft für die Verbreitung nützlichen Wissens‹ die ›Himmelsmechanik‹ von Laplace übersetzen würde. Mary Somerville zögerte. Indem Laplace die beobachteten Kometen-, Planeten- und Satellitenbewegungen mit Newtons Gravitationstheorie interpretierte, bewies er, daß das Sonnensystem ein stabiler, sich vollkommen selbst regulierender Mechanismus war. Es war ein umfangreiches, außerordentlich kompliziertes Werk. In einer Besprechung im Jahre 1808 bemerkte John Playfair, es gebe in ganz England kaum ein Dutzend Mathematiker, die es auch nur zu lesen imstande seien.[265] Man erzählte sich, Laplace, der keine Kenntnis von Mary Somervilles erster Ehe hatte, habe anläßlich eines Essens mit den Somervilles in Paris zu ihr gesagt: »Madame, ich schreibe Bücher, die keiner versteht. Meine ›Himmelsmechanik‹ haben nur zwei Frauen gelesen, und beide sind Schottinnen, eine Mrs. Greig und Sie selbst.«[266]

Schließlich stimmte Mary Somerville dem Vorhaben zu, unter der Bedingung, daß die Manuskripte verbrannt würden, wenn sie unannehmbar seien. In den nächsten vier Jahren arbeitete sie nebenbei an dem Buch, während sie ihr reges Gesellschaftsleben weiterführte und die Erziehung und Ausbildung ihrer Töchter überwachte. In ihrer Autobiographie steht: »Ein Mann kann mit der Begründung geschäftlicher Pflichten immer über seine Zeit verfügen, der Frau sind keinerlei derartige Entschuldigungen erlaubt.«[267]

Mary Somervilles ›Himmelsmechanik‹ wurde weit mehr als eine Übersetzung von Laplace. Ihre ausführliche ›Einleitende Erläuterung‹ umfaßte die mathematischen Grundkenntnisse, die zum Verständnis der Ideen von Laplace nötig waren, sowie einen geschichtlichen Abriß des Themas und die Erklärung des Werks von Laplace mit ihren eigenen Zeichnungen, Diagrammen, mathematischen Ableitungen und Beweisen. Die ›Erläuterung‹ wurde später neu gedruckt und als Separatum verkauft.

Schließlich fand Brougham jedoch die ›Himmelsmechanik‹ für seine ›Bibliothek des nützlichen Wissens‹ zu lang und zu kompliziert, und Dr. Somerville schickte das Manuskript mit einer positiven Würdigung Sir John Herschels an den Verleger John Murray. Dieser glaubte zwar nicht, das Buch verkaufen zu können, stimmte aber einer Auflage von 750 Exemplaren zu. Das Werk erhielt nicht nur begeisterte Rezensionen, es wurde auch ein finanzieller Erfolg.[268] Die ›Himmelsmechanik‹ blieb für den Rest des Jahrhunderts der Standardtext für höhere Mathematik und Astronomie.

Mary Somervilles zweites Buch, ›Über die Beziehungen der physikalischen Wissenschaften‹, legte die Betonung auf die wachsende Verflechtung der verschiedenen Wissenschaftszweige. Obwohl Mary mehr als ein Drittel der Arbeit ihrem Lieblingsthema, der physikalischen Astronomie, widmete, behandelte sie doch auch Mechanik, Magnetismus, Elektrizität, Wärme und Schall. In der Diskussion der Optik unterstützte sie vehement Thomas Youngs Wellentheorie für das Licht, und sie setzte sich mit überzeugenden Argumenten für die Übernahme des französischen metrischen Systems ein. Auch ihre Meteorologie und Klimatologie waren für ihre Zeit fortschrittlich. Sie griff auch die Experimente Chladnis mit den vibrierenden Platten auf, das Phänomen, das Sophie Germain über so viele Jahre beschäftigt hatte. Zahlreiche Wissenschaftler, und ganz speziell Michael Faraday, steuerten zu jeder überarbeiteten Ausgabe ihr Wissen und ihre Ratschläge bei.

›Physikalische Wissenschaften‹ war ein rein deskriptives Werk. Hier gab es Beispiele und Analogien, es umfaßte ein Wörterverzeichnis und beschränkte die mathematischen Formeln auf die Anmerkungen. In ihrer Widmung von 1834 an Königin Adelaide, die Gattin Williams IV., schrieb Mary Somerville, sie habe versucht, »die Gesetze, welche die materielle Welt dirigieren, meinen Mitbürgerinnen näherzubringen«. Zugunsten der Lesbarkeit verzichtete sie allerdings nie auf die Präzision ihrer Aussagen.

Das Buch wurde sogar erfolgreicher als die ›Mechanik‹. Es erlebte in den nächsten vierzig Jahren zehn Editionen und wurde ins Französische, Deutsche und Italienische übersetzt, und in den Vereinigten Staaten gab es Raubdruckausgaben. Mit jeder Neuauflage wurden überholte Materialien ausgeschieden und neue Entdeckungen aufgenommen, so daß sich der Umfang im Laufe der Zeit vervierfachte. Besonders gut kann man anhand der verschiedenen Neuauflagen die Entwicklung von Elektrizität und Magnetismus zur entscheidenden

Wissenschaft des neunzehnten Jahrhunderts verfolgen. ›The Athenaeum‹ nannte das Buch »wunderbar« und, »neben den Abhandlungen Sir John Herschels, das wertvollste und erfreulichste wissenschaftliche Werk des Jahrhunderts«.[269] In seiner Besprechung der ›Physikalischen Wissenschaften‹ prägte William Whewell das Wort ›Wissenschaftler‹, im Gegensatz zu ›Philosoph‹, um »jene zu bezeichnen, die sich mit der Gesamtheit der Kenntnisse der materiellen Welt befassen«.[270]

›Physikalische Wissenschaften‹ wurde zu einem wichtigen Buch für Wissenschaftler, ebenso wie für die allgemeine Leserschaft. In der sechsten und siebten Auflage (1842 und 1846) schrieb Mary Somerville: »Jene [Bewegungstabellen] des Uranus sind jedenfalls bereits unzulänglich, vermutlich, weil die Entdeckung des Planeten von 1781 noch zu neu ist, um seine Bewegungsrichtung präziser festlegen zu können, oder weil seine Bewegung möglicherweise durch einen unsichtbaren Planeten gestört wird, der jenseits der heutigen Grenzen unseres Systems um die Sonne kreist. Wenn sich in den Tabellen der Uranusbewegung, die aufgrund zahlreicher Beobachtungen innerhalb einer größeren Zeitspanne errechnet werden, noch immer Ungenauigkeiten ergeben, kann uns das die Existenz, ja sogar Maße und Umlaufbahn eines Himmelskörpers anzeigen, der unserem Gesichtsfeld auf immer entzogen bleiben wird.«[271]

In der achten Edition (1848) konnte Mary Somerville ankündigen, daß John Adams und Urbain Leverrier, angeregt durch ihren Kommentar, die Kreisbahn eines Planeten errechnet und in der Folge Neptun entdeckt hatten. Sie notiert dazu:» ... verbringe Zeit mit Airy und Adam [sic], der letztere sagt zu Mr. S., eine meiner Bemerkungen in ›Physikalische Wissenschaften‹ habe ihn auf die Idee gebracht, die Umlaufbahn von Neptun zu errechnen. Wäre ich originell oder genial, hätte ich es selbst getan. Ein Beweis, daß schöpferische Erfinderkraft den Frauen nicht gegeben ist?«[272]

1838 gelang es Mary Somerville, die russische Regierung dafür zu gewinnen, an allen Küsten ihres Reiches gleichzeitige Beobachtungen der Gezeiten vorzunehmen, und in der Nacharbeit zur Wiederkehr des Halleyschen Kometen im August 1835 veröffentlichte sie einen detaillierten Bericht zum aktuellen Wissensstand über die Kometen.

Nun regnete eine Anerkennung nach der anderen auf sie herab: Ehrenmitgliedschaft bei der Royal Astronomical Society, der Royal

Academy von Dublin, der British Philosophical Institution und der Société de Physique et d'Histoire Naturelle von Genf. Wichtiger noch, daß ihr ab 1835 eine Jahresrente von zweihundert Pfund zuerkannt wurde, die zwei Jahre später auf dreihundert Pfund erhöht wurde.

1848 kam Mary Somervilles erfolgreichstes Buch heraus, die ›Physikalische Geographie‹. Es ist eine Darstellung der Erde, des Meeres und der Luft, mit ihren tierischen und pflanzlichen Bewohnern, der Verteilung dieser organisierten Wesen und der Gründe für diese Verteilung. Gestützt auf die neue Geologie von Charles Lyell und Roderick Murchinson, beschrieb Mary Somerville die »sukzessiven Erdstöße, die schließlich zur jetzigen geographischen Konstellation und zur bestehenden Verteilung von Wasser und Land« geführt hatten.[273] Der Text wäre beinahe zerstört worden. Kurz vor Drucklegung erschien Alexander von Humboldts erster Band des ›Kosmos‹. Obwohl Mary Somervilles Werk immer noch das erste seiner Art auf englisch gewesen wäre, beschloß sie, das Manuskript zu verbrennen. Ihr Mann und Sir John Herschel, dem das Buch gewidmet war, brachten sie schließlich dazu, ihre Meinung zu ändern. ›Physikalische Geographie‹ sollte sieben Auflagen erreichen.

Das Buch war rein beschreibend, gelegentlich phantasievoll und poetisch. Zum erstenmal ließ Mary Somerville einige ihrer politischen Ansichten durchblicken. Sie kritisierte die Sklaverei, diskutierte Klassenkonflikte und die unausrottbare Ungleichheit zwischen den Menschen. Sie nahm die Thesen der Wissenschaftshistoriker des zwanzigsten Jahrhunderts vorweg, indem sie die Theorie von ›einem großen Erfinder‹ bestritt und darlegte, daß die meisten großen Entdeckungen das Ergebnis eines langsamen, von vielen Wissenschaftlern getragenen Prozesses seien: »Wenn die Gesellschaft einen gewissen Punkt des Fortschritts erreicht hat, ergeben sich bestimmte Erfindungen ganz von selbst. Die allgemeine Geisteshaltung ist daraufhin orientiert, und wenn ein Individuum nicht darauf kommt, so tut es ein anderes.«[274]

Die Somervilles zogen 1840 nach Italien, und weitere Ehrungen folgten, darunter die Aufnahme in die italienische Akademie der Wissenschaft (1856), die Italienische Geographische Gesellschaft (1870) und verschiedene weitere wissenschaftliche und literarische Vereinigungen Italiens. Außerdem wurde Mary Somerville die Mitgliedschaft in der Amerikanischen Geographischen und Statistischen Gesellschaft

(1857) und in der Amerikanischen Philosophischen Gesellschaft (1869) verliehen. Bei der Wahl in diese letzte Gesellschaft war Mary Somerville zweite hinter der amerikanischen Astronomin Maria Mitchell und unmittelbar vor den Naturforschern Elizabeth Agassiz und Charles Darwin. Sie erhielt auch die Victoria-Goldmedaille der Royal Geographical Society, die Victor-Emmanuel-Goldmedaille und die erste Goldmedaille der Geographischen Gesellschaft von Florenz. Das Somerville College, eines der ersten Frauencolleges Oxfords, wurde nach ihr benannt.

Obwohl Mary Somervilles Bücher sehr populär waren, nahm sie selbst nicht aktiv an der volkstümlichen Verbreitung der Wissenschaft teil. Sie war eher eine Darstellerin. Sie beschrieb und erklärte die aktuellen wissenschaftlichen Strömungen in Worten, die der gebildete Leser verstehen konnte. Sie betonte experimentelle Ergebnisse und benutzte ein präzises wissenschaftliches Vokabular. Sie präsentierte beide Seiten kontroverser Fakten, war aber eine Idee einmal widerlegt, erschien sie in der nächsten Auflage nicht mehr.

Die vielleicht einzige Ausnahme in der Vollständigkeit ihres Werkes war das gänzliche Fehlen der Evolutionstheorie von Charles Darwin. Mary Somerville kannte und bewunderte Darwin, und in ›Physikalische Geographie‹ verwies sie häufig auf seine Reisen und seine Leistungen als Naturforscher. Sie war einverstanden, daß H. W. Bates, ein sturer Evolutionist, die ›Physikalische Geographie‹ für die Edition 1870 überarbeitete, vorausgesetzt, daß er keinen Darwinismus hineinbrachte.[275] Möglicherweise war Mary Somerville überzeugt, daß Darwin nicht recht hatte, sicher fürchtete sie die öffentliche Zensur. Nach dem Erscheinen der ›Himmelsmechanik‹ war sie im Unterhaus als gottloses Weib denunziert worden, und die Tatsache, daß sie in ›Physikalische Geographie‹ das geologische Alter der Erde akzeptierte, hatte ihr eine öffentliche Brandmarkung im Unterhaus und von der Kanzel der Kathedrale von York eingetragen.

Mary Somervilles letztes Buch, ›Über molekulare und mikroskopische Wissenschaft‹, wurde 1869 publiziert, als sie 89 Jahre alt war. Sie hatte sich überlegt, ›Physikalische Wissenschaften‹ umzuschreiben, dann aber beschlossen, ein völlig neues Werk über die in jüngster Zeit mit dem verbesserten Mikroskop gemachten Entdeckungen zu schaffen. Die Arbeit begann mit einem ersten Teil über Atomtheorie und das Sonnenspektrum, dann folgte ein Pflanzenkatalog. Der zweite Band deckte die Tiere von den Protozoen bis zu den Mollusken ab, einschließlich ihres inneren Aufbaus, ihrer Reproduktionsformen und ihres Lebensraums. Es war bereits bei Erscheinen überholt und das am wenigsten gut geschriebene ihrer Bücher. Die Kritiker waren höflich, aber es wurde ein finanzieller Mißerfolg, und es kam nie zu einer verbesserten Auflage.

Mary Somerville starb 1872. Bis zuletzt arbeitete sie an einem mathematischen Papier über hyperkomplexe Zahlen, das sie vierzig Jahre früher begonnen hatte. Ihr Freund Francis Power Cobbe beantragte für sie eine Beisetzung in der Westminster Abbey. Als alle Vorbereitungen getroffen waren, weigerte sich jedoch der Königliche Astronom, »aus wissenschaftlicher oder männlicher Eifersucht«, das formale Ansuchen zu stellen, mit der Begründung, »er habe die Bücher der Somerville nie gelesen«.[276] Ihre wissenschaftliche Bibliothek wurde dem neugegründeten Girton College für Frauen in Cambridge geschenkt.

Mary Somerville hatte erst in mittlerem Alter ernsthaft wissenschaftlich zu arbeiten begonnen, und sie hatte stets bedauert, sich nicht konsequent auf Mathematik konzentriert zu haben. Es ist müßig, darüber zu spekulieren, was diese brillante Frau geleistet hätte, wenn sie jung angespornt und geschult worden wäre. Sie selbst machte sich Vorwürfe, als ihre älteste Tochter mit zehn Jahren starb, daß sie das Kind intellektuell überfordert habe. Trotzdem schrieb sie im hohen Alter: »Die Jahre haben meinen Einsatz für die Befreiung meines Geschlechts von den in Großbritannien vorherrschenden, unhaltbaren Vorurteilen gegen die literarische und wissenschaftliche Ausbildung der Frauen nicht zum Erlahmen gebracht.«[277]

Mary Somerville war die letzte der großen Amateur-Gelehrten. Bis zu ihrem Lebensende waren die verschiedenen Wissenschaften zu komplex geworden, um von einem einzelnen Individuum in ihrer Ganzheit verstanden zu werden. Außerdem hatte sie als Frau Glück, wie Charles Lyell 1831 seiner zukünftigen Frau, Mary Horner, schrieb: »Wäre unsere Freundin Mrs. Somerville mit Laplace oder einem Mathematiker verheiratet gewesen, hätten wir nie etwas von ihrem Werk gehört. Es wäre in dem ihres Mannes aufgegangen und hätte als seines gegolten.«[278]

NACHWORT

In Paris entdeckte Marie Curie 1898 die Radioaktivität als spezifische Eigenschaft des Atoms. Es war eine Entdeckung, die die Welt verändern sollte. Innerhalb eines Jahrzehnts hatten bedeutende Fortschritte die Mathematik, Physik, Astronomie, Biologie und andere Wissenschaften umwälzend verändert. William Whewells Bezeichnung ›Wissenschaftler‹ wurde unzutreffend. Bald würde es nur noch Kernphysiker, Genetiker, Molekularbiologen und Computeringenieure geben. Es würden nie wieder wesentliche Entdeckungen von Amateuren gemacht werden. Die Wissenschaft wurde zum Beruf in jedem Sinne des Wortes, und ihre Struktur und jene des wissenschaftlichen Establishments hatten sich unwiderruflich verändert.

Seit frühesten Zeiten hatten Frauen zur Entwicklung wissenschaftlicher Erkenntnisse beigetragen, und doch sind die meisten Frauen dieses Buches nicht einmal den Wissenschaftshistorikern bekannt. Was wir von ihnen wissen, verdanken wir – und auch sie – besonders günstigen Umständen. Von daher bilden sie nur *eine* Farbe des Spektrums aller wissenschaftlich tätigen Frauen, die in der Geschichte überhaupt irgendwie überleben konnten. Tausend andere gerieten zweifellos für alle Zeiten in Vergessenheit.

Am Ende des neunzehnten Jahrhunderts wurde Frauen erstmals in der Geschichte der Eintritt in die Gemeinschaft der Wissenschaftler möglich gemacht. Trotzdem gelten die Worte, die Henrietta Bolton 1898 im ›Popular Science Monthly‹ schrieb (S. 511), auch heute noch: »Als allgemeine Regel muß die Wissenschaftlerin stark genug sein, allein dazustehen und den oft ungerechten Sarkasmus und die Abneigung der Männer zu ertragen, die sich eifersüchtig gegen eine Einwanderung in ihr, wie sie meinen, ureigenstes Gebiet wehren.«

ANMERKUNGEN

1 Später führten ihre philosophischen Studien Anne Conway, sehr zur Bestürzung Henry Mores, zum Quäkertum. Erstens wegen der Übereinstimmungen zwischen der Quäkerdoktrin und der Kabbala und zweitens, weil die Quäker an die Gleichheit der Frauen glaubten. Bis 1677 waren Anne Conway und van Helmont zum Quäkertum übergetreten. Die religiösen Führer George Fox, George Keith und William Penn waren häufige Gäste in Ragley Hall, und vier Jahre lang arbeitete Anne Conway mit van Helmont und Keith an einer Abhandlung mit dem Titel ›Two Hundred Queries... Concerning the Doctrine of the Revolution of Humane Souls‹ (1684).

2 Essays upon Several Subjects in Prose and Verse. London 1710, S. 123, erwähnt in: Arthur O. Lovejoy, The Great Chain of Being. A Study of the History of an Idea. Oxford 1933, S. 190 f.

3 Leider haben die Historiker alles darangesetzt, die intellektuellen Leistungen Elisabeth von Böhmens herunterzuspielen. E. T. Bell schrieb z. B. in ›Men of Mathematics‹: »Es gibt eine Theorie, die eine Liebesenttäuschung für den außergewöhnlichen Wissensdurst dieser bemerkenswerten jungen Frau verantwortlich macht« (S. 47). Für diese absurde Vermutung gibt es keinerlei Anhaltspunkte. Königin Christine von Schweden (1626–89) zum Beispiel sammelte ebenso leidenschaftlich wissenschaftliche und mathematische Manuskripte, wie sie die dazugehörigen Wissenschaftler an ihren Hof verpflichtete. Sie engagierte 1649 Descartes als Lehrer. Unter dem Druck der Staatsgeschäfte setzte sie die Lektionen auf fünf Uhr in der Frühe an. Allein, Descartes' Gesundheit hielt dem bitterkalten Wintermorgen nicht stand. Er starb 1650 in Stockholm.

4 Gerda Lerner, Placing Women in History. A 1975 Perspective. Urbana 1976, S. 366

5 V. Gordon Childe, What Happened in History. Harmondsworth 1964, S. 15

6 ebenda, S. 66

7 S. L. Washburn und C. S. Lancaster, The Evolution of Hunting. Chicago 1968, S. 297

8 In gewissen Gegenden Afrikas blieben die Frauen Kleinbäuerinnen, bis die von den Europäern aufgezwungenen Landreformen sie ihrer Rechte beraubten. Siehe: Ester Boserup, Woman's Role in Economic Development. London 1970, S. 60

9 Erwähnt in: Giovanni Boccaccio, Concerning Famous Women. London 1964, Kap. 42

10 Homer, Ilias (XI, 740)

11 Homer, Odyssee (IV, 221)

12 Joseph McCabe, Hypatia. *Critic*, 43 (1903), S. 267

13 Zitiert in: Kate C. Hurd-Mead, An Introduction to the History of Women in Medicine. *Annals of Medical History*, NS 5 (1933), S. 18

14 Erwähnt in: Laertius Diogenes, Lives and Opinions of Eminent Philosophers. London 1925, 8, 8. Themistokles wird auch als Aristokleia oder Theiokleia aufgeführt.

15 Siehe: Lynn M. Osen, Women in Mathematics. Cambridge 1974, S. 15

16 ebenda, S. 16. Osen vertritt die Ansicht, daß Pythagoras öffentlich lehren und sein Wissen frei verbreiten wollte, daß konservative Elemente innerhalb der Gemeinschaft sich jedoch für die Geheimhaltung der Lehre einsetzten. Die wissenschaftlichen Ansichten der Pythagoreer wurden erst in der Mitte des fünften Jahrhunderts v. Chr. allgemeiner bekannt, als sie sich in religiöse und wissenschaftliche Gruppierungen aufspalteten.

17 Dieses Denkmodell hatte einen offensichtlichen Fehler: Da die Erde innerhalb eines 24-Stunden-Tages einmal um das zentrale Feuer kreiste, hätten die Fixsterne ihre Stellung zueinander verändern müssen, Phänomen der stellaren Parallaxe, außer sie lagen unendlich weit entfernt. Es konnte aber kein Parallaxeffekt beobachtet werden, und die Theorie der Musiktonleitern stützte sich auf die Annahme, die Fixsterne befänden sich in endlicher Entfernung. Später retteten die Pythagoreer die Kosmologie, indem sie ins Zentrum des Universums nicht ein Feuer, sondern die Erde setzten, die sich einmal täglich um ihre eigene Achse drehte.

18 Man weiß wenig über diese Töchter von Theano und Pythagoras. Damo oder Arignote könnte andere Frauen in der pythagoreischen Lehre unterwiesen haben. Myia, eine andere Anhängerin des Pythagoras, wurde ebenfalls seine Tochter genannt.

19 Diese Szene trifft man häufig in der Geschichte des Altertums. Vielleicht war ›sich die Zunge abbeißen‹, wenn auch nur symbolisch, eines der wenigen Mittel der Frauen, der Regierung die Stirn zu bieten.

20 Die spartanischen Frauen hatten nur deshalb eine bevorzugte Stellung, weil sie das wichtigste Gut der Gesellschaft, die zukünftigen Krieger, gebaren. Pomeroy behauptet, nur in Sparta seien die kleinen Mädchen ebensogut ernährt worden wie die Knaben. Meines Wissens wurde ein möglicher Zusammenhang zwischen frühkindlicher Ernährung und der Entwicklung der weiblichen Intelligenz im Altertum nie untersucht. (Sarah B. Pomeroy, Goddesses, Whores, Wives, and Slaves. Women in Classical Antiquity. New York 1975, S. 36)

21 Menagius berichtet in seiner ›Historia Mulierum Philosopharum‹ (Amsterdam 1692, S. 3), daß in den Schriften der Alten fünfundsechzig Philosophinnen erwähnt werden. Athenaeus führt in seiner ›Deipnosophisticae‹, ca. 2000 v. Chr., mehrere griechische Mathematikerinnen auf, erwähnt in: H. J. Mozans, Woman in Science. 1913, S. 137.

22 Plinius, Naturgeschichte (25, 10)

23 Plutarch, Perikles, S. 132f.

24 Mozans, a. a. O., S. 198

25 Aristoteles, De Generatione Animalium (II, 737^a)

26 Mozans, a. a. O., S. 8

27 ebenda, S. 8

28 Boccaccio, a. a. O., S. 132

29 Als Artemisias Mann, König Mausolos, 355 v. Chr. starb, errichtete sie ihm in ihrer Hauptstadt, Halikarnassos, ein Grabmal, das Mausoleum. Es wurde zum siebten Weltwunder der Antike. Die Königin-Witwe war auch eine ausgezeichnete Heerführerin. Sie eroberte das benachbarte Rhodos, nachdem es ihre Stadt vom Meer

her angegriffen hatte. Eine frühere Artemisia, Königin von Halikarnassos und Kos (ca. 480 v. Chr.), nahm an den Feldzügen des Xerxes gegen die Griechen teil. Die Griechen waren derart empört darüber, daß eine Frau die Schlacht anführte, daß sie für ihre Gefangennahme eine Belohnung aussetzten.

30 Zitiert in: Sophia Jex-Blake, Medical Women. A Thesis and a History. Edinburgh 1886, S. 11

31 Zitiert in: Gilbert McCaster, The First Woman Practitioner of Midwifery and the Care of Infants in Athens, 300 BC. *American Medicine*, 18 (1921), S. 202

32 Jex-Blake, a. a. O., S. 11

33 Soranus, Gynäkologie (I, 4)

34 Erwähnt in: Hurd-Mead, An Introduction, a. a. O., S. 291. Elephantis und Lais sind häufige Namen, und es besteht Unsicherheit darüber, ob sie im 3. Jhdt. v. Chr. oder zur Zeit des Soranus lebten. Mindestens drei berühmte griechische Kurtisanen hießen Lais. Es gab eine Elephantis, die obszöne, von Kaiser Tiberius sehr bewunderte Gedichte schrieb. Möglicherweise war es die gleiche Elephantis, die Galenus als Verfasserin von kosmetischen Abhandlungen erwähnt. Die schöne Gelehrte, die ihre Vorlesungen hinter einem Wandschirm hält, erscheint in vielen Kulturen, vom Altertum bis weit in die Renaissance hinein.

35 Plinius, a. a. O. (18, 81)

36 ebenda (28, 66)

37 ebenda (20, 226)

38 Scribonius Largus, De Compositione Medicamentorum Liber (1529), erwähnt in: Hurd-Mead, An Introduction, a. a. O., S. 293

39 Erwähnt in: Joseph Needham, A History of Embryology. Cambridge 1959, S. 65

40 Zitiert in: Mozans, a. a. O., S. 270

41 James Ricci, Übersetzer des Aetios, meint, Aspasia könne eine schöne Ärztin gewesen sein und Mätresse von Cyrus dem Jüngeren und dem Perserkönig Ataxerxes. Oft wird sie auch verwechselt mit der viel früheren Athenerin Aspasia von Milet. In der schamlosesten Art von Geschichtsverfälschung, der wir bei Trotula im Mittelalter wieder begegnen werden, wird Aspasia als Mann, ›Aspasios‹, ausgegeben oder aber als Titel eines verlorengegangenen, von einem Mann geschriebenen Textes über Frauenkrankheiten. (James V. Ricci: Aetios of Amida, The Gynaecology and Obstetrics of the VIth Century, A. D. Philadelphia 1950, S. 12)

42 Hurd-Mead, An Introduction, a. a. O., S. 398

43 Maria wird in der Literatur unter verschiedenen Namen und Beinamen erwähnt, darunter Marie oder Maria, die Prophetin, ›Maria, die Weise‹, oder Miriam. Es ist nicht klar, ob Maria, die Jüdin, und Marie, die Koptin, ein und dieselbe Person sind. ›Der Kronbrief und die Natur der Schöpfung von Marie der Koptin aus Ägypten‹, eine Übersetzung aus dem Griechischen, die sich in einem Band arabischer alchimistischer Manuskripte befindet, beschreibt eine Anzahl chemischer Prozesse, einschließlich der Herstellung farbigen Glases.

44 Zitiert in: F. Sherwood Taylor, The Evolution of the Still. *Annals of Science*, 5 (1945), S. 190

45 M. Berthelot, Collection des anciens alchimistes Grecs (Paris 1888), III, 196, zitiert in: F. Stephen Mason, A History of the Sciences. New York 1962, S. 67

46 Sie wurde mit Königin Kleopatra verwechselt, die auch an Alchimie interessiert gewesen sein könnte. Vielleicht wurde ihr Werk absichtlich der unrühmlich bekannten Königin zugeschrieben.

47 Jack Lindsay, The Origins of Alchemy in Graeco-Roman Egypt. London 1970, S. 260

48 Taylor (übers.), zitiert in: C. A. Burland, The Arts of the Alchemists. London 1967, S. 24

49 Elbert Hubbard, Great Teachers. Cleveland 1928, S. 280

50 Elbert Hubbards Beschreibung der Hypatia ist unrealistisch und sarkastisch. Nach der ›Chronik‹ des John von Nikiu, eines koptischen Bischofs, der die Geschichte zugunsten seiner christlichen Vorurteile umschrieb, behauptete Hubbard, Hypatia habe ihre Studenten mit satanischen Listen hypnotisiert (siehe: Edward Alexander Parsons, The Alexandrian Library. Amsterdam 1952, S. 379). Andere Schreiber erwähnten sie als Alchimistin. Charles Kingsley, der populäre Romanschriftsteller des neunzehnten Jahrhunderts, zeichnete das Leben der Hypatia ebenfalls mit viel Phantasie nach. Bei ihm wurde sie bereits im Alter von fünfundzwanzig Jahren getötet, tatsächlich war sie fünfundvierzig, und zwar als fanatische Neuplatonikerin, die man politischer Intrigen überführte. Hypatia war nie verheiratet, und lange Zeit stritten sich die Historiker über die Frage ihrer Keuschheit.
Robert S. Richardsons Buch ›The Star Lovers‹ (New York 1967) ist exemplarisch für die Art und Weise, wie über Wissenschaftlerinnen berichtet wird. Obwohl er den Astronominnen ein besonderes Kapitel widmet, läßt er einige der wesentlichsten weg, über die anderen macht er sich meist lustig. Ein großer Teil des Kapitels handelt dann von den Mondkratern, die nach den Astronominnen benannt sind. Angeführt wird die Liste von Hypatia, »einer gelehrten Frau, die zur Verteidigung der Christen starb [sic]«. Gefolgt wird sie von Katharina, »einer äußerst gelehrten jungen Frau aus vornehmer Familie, die 307 n. Chr. ebenfalls in der Verteidigung des Christentums starb« (S. 173).

51 McCabe, a. a. O., S. 271

52 Zitiert in: H. I. Marrou, Synesius of Cyrene and Alexandrian Neoplatinism. London 1963, S. 134

53 Die Athener Schule wurde später von Asklepigeneias Tochter, Asklepigeneia der Jüngeren, übernommen. Zu diesem östlichen Zweig des Neuplatonismus gehörten weitere Frauen, wie Sosipatra, die Frau des Präfekten von Kappadozien. Allgemein nahm man an, Hypatia sei Neuplatonikerin in der Tradition des Plotin gewesen. Rist bringt jedoch Beweise dafür, daß Plotins Philosophie in Alexandria erst im späten fünften Jahrhundert Fuß fassen konnte und daß sich weder Hypatia noch Synesius für seine Lehre speziell interessierten.

54 Zitiert in: McCabe, a. a. O., S. 269

55 Socrates Scholasticus, The Murder of Hypatia. In: A Treasure of Early Christianity, ed. Anne Fremantle. New York 1953, S. 380

56 Edward Gibbon stellt in ›The Decline and Fall of the Roman Empire‹ (New York, II, 861) fest, Cyrillus sei so eifersüchtig auf Hypatias Erfolg und Popularität gewesen, daß er »die Opferung einer Jungfrau, die der griechischen Gedankenwelt angehörte, verlangte oder doch akzeptierte«. Rist gibt zu bedenken, daß die breiten Volksmassen durch die Entbehrungen der Fastenzeit außer sich gewesen seien. (J. M. Rist, Hypatia. *Phoenix*, 19 [1965], S. 223)

57 Hurd-Mead (An Introduction, a. a. O., S. 585) vermutet, es habe tatsächlich bedeutende arabische Wissenschaftlerinnen gegeben, ihre Werke seien aber anonym oder unter falschem Namen veröffentlicht worden oder spätere Geschichtsschreiber hätten ihre Namen verballhornt. Burton berichtet, in ›Tausendundeine Nacht‹ sei die Geschichte von Tawaddud oft weggelassen worden, weil sie »für die meisten

Leser höchst langweilig« gewesen wäre. (Richard F. Burton, Abu Al-Husn and his Slave-girl Tawaddud. Burton Club 1900, S. 189)

58 ebenda, S. 227
59 Erwähnt in: Arturo Castiglioni, A History of Medicine. New York 1947, S. 315
60 Kate C. Hurd-Mead, Trotula. *Isis*, 14 (1930), S. 364
61 Trotula of Salerno, The Diseases of Women. Trans. Elizabeth Mason-Hohl. Los Angeles 1940, S. 1 f. Dr. Mason-Hohl schuf die erste moderne englische Übersetzung. Ihre Quelle war die Ausgabe der ›Passionibus Mulierum Curandorum‹, einschließlich der Anthologie ›Medici Antiqui Omnes‹ von Paulus Manutius, die 1547 in der Aldine Press in Venedig herauskamen. Eine Untersuchung von John Benton kommt zu dem Schluß, dieses Werk sei in Wirklichkeit von Ärzten des zwölften und dreizehnten Jahrhunderts verfaßt und Trota zugeschrieben worden, einer medizinischen Gelehrten des zwölften Jahrhunderts, deren eigene Abhandlungen verlorengegangen seien. (John Benton, Trotula. Women's Problems, and the Professionalisation of Medicine in the Middle Ages. *Bulletin of the History of Medicine* 59 [1985])
62 ebenda, S. 2
63 ebenda, S. 3
64 ebenda, S. 9
65 ebenda, S. 16
66 ebenda, S. 28
67 ebenda, S. 23
68 ›Le Dit de l'Herberie‹, zitiert in: J. J. Jusserand, English Wayfaring Life in the Middle Ages. Trans. Lucy Toulmin Smith. London 1891, S. 178. Chaucer erwähnt Trotulas Abhandlung als Teilstück eines wissenschaftlichen Vorlesungstextes des gelehrten Ehemanns der Frau von Bath.
69 Victorius Faventinus, Empirica (Venedig 1554), zitiert in: Hurd-Mead, Trotula, a. a. O., S. 359. Das ›Regimen Sanitatis Salernitanum‹, das Teile von Trotulas Schriften enthielt, erlebte zwischen 1450 und 1500 zwanzig Druckausgaben.
70 Erotian, wahrscheinlich Arzt Mark Antons oder Neros, schrieb einen Kommentar zur hippokratischen Gynäkologie, der 1552 in Straßburg gedruckt wurde.
71 Trotula of Salerno, a. a. O., S. 22
72 Muriel Joy Hughes, Women Healers in Medieval Life … Oxford 1943, S. 100
73 Antonio Mazza, Historium epitome de rebus Salernitanis (Neapel, 1681), S. 128. Erwähnt in: Hurd-Mead, A History of Women in Medicine, from the Earliest Times to the Beginning of the Nineteenth Century. Haddam 1938, S. 127
74 A. Rupert Hall und Marie Boas Hall, A Brief History of Science. New York 1964, S. 121. Im Jahr 1322 wurde Jacoba Felicie von einem Pariser Gericht wegen illegaler Ausübung des Arztberufes verurteilt. Obwohl Zeugen aussagten, Jacoba habe sie für erheblich weniger Geld geheilt, als angesehene Ärzte für erfolglose Behandlungen verlangt hätten, entschied das Gericht, Medizin sei eine Wissenschaft, die nur aus Büchern gelernt werden könne, und sie verboten Jacoba Felicie jede weitere medizinische Ausübung. (Siehe auch: Muriel Joy Hughes und Eileen Power)
75 L. Münster, Women Doctors in Mediaeval Italy. *Ciba Symposium* 10 (1962), S. 139., Münster schreibt hier Mercuriades Werk Costanza Calenda zu.
76 Michele Medici, Compendio storico della scuola anatomica di Bologna (Bologna 1857), S. 30, zitiert in: Hughes, a. a. O., S. 87
77 Eirenaeus Orandus, Nicholas Flammel. His Exposition of the Hieroglyphical Figures (London 1624). Zitiert in: F. Sherwood Taylor, The Alchemists. Founders

of Modern Chemistry. New York 1949, S. 166 ff. Flammels Bericht war ein Best-seller, der zwischen dem 15. und 17. Jhdt. immer wieder neu gedruckt wurde.

78 Eirenaeus Orandus, a. a. O., S. 166 ff.

79 K. K. Doberer, The Goldmakers. 10000 Years of Alchemy. Trans. E. W. Dicks, London 1948, S. 77

80 ebenda

81 ebenda, S. 79

82 Hall und Hall, a. a. O., S. 78

83 Héloise (1101–64), die von ihrem Geliebten, dem Gelehrten Abélard, unterrichtet wurde, war die berühmteste heilkundige Äbtissin Frankreichs. Hroswitha von Gandersheim (935–1000) war für ihr wissenschaftliches und künstlerisches Werk ebenso bekannt wie für ihre Kenntnisse in der Heilkunde. Und es ist immer wieder dieselbe Geschichte: Einem österreichischen Historiker des neunzehnten Jahrhunderts, Joseph Aschbach, gelang es, Hroswitha für geraume Zeit aus den Geschichtsbüchern zu streichen. Er argumentierte, die ihr zugeschriebenen Abhandlungen seien zu gelehrt und das Latein zu perfekt, um das Werk einer Frau sein zu können (siehe auch: Anne Lyon Haight).

84 Band 197 der ›Patrologia Latina‹ (Paris 1882) enthält die ›S. Hildegardis Abbatissae Opera omnia‹ (ed. J.-P. Migne), darunter ›Liber Scivias‹ (col. 383–738), ›Liber Divinorum Operum‹ (col. 739–1038) und ›Physica‹ (col. 1117–1124), ebenso einige religiöse Schriften und ihren Briefwechsel. ›Liber Vitae Meritorum‹ findet sich in Band 8 der ›Analecta Sacra‹ (ed. J. B. Pitra, Monte Cassino 1882). ›Causae et Curae‹ wurde als Separatum veröffentlicht (ed. Paul Kaiser, Leipzig 1903).
Die Benediktinermönche Godefried und Theodor schrieben zwischen 1180 und 1191 eine Biographie Hildegard von Bingens. Theodor behauptet, sich dabei auf eine Autobiographie gestützt zu haben, die aber sonst nirgends erwähnt wird, obwohl einige Schriften Hildegards autobiographische Informationen enthalten. Die Inquisitionsakte, die erstellt wurde, um ihren Heiligsprechungsprozeß in die Wege zu leiten, liefert ebenfalls Details aus ihrem Leben. Biographie und Akte sind ebenfalls in Bd. 197 (col. 91–140) zu finden (ed. J. P. Migne). Auch der Beiname ›Sibylle vom Rhein‹ wird dort erwähnt. (Siehe auch: Lina Eckenstein)

85 Francesca Maria Steele, The Life and Visions of St. Hildegarde. London 1914, S. 18 f.

86 Vorwort zu ›Scivias‹, zitiert in: Steele, a. a. O., S. 125 f.

87 Barbara L. Grant, Five Liturgical Songs by Hildegard von Bingen (1098–1179), Signs, 5 (1980), S. 558

88 Vorwort zu ›Scivias‹, zitiert in: Steele, a. a. O., S. 128

89 Das kolorierte Manuskript von Wiesbaden, das um 1180 in Bingen fertiggestellt wurde, ist die wichtigste noch existierende Abschrift. ›Scivias‹ wurde 1513 bei J. Faber Stapulensis, Paris, erstmals gedruckt.

90 Steele, a. a. O., S. 82. Zu Hildegards Bestürzung verließ Richarda Rupertsberg trotzdem und nahm einige Nonnen mit sich. Heinrich wurde kurz danach abgesetzt und starb im Exil.

91 Dieser Gebrauch des Deutschen und der Stil von Physica und Causae et Curae führten Charles Singer zu dem Schluß, diese Abhandlungen würden fälschlicherweise Hildegard zugeschrieben; andere Gelehrte widersprechen ihm jedoch. Ihre Biographen und die Inquisitionsakte geben eindeutig sie als Autorin an. Eine Gelehrte, die zugleich berühmte Heilerin war, konnte sehr wohl medizinische Schriften verfassen, und es wäre, wie Lynn Thorndike betont, »nur natürlich, daß sie für

einheimische Kräuter, Fische und Vögel, sowie für alltägliche Krankheiten, Namen aus der Umgangssprache verwenden würde, während kein Grund bestand, in astronomischen und theologischen Abhandlungen und in ihren Visionen vom üblichen Latein abzugehen« (Lynn Thorndike, A History of Magic and Experimental Science, New York, 1923–34, Bd. 2, S. 128). So wie schon Singers Meinung über Trotula sagen seine Argumente auch hier mehr über seine eigenen Vorurteile als über Hildegards Werk aus.

92 Das Lucca-Manuskript des ›Liber Divinorum Operum‹ (ca. 1200) wird als das authentische angesehen.

93 Hildegards 77 Gedichte mit Musik, die ›Symphonia Armonie Celestium Revelationum‹ (›Symphonie der himmlischen Zusammenhänge‹), wurden von den klassischen Musikern erst kürzlich entdeckt. Sie werden heute zu den besten und einzigartigsten mittelalterlichen Gesängen gezählt. So wurde Hildegard wiederentdeckt, allerdings als Komponistin, nicht als Wissenschaftlerin.

94 Gelegentlich schrieb man Hildegard die Auslegung einer neuen heliozentrischen Gravitationstheorie zu (siehe Mozans, a. a. O., S. 169). Das ist jedoch unwahrscheinlich. In ihren Ansichten über die Anziehungskraft folgte sie grundsätzlich Aristoteles: Anziehungskraft bewirkt, daß sich jedes Ding auf seinen richtigen Platz zubewegt, so fallen Steine zu Boden, weil sie aus dem Element Erde bestehen.

95 Hildegard mag erkannt haben, daß die Sterne nicht unverrückbar am Himmel standen, daß sie unterschiedlich groß waren und daß sie rhythmische Lichtschwingungen aussandten, während sie sich bewegten. Sie verglich es mit dem Blut, das sich pulsierend durch die Adern bewegt. Möglicherweise ist das aber auch eine Überinterpretation (siehe auch: Herman S. Davis, Women Astronomers [400 A. D.–1750]. *Popular Astronomy*, 6 [1898], S. 133). Vielleicht meinte sie mit den ›beweglichen Sternen‹ auch einfach die Planeten.

96 Charles Singer, From Magic to Science. Essays on the Scientific Twilight. 1928, S. 209f.

97 ebenda, S. 67

98 ebenda, S. 219f.

99 Man schrieb ihr, wahrscheinlich zu Unrecht, eine Anzahl wichtiger späterer Entdeckungen zu, so die Zirkulation und chemische Zusammensetzung des Blutes, die Ursachen von Selbstvergiftung, das Entstehen der Nervenbewegungen im Gehirn und die Idee der Ansteckung durch Lebewesen.

100 George Sarton, Introduction to the History of Science. London 1927–48, Bd. 2, Teil 1, S. 310. Er nannte Hildegard ebenfalls ›die originellste medizinische Autorin lateinischer Sprache im zwölften Jahrhundert‹ (S. 70).

101 Siehe auch: Singer, From Magic to Science

102 Carolyn Merchant, The Death of Nature. Women, Ecology, and the Scientific Revolution. San Francisco 1980, S. 269

103 Zitiert in: Mary Cathcart Borer, Women Who Made History. London 1963, S. 19

104 Bernard de Fontenelle, Week's Conversation on the Plurality of Worlds. Trans. William Gardiner (London 1737), S. 16, zitiert in: Merchant, a. a. O., S. 272

105 Aphra Behn, An Essay on Translation and Translated Prose, in: Histories, Novels, and Translations. London 1700, S. 7. Aphra Behn, mit sechsundzwanzig Jahren verwitwet, fing an, Bühnenwerke zu schreiben, um dem drohenden Schuldturm zu entgehen. Es gab eine Anzahl weiterer englischer Übersetzungen von Fontenelle, darunter eine aus dem Jahre 1808 von Elizabeth Gunning.

106 Erwähnt in: Gerald Dennis Meyer, The Scientific Lady in England 1650–1760. Berkeley 1955, S. 49 ff.

107 Zitiert in: Myra Reynolds, The Learned Lady in England 1650–1760. Boston 1920, S. 32

108 Benjamin Martin, The Young Gentleman and Lady's Philosophy. London 1772, Bd. I, 2. Martin schrieb auch ›Eine vollständige und leichtfaßliche Einführung in die Newton'sche Experimentalphilosophie... zum Gebrauch jener Herren und Damen bestimmt, die sich ohne mathematisches Studium kompetente Kenntnisse dieser Wissenschaft aneignen wollen. Und ganz besonders für jene, die die Vorlesungs- und Experimentierreihe des Autors zu diesem Thema besucht haben oder noch besuchen wollen‹ (5. Auflage, London 1765). John Newberry schuf einen Bestseller, ›Das Newton'sche philosophische System, den Fähigkeiten junger Herren und Damen angepaßt... Die Substanz von sechs Vorlesungen, gehalten in der Lilliputian Society von Tom Telescope‹ (1766). Andere Werke über Newton sind Robert Heath's ›Truth Triumphant, or Fluxions for the Ladies‹ (1752) und Richard Steeles dreibändige Enzyklopädie ›The Ladies Library‹ (1714). Charles Leadbetters ›Astronomy, or The True System of the Planets Demonstrated‹ (1727) war Mrs. Catherine Edwin gewidmet, die »große Gelehrsamkeit und Fertigkeit in mathematischer Wissenschaft und besonders in Himmelsmathematik« hatte (zitiert in: Meyer, a. a. O., S. 78). Dieses Werk, voll von astronomischen Tabellen und mathematischen Berechnungen, war technischer als die meisten Bücher der Epoche, die für die ›scientific lady‹ geschrieben waren. Jasper Charltons populäres ›The Ladies Astronomy and Chronology‹ (1735) diente ebensosehr der Vermittlung der Wissenschaft wie der Verkaufswerbung für Charltons ›Assimilo‹. Das Instrument, das man zur Demonstration der Sterne, Planeten, Kometen, Finsternisse, Gezeiten und des ptolemäischen und kopernikanischen Systems brauchte, war ein absolut notwendiger Zusatz zum Text. (Siehe: Meyer, a. a. O., S. 80)

109 Meyer, a. a. O., S. 2

110 Virginia Woolf beschrieb William Cavendish als »fürstlichen Edelmann, der die königlichen Streitkräfte mit unbezähmbarem Mut, aber wenig Geschick in die Katastrophe führte« (Virginia Woolf, The Duchess of Newcastle. In: *The Common Reader*. London 1925, S. 101).

111 Die Herzogin schrieb, es sei »gegen die weibliche Natur, orthographisch richtig zu schreiben« (zitiert in: Douglas Grant, Margaret the First. A Biography of Margaret Cavendish, Duchess of Newcastle, 1623–1673. Toronto 1957, S. 112 f.). Grammatik und Poesieregeln hielt sie für unsinnige Hindernisse.

112 ›Die Memoiren der Margaret, Herzogin von Newcastle: Ein wahrer Bericht über meine Geburt, mein Aufwachsen und mein Leben‹ waren in einem Band zusammengefaßt mit ›Das Leben des dreimal edlen, hochgeborenen und mächtigen Prinzen William Cavendish... beschrieben durch die dreimal edle, berühmte und hervorragende Prinzessin Margaret, Herzogin von Newcastle, seine zweite Ehefrau‹ (Margaret Cavendish, The Life of the First Duke of Newcastle and other Writings, ed. Ernest Rhys. London 1916, S. 209). Jede Buchtitelseite der Herzogin enthielt eine derartige Lobrede. Die Biographie ihres Mannes von 1667 war Margarets einziges Werk von bleibendem Wert. Es ist ein lobender Bericht über des Herzogs Finanzen, seine militärischen Abenteuer und seine angebliche Weisheit. Die übrigen, nicht wissenschaftlichen Werke der Herzogin umfassen ›Verschiedene Reden, gehalten an verschiedenen Orten‹ (1662, 1668), ›Gedichte, oder Mehrere Fantasien in Reimen, mit dem Parlament der Tiere in Prosa‹ (1668) und eine Anzahl Bühnen-

stücke, von denen einundzwanzig im Jahr 1662 und fünf weitere 1668 publiziert wurden. Einige, darunter ›Die weibliche Akademie‹, behandeln das Thema der gelehrten Frau in positivem Sinne. Keines der Stücke wurde je aufgeführt, da allen die nötige dramatische Spannung fehlt.

113 ›An den Leser. Philosophische und physikalische Meinungen‹ (London, 1655), zitiert in Reynolds, a. a. O., S. 48

114 Margaret Cavendish, Poems and Fancies. 1653, gez. A3

115 Margaret Cavendish, Philosophical and Physical Opinions. London 1663, S. 249 f.

116 Cavendish, Poems and Fancies, a. a. O., S. 5

117 Cavendish, Philosophical..., a. a. O., gez. C2

118 Robert Hugh Kargon, Atomism in England from Hariot to Newton. Oxford 1966, S. 73. ›Bilder der Natur‹ (1656, 1671) war eine Sammlung einfältiger Romanzen. Ihr Mann schrieb ein Vorwort dazu, in dem er Margaret »schlauer als Homer, dem Aristoteles überlegen, moderner als Hippokrates und beredter als Cicero« bezeichnete. Ihr Schreiben, sagte er, beschäme Virgil und Horaz.

119 Zitiert in: Reynolds, a. a. O., S. 49. In ›Philosophische und physikalische Meinungen‹ (1655) verteidigte William Cavendish seine Frau in einer ›Epistel zur Rechtfertigung der Lady Newcastle, zur Bezeugung der Wahrheit gegen die Lüge, zur Bloßstellung der falschen und boshaften Anwürfe, sie sei nicht die Autorin ihrer Bücher‹.

120 Cavendish, Philosophical..., a. a. O., S. 456

121 Marjorie Hope Nicolson (ed.), Conway Letters. Oxford 1930, S. 737

122 Margaret Cavendish, Observations upon Experimental Philosophy. London 1668, gez. B3

123 ebenda, ›An den Leser‹

124 Samuel Pepys, The Diaries. New York 1905, XIV, 344

125 ebenda, XII, 254

126 John Evelyn, Diary (ed. Austin Dobson). London 1906, S. 271, Anm. 3. In seinem Roman ›Peveril of the Peak‹ läßt Sir Walter Scott Charles II. von der Herzogin sagen: »Ihro Gnaden ist eine ganze Raritätenschau in einer Person – eine Universalmaskerade – ja, eine Art privates Tollhaus« (S. 281).

127 Der Feminismus der Herzogin trat in ihren Schriften oft unvermutet zutage. Zum Beispiel sollte eine Frau sich keine Kinder wünschen, da sie erstens mit der Heirat ihren Namen und ihren Titel verlor, nach ihrem Mann benannt wurde und ihrer Familie auch keine Güter zukamen... Zweitens setzte sie im Kindbett ihr Leben aufs Spiel und trug später die größte Last bei der Aufzucht und Erziehung der Kinder. (Margaret Cavendish, CXI Sociable Letters. 1664, S. 183 f.)

128 Lady Mary Wortley Montagu, The Letters and Works. 1861, Bd. I, S. 184 f.

129 ebenda, Bd. II, S. 5

130 Quelle unbekannt

131 Montagu, Bd. II, S. 237

132 ebenda

133 ebenda, S. 252

134 Robert Reid, Microbes and Men. London 1974, S. 13

135 Thomas Wrights Komödie ›Die weiblichen Virtuosen‹ (1693) zeigt Mrs. Lovewit, wie sie in ihrem Laboratorium experimentiert. Sie will die Quintessenz allen Witzes sämtlicher je geschriebener Bühnenstücke herausziehen und tropfenweise an die Schriftsteller verkaufen. Lady Meanwell nähert sich nach der Entdeckung, daß Regen aus den Wolken kommt, dem höchsten Herrn mit dem Vorschlag, die Wol-

ken wegzublasen und so die Londoner Straßen sauber und trocken zu halten. Und Catchat beobachtet mit ihrem Teleskop, wie ihr der Mann im Mond schöne Augen macht. (Erwähnt in: Reynolds, a. a. O., S. 383) Susanna Centlivres äußerst erfolgreiches Stück ›Der Dackeltisch‹ (1705) stellt ihre Heldin Valerie als dermaßen vertieft in die Sezierung ihrer Schoßtiere dar, daß sie die Liebesspiele ihres Verlobten überhaupt nicht bemerkt. Ironischerweise läßt das Vorwort zum Stück durchaus eine feministische Haltung vermuten (siehe: Mary R. Mahl und Helen Koon [eds.], The Female Spectator. English Women Writers before 1800. Bloomington 1977, S. 209ff.).

136 James Miller, Humours of Oxford. London 1730, o. S.

137 Edmont und Jules de Goncourt, The Soul of Woman. In: The Woman of the Eighteenth Century. New York 1927, S. 279ff.

138 Maria Edgeworth, Letters for Literary Ladies. London 1795, S. 66

139 2. Edit. (Lyon 1680), S. XXXII. Übersetzt in: Lloyd O. Bishop und Will S. De Loach, Marie Meurdrac. First Lady of Chemistry? *Journal of Chemical Education*, 47 (1970), S. 449. Siehe auch: Sherida Houlihan und John H. Wotiz, Women in Chemistry Before 1900. *Journal of Chemical Education*, 52 (1975), S. 362. Die Kurfürstin Anna, Mitglied der Königlich Dänischen Familie, experimentierte ebenfalls in Alchimie. Auf ihrem Gut in Annaberg richtete sie sich ein Laboratorium ein, das der deutsche Alchimist Kunckel als »das größte und besteingerichtete, das er je gesehen hatte«, bezeichnete (E. J. Holmyard, An Alchemical Tract Ascribed to Mary the Copt. Archivio di Storia della Scienza, 8 [1927], S. 139). Zu den deutschen Alchimisten des achtzehnten Jahrhunderts gehörte auch Katharina von Klettenberg (gest. 1775) aus Frankfurt. Ihr Heim war mit einem Laboratorium ausgerüstet, in dem sie mit ihrem Freund, dem jungen Wissenschaftler und Schriftsteller Goethe, arbeitete. Er hinterließ einen Bericht über ihre Versuche, der Atmosphäre das Allheilmittel ›Luftsalz‹ zu entziehen. Mary Anne South Atwood (1817–1910) war die anonyme Autorin eines der letzten alchimistischen Werke. Als feministische und progressive Denkerin war sie sowohl an den naturwissenschaftlichen wie psychischen Phänomenen interessiert. Ihre ›Suggestive Untersuchung der Hermetischen Mysterien‹ (London, 1850) war eine gelehrte Zusammenfassung antiker und mittelalterlicher philosophischer Alchimie, basierend auf seltenen Werken aus der Bibliothek ihres Vaters. Nachdem rund hundert Bücher verkauft waren, zog Mary Anne alle Kopien, derer sie habhaft werden konnte, zurück und verbrannte sie. Sie fürchtete plötzlich, auf ein großes und gefährliches Geheimnis gestoßen zu sein und zuviel davon verraten zu haben. Trotzdem überarbeitete sie das Werk in späteren Jahren.

140 Arthur Young, Travels in France and Italy During the years 1787, 1788 and 1789. London 1927, S. 78

141 Oliver Goldsmith, An Enquiry into the Present State of Polite Learning. In: Collected Works (ed. Arthur Friedman), Oxford 1966, S. 300

142 Erwähnt in: Kate C. Hurd-Mead, A History of Women in Medicine. From the Earliest Times to the Beginning of the Nineteenth Century. Haddam 1938, S. 352f., und in: Sandra L. Chaff u. a. (eds.), Women in Medicine. A Bibliography of the Literature on Women Physicians. Metuchen 1977, S. 14, Anm. 42

143 Erwähnt in: Leonard Guthrie, The Lady Sedley's Receipt Book, 1686, and Other Seventeenth-Century Receipt-Books. Proceedings of the Royal Society of Medicine, 6 (1913), S. 150ff. Joanna Stevens erhielt 1739 vom englischen Parlament die Summe von fünfhundert Pfund für die Preisgabe ihres Rezepts einer Arznei gegen

Blasensteine. Das Mittel bestand aus einem Pulver aus Eierschalen und geräucherten Gartenschnecken und einem Absud aus Kräutern und Seife. Die Ingredienzen wurden mit Honig zu Pillen zusammengeknetet, die sich allerdings als unwirksam herausstellten. (Siehe auch: James R. Partington, A History of Chemistry. London 1970, S. 121)

Mrs. Hutton, eine Botanikerin und Apothekerin aus Shropshire, gewann das Digitalis aus den Blättern des Fingerhuts und entdeckte damit ein wirksames Mittel bei der Behandlung von Herzbeschwerden. Sie experimentierte so lange, bis sie die genaue Herstellung und Dosierung kannte, und erhielt sehr rasch Zulauf von Kranken aus dem ganzen Land. 1785 verkaufte sie das Rezept an Dr. William Withering, dem man normalerweise die Entdeckung zuschreibt.

144 Erwähnt in: Hunter Robb, Remarks on the Writings of Louyse Bourgeois. *John Hopkins Hospital Bulletin*, 4 (1893), S. 76ff., und in: William Goodell, A Sketch of the Life and Writings of Louyse Bourgeois. Philadelphia 1876, S. 46, 51, und in: Hurd-Mead, A History of Women in Medicine, a. a. O., S. 420ff. Die zweite Auflage von ›Verschiedene Beobachtungen über Sterilität, Verschüttungen, Fruchtbarkeit, Niederkunft und Frauenkrankheiten. Detailliert behandelt und erfolgreich praktiziert von Louyse Bourgeois genannt Boursier, Hebamme der Königin‹ erschien 1716, erweitert um eine lange Liste klinischer Fälle, einen Bericht über ihre Ausbildung und Anweisungen an ihre Tochter, die in der Hebammenausbildung stand. Dieser letzte Teil wurde 1626 separat publiziert. Eine sechste Auflage aus dem Jahr 1634 enthielt ›Eine Sammlung der Geheimnisse der Louyse Bourgeois‹. In den nächsten hundert Jahren erlebte die Abhandlung zahlreiche überarbeitete Auflagen und erschien in deutscher, holländischer, englischer und lateinischer Übersetzung. Als die Herzogin von Orléans an Kindbettfieber starb, wurde ihre Hebamme Bourgeois schwer angegriffen. Sie wehrte sich mit einer 28seitigen Attacke der ›Verteidigungsrede gegen den Ärzteberichte‹ gegen die männlichen Ärzte.
Mehrere anerkannte Hebammen des Hôtel Dieu nahmen die Lehre der Bourgeois auf. Mme. Angélique Marguerite le Boursier du Coudray (1712–1789) führte den Gebrauch eines anatomischen Modells zur Demonstration der verschiedenen Entbindungsmethoden ein. Ihr Textbuch, das erstmals 1759 gedruckt wurde, erlebte fünf Auflagen. 1767 sprach ihr Ludwig XV., gegen den vehementen Widerstand männlicher Chirurgen, ein Jahressalär zu für den Unterricht in Geburtshilfe an verschiedenen französischen Spitälern.

145 Erwähnt in: Metta May Loomis, The Contributions Which Women Have Made to Medical Literature. *New Medical York Journal*, 100 (1914), S. 523

146 ebenda, S. 5ff.

147 Erwähnt in: Hunter Robb, The Works of Justine Siegemundin, the Midwife. *John Hopkins Hospital Bulletin*, 5 (1894), S. 5ff. Siegemundins Buch war sehr populär. Es erreichte sechs Auflagen und wurde ins Holländische übersetzt.

148 Vollständige Liste der von Geneviève d'Arconville publizierten medizinischen Werke bei Hurd-Mead, A History of Women in Medicine, a. a. O., S. 492

149 Elizabeth Nihell, die am Hôtel Dieu Geburtshilfe gelernt hatte und zusammen mit ihrem Mann am Londoner Haymarket praktizierte, veröffentlichte 1760 eine engagierte Kampfschrift gegen den Gebrauch der Zange und anderer Instrumente und im besonderen gegen den Geburtshelfer William Smellie. Smellie erfand ein Geburtszangenmodell und führte die Bewegung an, die sich für männliche Geburtshelfer statt Hebammen einsetzte. Andere englische Hebammen dagegen akzeptierten die Anwendung der Geburtszange. Margaret Stephen, Hebamme der Königin

Charlotte, der Frau Georgs III., verfaßte ›Die Haushebamme‹ (1795) und lehrte darin Anatomie und den Gebrauch von Instrumenten. Martha Mears kümmerte sich selbst um den Vertrieb ihres Werkes über Geburtshilfe und Frauenheilkunde, ›Schüler der Natur oder Offene Ratschläge für das schöne Geschlecht‹ (1797). Sie gebrauchte die Zange gelegentlich, war prinzipiell aber gegen einen solchen Eingriff. Ihre Ratschläge, die 1804 ins Deutsche übersetzt wurden, basierten grundsätzlich auf Hygiene und gesundem Menschenverstand (erwähnt in: Hurd-Mead, A History of Women in Medicine, a. a. O., S. 472). Der wichtigste englische Text des siebzehnten Jahrhunderts, ›Das Hebammenbuch‹ (1671) von Jane Sharp, wurde noch 1725 neu gedruckt. Sarah Stone, die zusammen mit ihrer Mutter, unter der Schirmherrschaft der Herzogin von York, in London ihre Hebammenausbildung erhalten hatte, schrieb einen Standardtext, ›Die vollständige Hebammenpraxis‹ (1737). Elizabeth Lawrence Bury (1644–1720), feministische Gelehrte und Ärztin, schrieb unter anderem ›Kritische Beobachtungen in Anatomie, Medizin, Mathematik, Musik, Philosophie und Rhetorik‹. (Siehe: George Ballard, Memoirs of Several Ladies of Great Britain. Oxford 1752, S. 423 ff.)

150 Florence Nightingale, die Begründerin des Krankenschwesternberufes, hatte ebenfalls großen Einfluß auf die Rolle der Frau in der Medizin. Sie war eine scharfe Gegnerin der Ärztinnen. Ironischerweise galt ihre große Liebe der Mathematik. Sie war die vielleicht glänzendste Privatschülerin des großen Londoner Mathematikers James Sylvester.

151 (Jane Marcet) Conversations on Botany, 9. Aufl., London 1840, S. IV f. Anonym publiziert und in der Folge Elizabeth Fitton zugeschrieben. Das Zitat stammt aus: Edgeworth, Letters for Literary Ladies, a. a. O., S. 66 f.

152 An eine Frau gerichtete Briefe über die Elemente der Botanik. Übers. Thomas Martyn (London 1807), S. 19. Zitiert in: Emanuel D. Rudolf, How it Developed that Botany Was the Science Thought Most Suitable for Victorian Young Ladies. *Children's Literature*, 2 (1973), S. 92

153 J.-J. Rousseau, Emil oder Über die Erziehung, Stuttgart 1968, S. 775 f.

154 Vorwort, zitiert in: D. E. Allen, The Naturalist in Britain. A Social History. London 1976, S. 48

155 Richard Polwhele, The Unsex'd Females. A Poem. London 1798, S. 8

156 Eine Zeitgenossin der Wakefield, Maria Elizabeth Jackson, veröffentlichte ihre frühesten Werke anonym: ›Botanische Dialoge zwischen Hortensia und ihren vier Kindern, Charles, Harriet, Juliette und Henry. Für den Schulgebrauch geschrieben von einer Frau‹ (London 1797) und ›Botanische Lesestücke. Von einer Frau. Eine für Leser aller Altersstufen veränderte Fassung der Botanischen Dialoge‹ (London 1804). Unter ihrem eigenen Namen gab M. E. Jackson ein Kinderbuch heraus, ›Skizzen der Physiologie pflanzlichen Lebens‹ (London 1811), und mehrere Ausgaben des ›Handbuchs des Floristen‹ und der ›Bebilderten Flora‹ (1840) zur englischen Botanik.

157 Erwähnt in: D. E. Allen, The First Woman Pteridologist. British Pteridological Society Bulletin, 1 (1978), S. 247 ff. 1980 versuchte Allen die weiblichen Mitglieder der Botanical Society of London aufzuspüren. Es ist eine der ersten soziologischen Studien zur Geschichte der Frauen in der Wissenschaft. Er betont, daß eine ganze Anzahl von Frauen die Versammlungen der Gesellschaft besuchten und Beiträge leisteten, ohne Mitglieder zu werden. Katherina Sophia Baily aus Dublin, spätere Lady Kane, Verfasserin von ›Die Irische Flora‹, wurde als erste Frau in die Botanische Gesellschaft von Edinburgh aufgenommen, und zwar schon kurz nach deren Gründung im Jahre 1836. Auch anderswo in Europa wurden Frauen Botanikerin-

nen. Josephine Kablick (geb. 1787) aus Hohenelbe in Böhmen sammelte in ganz Europa Fossilien und Pflanzen für Schulen, Museen und wissenschaftliche Gesellschaften. Amalie Konkordie Dietrich (1821–1891) war eine deutsche Botanikerin und Zoologin. Nachdem sie zur Expertin für europäische Alpenflora geworden war, ging sie zwölf Jahre lang auf Forschungsreise nach Australien und auf die Tonga-Inseln. 1873 wurde sie zur Direktorin des Botanischen Museums in Hamburg ernannt.

158 Madeleine Frances Basseport (1701–80) wurde 1735 als Malerin der französischen königlichen Gärten angestellt, und Geneviève de Nangis Regnault trug die Verantwortung für die fünfhundert handkolorierten Radierungen in François Regnaults ›La Botanique‹ (1774) (siehe: Wilfrid Blunt, The Art of Botanical Illustration, London 1951, S. 153 f.). Im Alter von zweiundsiebzig Jahren begann Mary Granville Delany (1700–88), die Übersetzerin von Hudsons ›Flora Angelico‹, mit ihren ›Papiermosaiken‹. Ihre ›Flora‹ bestand aus zehn Bänden dieser botanisch genau kolorierten Papierblumen und siebenundvierzig Seiten Text. Das Werk trug den Untertitel ›Pflanzenkatalog, nach der Natur in Papiermosaik ausgeführt, im Jahre 1778 fertiggestellt und alphabetisch geordnet nach den Gattungsbegriffen und spezifischen Namen des Linné'schen Systems‹ (erwähnt in: R. Brimley Johnson [ed.], Mrs. Delany. At Court and Among the Wits Being the Record of a Great Lady of Genius in the Art of Living. London 1925, S. XXXVIII ff.). In ihren Briefen und der Autobiographie spricht Mrs. Delany von sich als ›Aspasia‹. Sie arbeitete mit Margaret Cavendish Bentinck, der Herzogin von Portland, zusammen, die vielleicht die größte naturhistorische Sammlung Europas eingerichtet hatte. Mit riesigen Summen engagierte sie bedeutende Naturforscher, die für sie sammelten. Mary Delany, Mary Montagu und die Herzogin waren Mitglieder der Blaustrumpf-Gesellschaft.

›Das Botanische Magazin‹ beschäftigte nacheinander eine ganze Reihe von Frauen als Illustratorinnen. Miss Drake, sie arbeitete 1818–1847, schuf die Bilder zum ›Botanischen Register‹ und Lindleys ›Sertum Orchidaceum‹ (1837–42). Mrs. Withers, die hauptsächlich von 1827–1864 arbeitete, wurde nicht nur eine bedeutende Lehrerin, sie war auch ›Blumenmalerin im Dienste der Königin Adelaide, der Frau Williams IV.‹. Sie illustrierte das ›Pomologische Magazin‹, Maunds ›Botaniker‹ und einen Großteil des ›Illustrierten Bouquets‹ (1857–63). Anne Pratt (1806–93) publizierte rund fünfzehn botanische Werke, ›Die Blütenpflanzen und Farne Großbritanniens‹ (1855) war das bekannteste. Elizabeth Twining (1806–93) verfertigte botanisch präzise Zeichnungen für ihre ›Illustrations of Natural Orders‹ (1849–55). Sie war zugleich Gründerin des Bedford Colleges in London und Verfasserin und Illustratorin verschiedener botanischer Werke. Nur in einer Grafschaft wurde die Flora allein von Frauen aufgearbeitet, es ist die ›Flora von Leicestershire‹ (1848) der Schwestern Kirby. (Erwähnt in: Allen, The Naturalist, a. a. O., S. 250, siehe auch: Blunt, The Art, a. a. O., S. 186, 214, 236 f.)

159 Zitiert in: Allen, The Naturalist, a. a. O., S. 127

160 Erwähnt in: Mozans, Woman in Science, a. a. O., S. 238 ff.

161 Charles Lyell, Letters and Journals, ed. Mrs. Lyell. London 1881, S. 342

162 C. P. Lounsbury, Entomologe im Auftrag der britischen Regierung, arbeitete gemeinsam mit seiner Frau in Südafrika. Im September 1898 schrieb ihm E. Ormerod: »Wie glücklich sind Sie, eine so begabte Kollegin zu haben, es muß für Sie eine wahre Wohltat sein, ein entomologisches ›alter ego‹ und zugleich eine so reizende Gefährtin zu besitzen.«

163 Eleanor Ormerod, Autobiography and Correspondence, ed. Robert Wallace. London 1904, S. 200

164 Königin Sophia, die Urgroßmutter der Kurfürstin Sophie von Hannover, war die Mäzenin der Brahes. Nach dem Tod ihres Mannes, König Fredericks II. von Dänemark und Norwegen, im Jahre 1588 zog sich Sophia vom öffentlichen Leben zurück und widmete sich der Astronomie, der Chemie und anderen Naturwissenschaften. Galileis älteste Tochter, Polissena Galilei (1601–34), lebte mit ihrer jüngeren Schwester im Franziskanerinnenkloster in Arcetri, wo sie mit dreizehn Jahren den Schleier als Schwester Maria Celeste nahm. Aus ihren 120 noch existierenden Briefen geht klar hervor, daß sie die wissenschaftlichen Entdeckungen ihres Vaters sorgfältig mitverfolgte. Einmal erinnerte sie ihn an sein Versprechen, ihr ein kleines Teleskop zu schicken (siehe Olney). Die Frauen des Harvard College Observatoriums, darunter Anna Palmer Draper, Williamina Fleming, Antonia Maury, Annie Cannon und Henrietta Leavitt, sorgten mit ihren großartigen Studien der fotografischen Sternenspektren für eine Umwälzung in der Astronomie.

165 ›Acta Eruditorum‹ (Leipzig, 1712), S. 78, übersetzt in Mozans, Woman in Science, a. a. O., S. 174. Eine andere deutsche Astronomin, die Wiener Baronin Elisabeth von Matt (gest. 1814), rüstete ihr kleines Observatorium mit ausgezeichneten Instrumenten aus. Ihre vielen Beobachtungen wurden zuerst anonym und später unter ihrem richtigen Namen publiziert (siehe: Davis, Women Astronomers, a. a. O., S. 214).

166 ›Journal de Savans‹, III, 304 (Amsterdam 1678), übersetzt in: Mozans, Woman in Science, a. a. O., S. 171

167 Jérôme Lalande, ›Bibliographie Astronomique‹ (Paris 1803), S. 676 ff., übersetzt in: P. V. Rizzo, Early Daughters of Urania. *Sky & Telescope*, 14 (1954), S. 8

168 ebenda, übersetzt in: Mozans, Woman in Science, a. a. O., S. 181 f.

169 Caroline Herschel, Memoir and Correspondence, ed. Mary Herschel. New York 1876, S. 142

170 Lynn M. Osen, Women in Mathematics. Cambridge 1974, S. 79

171 Zitiert in: Constance A. Lubbock (ed.), The Herschel Chronicle. The Life-Story of William Herschel and His Sister Caroline Herschel. Cambridge 1933, S. 45

172 ebenda, S. 216

173 = 2,13 m

174 = 12,19 m

175 Lubbock, The Herschel Chronicle, a. a. O., S. 168

176 = 69 cm

177 Herschel, Memoir and Correspondence, a. a. O., S. 64

178 Caroline Herschel, An Account of a New Comet. *Philosophical Transactions*, 77 (1787), S. 1 f.

179 ebenda, S. 18

180 Im Laufe der Jahre entdeckte Wilhelm Herschel, mit der unermüdlichen Hilfe Karolines, die gasförmige Beschaffenheit der Sonnenoberfläche, zwei Saturnsatelliten, den Planeten Uranus und zwei seiner Satelliten, die Umdrehungsperioden eines Saturnrings und mehrerer Satelliten und zahlreiche Planetennebel und Wechselsterne, d. h. Sterne, deren Leuchtkraft sich periodisch ändert. Er studierte die Milchstraße, andere Galaxien und die Entwicklung von Nebeln und arbeitete ein Klassifizierungssystem für sie aus. Er entdeckte im Sonnenlicht die Infrarotstrahlung.

181 Herschel, An Account, a. a. O., S. 75 f.

182 ebenda, S. 247

183 ebenda, S. 116

184 ebenda, S. 134

185 James South, An Address Delivered at the Annual General Meeting of the Astronomical Society of London, on February 8, 1828, on Presenting the Honorary Medal to Miss Caroline Herschel. *Memoirs of the Astronomical Society of London*, 3 (1829), S. 411

186 Herschel, An Account, a. a. O., S. 227

187 ebenda, S. 231 f.

188 Zitiert in: Herschel, Memoir and Correspondence, a. a. O., S. 227. Im Februar 1862 verlieh die Royal Astronomical Society einer dritten Frau die Ehrenmitgliedschaft, Anne Sheepshanks (1789–1876). Sie war eine Gönnerin der Astronomie, die mit ihrem Bruder, einem Astronomen, zusammenlebte. Elizabeth Brown war weitgehend für die Gründung der British Astronomical Association verantwortlich. Sie wurde Direktorin der Sonnenabteilung und errichtete ihr eigenes privates Observatorium. Mary Ann Hervey Fallows assistierte ihrem Ehemann am kurz zuvor gegründeten Königlichen Observatorium am Kap der Guten Hoffnung.

189 Herschel, An Account, a. a. O., S. 254

190 Übersetzt in: Herschel, Memoir and Correspondence, S. 346

191 W. Durant und A. Durant, The Age of Voltaire. New York 1965, S. 302

192 Zitiert in: Frederic Ritter, François Viète. Inventeur de l'algèbre moderne (Paris 1895), S. 20

193 Zehnter Brief aus Italien, zitiert im Beitrag ›Some account of Maria Agnesi‹, in: Maria Gaetana Agnesi, Analytical Institutions, trans. John Colson, ed. John Hellins. London 1801, S. XIII f. Nach diesen intellektuellen Darbietungen unterhielt Marias jüngere Schwester, Maria Teresa Agnesi, die Versammlung mit eigenen Kompositionen für Singstimme und Harfe. Maria Agnesi war offenbar Schlafwandlerin. Sie zog sich oft mit einem mathematischen Problem auf dem Schreibtisch für die Nacht zurück und fand beim Aufstehen am folgenden Morgen, daß sie es im Schlaf gelöst hatte.

194 Einen großen Teil der Arbeit für die Abhandlung, die L'Hôpital 1696 in Paris veröffentlichte, soll seine Frau geleistet haben.

195 Der englische Mathematiker John Colson lernte im vorgeschrittenen Alter noch Italienisch, um die ›Analytischen Gesetze‹ übersetzen zu können. Sie wurden erst 1801, nach seinem Tod, publiziert. Colson machte auch das Buch in England populär: » Um es den Damen dieses Landes zu erleichtern, falls sie sich überhaupt durch seine [Colsons] Überredungskunst und Ermutigung dazu bringen lassen, der Welt zu beweisen, was ihnen nicht schwer fallen sollte, daß sie in keiner hochwertigen Leistung von irgendwelchen fremden Damen übertroffen werden.« (John Hellins, Editor's Advertisement, in: Agnesi, Analytical Institutions, a. a. O., S. VI)

196 Übersetzt in: Mary R. Beard, On Understanding Women. New York 1931, S. 442. Es ist eine ironische Fügung, daß ausgerechnet Laura Bassi 1774 Voltaires Aufnahme in die Akademie der Wissenschaften von Bologna bewerkstelligte. Er konnte sich natürlich nicht mit dem gleichen Dienst revanchieren.

197 Agnesi, Analytical Institutions, a. a. O., S. XVII f.

198 Zitiert in: Teri Perl, Math Equals. Biographies of Women Mathematicians + Related Activities. Menlo Park, Ca. 1978, S. 53

199 Übersetzt in: Samuel Edwards, The Divine Mistress. New York 1970, S. 268

200 Voltaires Freundin, Madame du Deffand, die auch einen Salon führte, hegte rach-

süchtige Haßgefühle gegen Emilie du Châtelet, wobei beide eine Fassade von Vertrautheit aufrechterhielten. Madame du Deffand zeichnete nach dem Tod der Marquise ein vernichtendes Porträt. Sie beschrieb ihren Charakter als unerträglich eitel und ihre Gelehrsamkeit als reine Wichtigtuerei. (Siehe: W. S. Lewis und Warren Hunting Smith (eds.), Horace Walpole's Correspondence with Madame du Deffand. New Haven 1939, S. 116). Auch die Memoiren des Sekretärs und Dieners Voltaires, Longchamp, behandeln die Marquise sehr kritisch. Viele Geschichtsschreiber haben diese eigennützigen Beschreibungen für bare Münze genommen.

201 Übersetzt in: Edwards, The Divine Mistress, a.a.O., S. 4

202 Mme. de Richelieu zählte ebenfalls zu Maupertuis' Schülern. Von Anna Barbara Reinhardt aus Winterthur in der Schweiz weiß man, daß sie die Lösung einer der schwierigen Aufgaben von Maupertuis verbessert hat. Nach Johann Bernoulli war Anna Reinhardt die bessere Mathematikerin, vor Mme. du Châtelet. (Erwähnt in: Mozans, Woman in Science, a. a. O., S. 154)

203 Erwähnt in: Ira O. Wade, Studies on Voltaire. With some Unpublished Papers of Mme. du Châtelet. Princeton, N. J. 1947, S. 114. Einige Historiker widersprechen dieser Interpretation mit der Begründung, Emilie du Châtelet sei zu dieser Zeit völlig von Leibniz eingenommen gewesen. Diese Behauptung ist jedoch unhaltbar. Emilie war, wie Voltaire, grundsätzlich Anhängerin Newtons.

204 Wade, Studies on Voltaire, a. a. O., S. 119 f., schließt aus den vorhandenen Teilen, daß Kapitel 1 die Zusammensetzung des Lichtes behandelte, Kapitel 2 die Lichtbrechung und Kapitel 3 die Reflexion.

205 Erwähnt in: René Taton, Emilie du Châtelet, in: Charles Couston Gillespie (ed.), Dictionary of Scientific Biography. New York 1970–80, Bd. III, S. 215 ff.

206 Erwähnt in: Edwards, The Divine Mistress, a.a.O., S. 133 f. Leonhard Euler schrieb für die Nichte Friedrichs des Großen, die Prinzessin von Anhalt-Dessau, die Briefe an eine deutsche Prinzessin über Physik und Astronomie. (Siehe: E. T. Bell, Men of Mathematics. London 1937, S. 152)

207 Die Londoner Ausgabe kam 1741 heraus. Eine revidierte Fassung erschien ein Jahr später in Amsterdam und wurde 1743 ins Italienische übersetzt.

208 Zitiert in: Edwards, The Divine Mistress, a.a.O., S. 264. Emilie du Châtelet schrieb auch eine Anzahl nichtwissenschaftlicher Werke. Drei Kapitel ihrer Grammatikstudie ›Grammaire raisonnée‹ überlebten unter Voltaires Papieren in der Leningrader Bibliothek. Ebenfalls dort befindet sich ihre Übersetzung und Erläuterung eines Teils der Moralphilosophie von Bernard de Mandeville, Bienenfabel. Ihr Vorwort zu diesem Werk von 1735 enthält eine feministische Forderung nach Beteiligung der Frauen an literarischen Aktivitäten. (Siehe: Ira O. Wade, Voltaire and Madame du Châtelet. An Essay on the Intellectual Activity at Cirey. Oxford 1941, S. 26, und Ira O. Wade, The Intellectual Development of Voltaire. Princeton, N. J. 1969, S. 347) Ihr fünfbändiger Angriff auf die Bibel ›Examen de la Genèse‹ zirkulierte als Manuskript. ›Discours sur le bonheur‹ war gleich nach seiner Publikation als Pamphlet im Jahre 1744 ein Bestseller. Unverhüllt autobiographisch begann die Schrift mit einer Diskussion über das Thema ›Spielen‹, wobei E. du Châtelet darauf bestand, es sei eines der drei Vergnügen, die Frauen in fortgeschrittenem Alter noch blieben. Die beiden anderen waren Tafelfreuden und Studium. (Siehe: Edwards, The Divine Mistress, a.a.O., S. 223 f.) Die Übersetzungen Mme. du Châtelets umfaßten Gedichte von Catull, eine klassische Version des Oedipus Rex und eine Übertragung der ›Aeneis‹ von Virgil, die verlorenging.

209 Lettres de la Marquise du Châtelet, ed. Eugène Asse (Paris 1878), S. 487

210 Übersetzt in: Edwards, The Divine Mistress, a. a. O., S. 1
211 Immanuel Kant, zitiert in: Susan Griffin, Woman and Nature. The Roaring Inside Her. New York 1978, S. 14
212 Louis L. Bucciarelli und Nancy Dworsky, Sophie Germain. An Essay on the History of the Theory of Elasticity. Dordrecht 1980, S. 22
213 Übersetzt: ebenda, S. 25
214 Erwähnt: ebenda, S. 27
215 Ebenda, S. 30
216 Übersetzt: ebenda, S. 61
217 Übersetzt: ebenda, S. 63f.
218 Ebenda, S. 78
219 H. Stupuys Herausgabe von ›Sophie Germain, Œuvres philosophiques‹ (Paris) weckte ein neues Interesse für die Mathematikerin. In der Folge wurde ihr Manuskript über Elastizität, das sich bis dahin auf Pronys Landgut befand, 1880 in Paris publiziert. (Erwähnt in: Bucciarelli und Dworsky, Sophie Germain, a. a. O., S. 141)
220 Sophie Germain, ›Memorandum über die Krümmung der Oberflächen‹ und ›Notiz über die Zusammensetzung der Werte für y und z in der Gleichung $4(x^p - 1)/(x - 1) = y^2 + p^{z^2} \ldots$‹. Crelles Journal für die reine und angewandte Mathematik, 7 (1831), 1–29, 201–4, erwähnt in: Bucciarelli und Dworsky, Sophie Germain, a. a. O., S. 143. Die Arbeit über Oberflächenkrümmung mag durch eine Publikation von Gauß aus dem Jahre 1827 inspiriert worden sein, auf die Sophie Germain 1829 durch Zufall stieß. In einem Brief an Gauß in diesem Jahr beklagt sie sich zum ersten Mal offen über ihren mangelnden Zugang zu Publikationen und die fehlende Zugehörigkeit zu einer wissenschaftlichen Gemeinschaft (erwähnt: ebenda, S. 112ff.).
221 J. L. Herbette (Paris 1833), erwähnt: ebenda, S. 125
222 Zitiert in: Malcolm Elwin, Lord Byron's Family. Annabella, Ada and Augusta 1816–1824, ed. Peter Thomson. London 1975, S. 219
223 Mary Somerville, Personal Recollections, From Early Life to Old Age. With Selections from Her Correspondence, ed. Martha Somerville. London 1873, S. 154
224 Charles Babbage, Selections from Passages from the Life of a Philosopher. London 1864, S. 68
225 Ada Augusta Lovelace (trans.), Sketch of the Analytical Engine Invented by Charles Babbage. In: Charles Babbage and his Calculating Engines, ed. Philip Morrison und Emily Morrison. New York 1961, S. 84
226 Zitiert in: Maboth Moseley, Irascible Genius. The Life of Charles Babbage. London 1964, S. 182
227 Zitiert in: Doris Langley Moore, Ada Countess of Lovelace. Byron's Legitimate Daughter. London 1977, S. 157
228 Somerville-Papiere: 15, 30 v. November 1844, zitiert in: Moore, Ada Countess of Lovelace, a. a. O., S. 215f.
229 14. August 1845, zitiert: ebenda, S. 163f.
230 1844, zitiert: ebenda, S. 213
231 Zitiert in: Ethel Colburn Mayne, The Life and Letters of Anne Isabella, Lady Noel Byron. New York 1929, S. 477f.
232 Anna Carlotta Leffler, Biography of Sonya Kovalévsky. In: Her Recollections of Childhood, trans. A. M. Clive Bayley. New York 1895, S. 159
233 Zitiert: ebenda, S. 173f. Julija Lermontowas ›Erinnerungen an Sophia Kovalévsky‹

wurden auf Anna Charlotte Lefflers Bitte hin geschrieben und sind in deren Sophia-Biographie als ›Zitate einer anonymen Freundin Sonyas‹ enthalten. Julija Lermontowa war außerordentlich gebildet, denn ihre Eltern hatten verschiedene Spezialisten beauftragt, ihre Kinder in diversen Fächern zu unterrichten. Ihre Familie unterstützte ihr Interesse an Chemie und ihre Versuche, an der Moskauer Universität zu studieren, widersetzten sich jedoch einem Studium im Ausland. Es war Sonja Kowalewski, die Julijas Eltern dazu überreden konnte, die Tochter nach Heidelberg gehen zu lassen. Später arbeitete sie im privaten Laboratorium für organische Chemie von A. M. Bultrow, bis sie, nach dem Tode ihrer Eltern, die Verwaltung des Landgutes der Familie übernehmen mußte. Jeanne Jewreinowa erhielt schließlich die Erlaubnis zum Jurastudium in Leipzig. Sie kehrte 1873 als erste Rechtsanwältin nach Rußland zurück und war später eine bekannte Feministin. Anna Leffler erhielt eine dem Universitätsstudium ebenbürtige Ausbildung von ihren Brüdern, nachdem man ihr die Aufnahme an schwedischen Universitäten verweigert hatte. Nach der Scheidung von ihrem ersten Mann heiratete sie 1888 einen italienischen Mathematiker und wurde Herzogin von Cajanello. Sie publizierte die ›Erinnerungen‹ Sonja Kowalewskis zusammen mit ihren eigenen, etwas romantisierenden Reminiszenzen an Sonja. Das Buch war sehr erfolgreich und wurde in mehrere Sprachen übersetzt. Ellis Carter beschrieb in seiner Besprechung der englischen Ausgabe von 1895 Sonja Kowalewski als Beispiel für das tragische Schicksal, das den Frauen beschieden ist, die unseligerweise mit einem ›männlichen Geist‹ geboren wurden.

234 L. A. Vorontsova, Sofia Kovalevskaia (Moskau 1957), S. 147, zitiert in: Beatrice Stillman, Sófya Kovalévskaya. Growing up in the Sixties. *Russian Literature Triquaterly*, 9 (1974), S. 287
235 Erwähnt in: Don H. Kennedy, Little Sparrow. A Portrait of Sophia Kovalévsky. Athens, Ohio 1983, S. 200 f.
236 Zitiert in: Leffler, Biography of Sonya Kovalévsky, a. a. O., S. 204
237 Übersetzt in: Kennedy, Little Sparrow, a. a. O., S. 225 f. In ihrem ersten Stockholmer Jahr war Sonja nicht ordentliches Fakultätsmitglied, sondern Privatdozentin und als solche von ihren Studenten individuell bezahlt. Als Vorlesungssprache stellte sie Deutsch oder Französisch zur Wahl, und die Studenten wählten Deutsch. Im zweiten Jahr las sie auf schwedisch. Das Studium stand beiden Geschlechtern offen, wobei nirgends belegt ist, daß sie je eine weibliche Studentin hatte.
238 Übersetzt in: Stillman, Sófya Kovalévskaya, a. a. O., S. 289
239 Übersetzt in: Kennedy, Little Sparrow, a. a. O., S. 237
240 Leffler, Biography of Sonya Kovalévsky, a. a. O., S. 231
241 ebenda, S. 242
242 ebenda, S. 166
243 ebenda, S. 222 f.
244 Edgeworth, Letters for Literary Ladies, a. a. O., S. 64 ff.
245 ›Die Pädagogik, der Staat und die Familie‹, S. 84 ff., übersetzt in: Julia O'Faolain und Lauro Martines (eds.), Not in God's Image. Women in History from Greeks to the Victorians. New York 1973, S. 251 f.
246 [Jane Marcet] Conversations on Chemistry. In which Elements of that Science are Familiarly Explained and Illustrated by Experiments. Philadelphia 1818, S. V
247 Zitiert in: Edgar Fahs Smith, Old Chemistries. New York 1927, S. 68. Das berühmteste Buch Jane Marcets hatte nichts mit Naturwissenschaft zu tun, die ›Konversationen über politische Ökonomie‹ erschienen erstmals 1816 und wurden häu-

fig nachgedruckt. Sie schrieb auch zahlreiche Kinderbücher mit verschiedensten Sujets.

248 Zitiert in: Kathleen Lonsdale, Women in Science. Reminiscences and Reflections. *Impact of Science on Society*, 20 (1970), S. 49

249 Buckland Papers, DRO 138M/F244, Devon Record Office, zitiert in: Jack Morrell und Arnold Thackray, Gentlemen of Science. Early Years of the British Association for the Advancement of Science. Oxford 1981, S. 150

250 Babbage an Daubeny, 28. April 1832, zitiert: ebenda, S. 151

251 Zitiert in: Lonsdale, Women in Science, a. a. O., S. 47. Die meisten Berichte waren Beschreibungen von Fischen und Vögeln, doch es gab ein paar Artikel, welche die Verantwortlichen als anstößig für die Damenwelt erachteten: ›Die wilden Tiere des Chillingham Parks‹, ›Taschenratten‹, ›Fortpflanzung der Seeanemonen‹ und ›Besonderheiten im Fortpflanzungsprozeß der Beuteltiere‹. Als Richard Owen über Beuteltiere sprach, waren »Mrs. Buckland und zahlreiche Damen, meist Quäkerinnen, anwesend, und er faßte seine Ausführungen über Fortpflanzung in die delikatest mögliche Form« (I, 126). Owen war mit Caroline Clift, der Tochter des Kurators der Chirurgenschule, verheiratet. Sie hatte sich privat ausgebildet und war auf vergleichende Anatomie spezialisiert. Sie arbeitete regulär an den zoologischen und paläontologischen Forschungen ihres Mannes mit und nahm an den Sitzungen der British Association teil. Zu ihrem wissenschaftlichen und intellektuellen Kreis gehörten Jeanette de Villepreux-Power, die ausgedehnte Untersuchungen an Mollusken durchführte, und Lady Hastings, eine Paläontologin, die zusammen mit Owen ein Memorandum für das Oxford Meeting der BAAS vorbereitete.

Caroline Fox wurde eine Pionierin für Frauenbildung. Sie war sehr interessiert an Naturwissenschaft und nahm regelmäßig an den wissenschaftlichen Vorlesungen und Versammlungen der BAAS teil. Ihr Tagebuch ist voll von Anekdoten über die großen englischen Wissenschaftler des neunzehnten Jahrhunderts.

252 28. November 1840, zitiert in: Morrell und Thack, Gentlemen of Science, a. a. O., S. 148

253 Maria Edgeworth, The Life and Letters. Boston 1895, S. 398

254 Zitiert in: Bruce Toth und Emily Toth, Mary Who? *Johns Hopkins Magazine*, Januar 1978, S. 25

255 John Stuart Mill, The Subjection of Women. 1869, S. 286

256 Margaret Fuller (Ossoli), Woman of the Nineteenth Century, and Kindred Papers Relating to the Sphere, Condition, and Duties of Woman. 1874, S. 94

257 19. Februar 1832, Somerville Collection, zitiert in: Elizabeth C. Patterson, Mary Somerville. *British Journal for the History of Science*, 4 (1969), S. 319. Als Martha Somerville, die feministische Journalistin Frances Power Cobbe und der Publizist John Murray gegen Ende des neunzehnten Jahrhunderts Mary Somervilles ›Persönliche Erinnerungen‹ herausgaben und kommentierten, war Antifeminismus wieder in Mode. Da das Buch ein finanzieller Erfolg werden sollte, betonten sie Mary Somervilles häusliche und mütterliche Qualitäten und ließen Passagen, die zu freimütig oder undamenhaft wirken konnten, weg. (Ebenda, S. 337)

258 Mary Somerville, Personal Recollections. Nature, 9 (1874), S. 417

259 Somerville, Personal Recollections, From Early Life..., a. a. O., S. 22

260 ebenda, S. 36

261 ebenda, S. 54

262 ebenda, S. 75

263 ›Philosophical Transactions‹, 126 (1826), 132–9, erwähnt in: A. W. Richeson,

Mary Somerville. Scripta Mathematica, 8 (1941), S. 9. Mary Somervilles Artikel von 1836 wurden auch im ›Edinburgh Philosophical Journal‹, 22 (1837), 180–3, publiziert.

264 Somerville Collection, zitiert in: Patterson, Mary Somerville, a. a. O., S. 318
265 Erwähnt in: Stephen F. Mason, A History of the Sciences. New York 1962, S. 442
266 Zitiert in: Maria Mitchell, Maria Somerville. The Atlantic Monthly, 5 (1860), S. 570
267 Somerville, Personal Recollections. From Early Life…, a. a. O., S. 163 f.
268 Die einzige kritische Besprechung erschien in ›The Athenaeum‹, No. 221 (1832). Mary Somervilles einführender Essay wurde angegriffen, weil er »den Geist von La Place… in ein Oktavheft zu sperren versuchte« (S. 43). Jahre später lobte die gleiche Zeitschrift ihre bewundernswerte Zusammenfassung der ›Himmelsmechanik‹ (No. 2154 [1869], S. 202). John Murray seinerseits verzichtete auf seinen Anteil am Profit der ›Himmelsmechanik‹. In den folgenden Jahren verlegten er und sein Sohn sämtliche Bücher Mary Somervilles, lieferten ihr wissenschaftliche Werke und liehen ihr gelegentlich auch Geld. (Siehe: Patterson, Mary Somerville, a. a. O., S. 321 f.)
269 ›The Athenaeum‹, No. 2154 (1869), S. 202
270 William Whewell, On the Connexion of the Physical Sciences. By Mrs. Somerville. Quaterly Review, 51 (1834), S. 59
271 S. 60, zitiert in: Patterson, Mary Somerville, a. a. O., S. 323. Die gleichzeitige Berechnung der Kreisbahn von Neptun durch Adams und Leverrier entfachte einen großen geschichtlichen Streit um die Priorität in der Entdeckung.
272 Somerville Collection, zitiert: ebenda, S. 323
273 (London 1848) S. 2, zitiert: ebenda, S. 326
274 Zitiert in: Toth und Toth, Mary Who, a. a. O., S. 29. Edward Sabines Frau Elizabeth übersetzte für eine von der BAAS subventionierte Reihe Alexander von Humboldts ›Kosmos‹ und andere wissenschaftliche Werke, darunter die Abhandlung von Gauß über terrestrischen Magnetismus aus dem Jahr 1839. Sie half ihrem Mann auch bei der Entwicklung seines Systems des Erdmagnetismus. (Siehe: Somerville, Personal Recollections. From Early Life…, a. a. O., S. 138 f.) Caroline Fox nannte das Ehepaar Sabine ›die verheirateten Magnetisten‹ (Caroline Fox, Memories of Old Friends. Being Extracts from the Journals and Letters of Caroline Fox, of Penjerrick, Cornwall, from 1835 to 1871. Philadelphia 1882, S. 147). Ihre Zeitgenossin Janet Taylor verfaßte mehrere Werke über Navigation und wurde bekannt als ›Die Somerville des Seewesens‹. (Zitiert in: Toth und Toth, Mary Who, a. a. O., S. 27)
275 Somerville Collection, zitiert in: Patterson, Mary Somerville, a. a. O., S. 336
276 Frances Power Cobbe, Life, as Told by Herself. London 1904, S. 385
277 Somerville, Personal Recollections. From Early Life…, a. a. O., S. 345
278 Lyell, Life, a. a. O., S. 325

LITERATURVERZEICHNIS

Agnesi, Maria Gaetana: Analytical Institutions. Trans. John Colson, ed. John Hellins. London: Taylor & Wilks, 1801.

Allen, D. E.: The Naturalist in Britain. A Social History. London: Allen Lane, 1976.

Allen, D. E.: The First Woman Pteridologist. *British Pteriodological Society Bulletin*, 1 (1978), 247–9.

Allen, D. E.: The Botanical Family of Samuel Butler. *Journal of the Society for the Bibliography of Natural History*, 9 (1979), 133–6.

Allen, D. E.: The Women Members of the Botanical Society of London, 1836–1856. *British Journal for the History of Science*, 13 (1980), 240–54.

Allen, D. E. und Lousley, Dorothy W.: Some Letters to Margaret Stovin (1756?–1846), Botanist of Chesterfield. *The Naturalist*, 104 (1979) 155–63.

Anderson, Louisa Garrett: Elizabeth Garrett Anderson, 1836–1917. London: Faber & Faber, 1939.

Appleby, Valerie: Ladies with Hammers. *New Scientist*, 84 (1979), 714–15.

Aristotle: De Partibus Animalium I and De Generatione Animalium. Trans. D. M. Balme. Oxford: Clarendon, 1972.

Aristoteles: De Partibus Animalium I u. De Generatione Animalium. In: Die Lehrschriften. Übers. v. Paul Gohlke. Bd. VIII (Naturgeschichte). Paderborn: Schöningh, 1959.

Armstrong, Eva V.: Jane Marcet and Her ›Conversations on Chemistry‹. *Journal of Chemical Education*, 15 (1938), 53–7.

Ashton, Helen und Davies, Katharine: I Had a Sister. A Study of Mary Lamb, Dorothy Wordsworth, Caroline Herschel, Cassandra Austen. London: Lovat Dickson, 1937; rpt. Folcraft, Pa.: Folcraft, 1975.

Atwood, Mary Anne South: Hermetic Philosophy and Alchemy. A Suggestive Inquiry into ›The Hermetic Mystery‹ with a Dissertation on the More Celebrated of the Alchemical Philosophers, rev. edn. New York: Julian Press, 1960.

Baader, Gerhard: Naturwissenschaft und Medizin im 12. Jahrhundert und Hildegard von Bingen. *Arch. mittelrhein. Kirchengeschichte*, 31 (1979), 33–54.

Babbage, Charles: Selections from Passages from the Life of a Philosopher. London, 1864; rpt. in: Charles Babbage and His Calculating Engines. Selected Writings by Charles Babbage and Others. Ed. Philip Morrison and Emily Morrison. London: Constable, 1961; New York: Dover, 1961.

Ballard, George: Memoirs of Several Ladies of Great Britain, who have been Celebrated for their Writings or Skill in the Learned Languages Arts and Sciences. Oxford: Jackson, 1752.

Barber, W. H.: Mme du Châtelet and Leibnizianism: The Genesis of the ›Institutions de

Physique<. In: The Age of the Enlightenment. Studies presented to Theodore Bester-
man. Ed. W. H. Barber et al. Edinburgh: Oliver & Boyd, 1967, S. 200–22.

Bayon, H. P.: Trotula and the Ladies of Salerno. A Contribution to the Knowledge of
the Transition between Ancient and Mediaeval Physick. *Proceedings of the Royal Society of Medicine*, 33 (1940), 471–5.

Beard, Mary R.: On Understanding Women. New York: Longmans, Green & Co.,
1931.

Beard, Mary R.: Women as a Force in History. A Study in Traditions and Realities. New
York: Macmillan, 1946.

Behn, Aphra: Histories, Novels, and Translations. London: 1700, Vol. II.

Bell, F. T.: Men of Mathematics. London: Gollancz, 1937.

Bell, Susan G. (ed.): Women from the Greeks to the French Revolution. An Historical
Anthology. Belmont, Ca: Wadsworth, 1973.

Bendkowski, Halina u. Brigitte Weisshaupt (Hg.): Was Philosophinnen denken. Eine
Dokumentation. Zürich: Amman, 1983.

Benton, John: Trotula, Women's Problems, and the Professionalisation of Medicine in
the Middle Ages. *Bulletin of the History of Medicine*, 59 (1985), 30–53.

Berghahn, Sabine u. a. (Hg.): Wider die Natur? Frauen in Naturwissenschaft und Technik. Berlin (West): Elefanten-Press, 1984.

Bidenkapp, Georg: Sophie Germain, ein weiblicher Denker. Jena: H. W. Schmidt, G.
Tauscher, 1910.

Bishop, Lloyd O. and De Loach, Will S.: Marie Meurdrac – First Lady of Chemistry?
Journal of Chemical Education, 47 (1970), 448–9.

Blunt, Wilfrid: The Art of Botanical Illustration. 2nd edn. London: Collins, 1951.

Boccaccio, Giovanni: Concerning Famous Women. Trans. Guido A. Guarino. New
Brunswick: Rutgers University Press, 1963.

Boileau-Despréaux, Nicolas: Satire X. On Women. In: The Satires. Trans. Hayward
Porter. Glasgow: James Lehose, 1904, S. 77–101.

Bolton, Henrietta I.: Women in Science. *Popular Science Monthly*, 53 (1898), 506–11.

Borer, Mary Cathcart: Women Who Made History. London: Frederick Warne, 1963.

Boserup, Ester: Woman's Role in Economic Development. London: George Allen &
Unwin, 1970.

Bowden, Bertram Vivian (ed.): Faster than Thought. A Symposium on Digital Com-
puting Machines. New York: Pitman, 1953.

Brittain, Vera: The Women at Oxford. A Fragment of History. London: George Har-
rap, 1960.

Brunton, Lauder: Some Women in Medicine. *Canadian Medical Association Journal*,
48 (1943), 60–5.

Bryan, Margaret: A Compendious System of Astronomy, in a Course of Familiar Lectures... Also Trigonometrical and Celestial Problems, with a Key to the Ephemeris,
and a Vocabulary of the Terms of Science used in the Lectures... London, 1797.

Bryan, Margaret: Lectures on Natural Philosophy... With an Appendix: Containing a
Great Number and Variety of Astronomical and Geographical Problems, and some
Useful Tables, and a Comprehensive Vocabulary. London: Thomas Duvison, 1806.

Bucciarelli, Louis L. und Dworsky, Nancy: Sophie Germain. An Essay on the History
of the Theory of Elasticity. Dordrecht, Holland: D. Reidel, 1980.

Buckland, Francis, T. (ed.): Memoir of the Very Rev. William Buckland, D. D.,
F. R. S., Dean of Westminster. In: Geology and Mineralogy, by William Buckland.
4th edn. London: Bell & Daldy, 1869.

Buckler, Georgina: Anna Comnena. A Study. 1929, rpt. London: Clarendon, 1968.

Burland, C. A.: The Arts of the Alchemists. London: Weidenfeld & Nicolson, 1967.

Burney [d'Arblay], Fanny: Diary and Letters, Vol. III. London: Macmillan, 1905.

Burton, Richard F.: Abu Al-Husn and his Slave-girl Tawaddud. In: A Plain and Literal Translation of the Arabian Night's Entertainments... Vol. V. Burton Club, 1900, S. 189–245.

Cajori, Floran: A History of Mathematics. 3rd edn. New York: Chelsea, 1980.

Carter, Ellis Warren: Sophie Kovalevsky. Fortnightly Review, NS 62 (1895), 767–83.

Castiglioni, Arturo: A History of Medicine. New York: Knopf, 1947.

Cavendish, Margaret [Lady Newcastle]: Poems, and Fancies. 1653, rpt. Menston, England: Scolar, 1972.

Cavendish, Margaret: Plays. London: Martyn, Allestry & Dicas, 1662.

Cavendish, Margaret: Philosophical and Physical Opinions. London: William Wilson, 1663.

Cavendish, Margaret: CXI Sociable Letters. 1664, rpt. Menston, England: Scolar, 1969.

Cavendish, Margaret: Observations upon Experimental Philosophy. To which is added, the Description of a New Blazing World. 2nd edn. London: Maxwell, 1668.

Cavendish, Margaret: Grounds of Natural Philosophy. London: Maxwell, 1668.

Cavendish, Margaret: Nature's Pictures Drawn by Fancies Pencil to the Life. 2nd edn. London: Maxwell, 1671.

Cavendish, Margaret: The Life of the (1st) Duke of Newcastle and Other Writings. Ed. Ernest Rhys. London: J. M. Dent, 1916.

Centlivre, Susanna: The Basset-Table. A Comedy. In: The Dramatic Works. London: John Pearson, 1872, I, 199–258.

Chaff, Sandra L. et al. (eds.): Women in Medicine. A Bibliography of the Literature on Women Physicians. Metuchen, N. J.: Scarecrow, 1977.

Childe, V. Gordon: Man Makes Himself. London: C. A. Watts, 1948.

Childe, V. Gordon: What Happened in History. Harmondsworth: Penguin, 1964.

Clarke, Agnes M.: The Herschels and Modern Astronomy. New York: Macmillan, 1895.

Cobbe, Frances Power: Life, as Told by Herself. London: Swan Sonnenschein, 1904.

Comnena, Princess Anna: The Alexiad. Trans. E. R. A. Sewter. Harmondsworth: Penguin, 1969.

Conway, Anne: The Principles of the Most Ancient and Modern Philosophy, Concerning God, Christ, and the Creature. That is, concerning Spirit, and Matter in General. Ed. and with an Introduction by Peter Lopston. The Hague: Martinns Nijhoff, 1982.

Couture-Cherki, Monique: Women in Physics. In: Ideology of / in the Natural Sciences. The Radicalisation of Science. Vol. I., ed. Hilary Rose und Steven Rose. London: Macmillan, 1976, S. 65–75.

Crellin, John K.: Mrs Marcet's ›Conversations on Chemistry‹. Journal of Chemical Education, 56 (1979), 459–60.

Dashkov, Princess: The Memoirs. Trans. and ed. Kyril Fitzlyon. London: John Calder, 1958.

Davis, Herman S.: Women Astronomers (400 A. D.–1750). Popular Astronomy, 6 (1898), 129–38.

Debus, Allen G. (ed.): World Who's Who in Science: A Biographical Dictionary of Notable Scientists from Antiquity to the Present. Chicago: Marquis, 1968.

Descartes, René: Philosophical Letters. Trans. and ed. Anthony Kenny. London: Clarendon, 1970.

Diogenes Laertius: Lives and Opinions of Eminent Philosophers. Trans. R. D. Hicks. London: Heinemann, 1925.

Doberer, K. K.: The Goldmakers: 10000 Years of Alchemy. Trans. E. W. Dicks. London: Nicolson & Watson, 1948.

Doberer, Kurt K.: Die Goldmacher. Zehntausend Jahre Alchimie. München: Universitas, 1986.

Dohm, Hedwig: Emanzipation. Mit einem Nachwort von Berta Rahm. Zürich: Ala, 1977 (Nachdruck der 1874 bei Wedekind & Schwieger in Berlin erschienenen Ausgabe von H. Dohms ›Die wissenschaftliche Emanzipation der Frau‹).

Durant, W. und Durant, A.: The Age of Voltaire. New York: Simon & Schuster, 1965.

Durant, Will u. Ariel Durant: Das Zeitalter Voltaires. Bd. 14, übers. v. Elinor Lipper, in: Kulturgeschichte der Menschheit. 18 Bde. Bearb. v. Hans Dollinger, Köln: Naumann u. Göbel, 1985.

Duveen, Denis I.: Madame Lavoisier 1758–1836. *Chymia*, 4 (1953), 13–29.

Eckenstein, Lina: Woman under Monasticism. Cambridge, 1896, rpt. New York: Russell & Russell, 1963.

Edgeworth, Maria: Letters for Literary Ladies. London, 1795, rpt. New York: Garland, 1974.

Edgeworth, Maria: The Life and Letters. Boston: Houghton Mifflin, 1895.

Edgeworth, Maria: Emilie oder der Frauenzwist. Aus dem Englischen v. Th. Blum. Pesth: Hartleben, o. J.

Edwards, Harold M.: Fermat's Last Theorem. New York: Springer-Verlag, 1977.

Edwards, Samuel: The Divine Mistress. New York: David McKay, 1970.

Elwin, Malcom: Lord Byron's Family. Annabella, Ada and Augusta 1816–1824. Ed. Peter Thomson. London: John Murray, 1975.

Engbring, Gertrude M.: Saint Hildegard. Twelfth-Century Physician. *Bulletin of the History of Medicine*, 8 (1940), 770–84.

Evelyn, John: Diary. Ed. Austin Dobson. London: Macmillan, 1906, Vol. II.

Federmann, Reinhard: The Royal Art of Alchemy. Trans. Richard H. Weber. Philadelphia: Chilton, 1969.

Fee, Elizabeth: Is Feminism a Threat to Scientific Objectivity? *International Journal of Women's Studies*, 4 (1981), 378–92.

Feyl, Renate: Der lautlose Aufbruch. Frauen in der Wissenschaft. Darmstadt u. Neuwied: Luchterhand, 1983.

Forbes, R. J.: Short History of the Art of Distillation. Leiden: Brill, 1948.

Fox, Caroline: Memories of Old Friends. Being Extracts from the Journals and Letters of Caroline Fox, of Penjerrick, Cornwall, from 1835 to 1871. Ed. Horace N. Pym. Philadelphia: J. B. Lippincott, 1882.

Führkötter, Adelgundis: Hildegard von Bingen. Salzburg: Otto Müller, 1972.

Fuller [Ossoli], Margaret: Woman of the Nineteenth Century, and Kindred Papers Relating to the Sphere, Condition, and Duties of Woman. New edn., ed. Arthur B. Fuller. 1874, rpt. New York: Greenwood, 1968.

Gade, John Allyne: The Life and Times of Tycho Brahe. Princeton: Princeton University Press, 1947.

Germain, Sophie: Allgemeine Betrachtungen über die Beschaffenheit der Wissenschaften u. Lit. in ihren verschiedenen Entwicklungsstufen. In dt. Bearbeitung hrsg. v. Lilly Michaelis. Leipzig: O. R. Reisland, 1931.

Geyer-Kordesch, Johanna: Vorkämpferinnen im Ärzteberuf. Der Einstieg angelsächsischer Frauen in die professionalisierte Medizin des 19. Jahrhunderts. in: *Feministische Studien*, Nov. 1983, S. 36ff.

Gibbon, Edward: The Decline and Fall of the Roman Empire. 3 vols. New York: Modern Library [n. d.]

Gillispie, Charles Coulston (ed.): Dictionary of Scientific Biography. 16 vols. New York: Scribner, 1970–80.

Glasgow, Maude: Women Physicians, *Journal of the American Medical Women's Association*, 9 (1954), 24–5.

Goethe, J. W. von: Poetry and Truth. From My Own Life. Trans. Minna Steele Smith. 1908, rpt. London: G. Bell & Sons, 1911, Vol. I.

Goethe, Johann W. von: Aus meinem Leben. Dichtung und Wahrheit. Bearb. v. J. Schwetje. Paderborn: Schöningh, o. J.

Goldsmith, Oliver: An Enquiry into the Present State of Polite Learning. In: Collected Works. Ed. Arthur Friedman. Oxford: Clarendon, 1966, I, 253–341.

de Goncourt, Edmond und de Goncourt, Jules: The Soul of Woman. In: The Woman of the Eighteenth Century. Trans. Jacques LeClercq and Ralph Roeder. New York: Minton, Balch, 1927, S. 267–96.

Goodell, William: A Sketch of the Life and Writings of Louyse Bourgeois. Philadelphia: Collins, 1876.

Goodwater, Leanna: Women in Antiquity. An Annotated Bibliography. London: Bailey Bros., 1976.

Grant, Barbara L.: Five Liturgical Songs by Hildegard von Bingen (1098–1179). *Signs*, 5 (1980), 557–67.

Grant, Douglas: Margaret the First. A Biography of Margaret Cavendish, Duchess of Newcastle, 1623–1673. Toronto: University of Toronto Press, 1957.

Griffin, Susan: Woman and Nature: The Roaring Inside Her. London: The Women's Press, 1984.

Guthrie, Leonard: The Lady Sedley's Receipt Book, 1686, and Other Seventeenth-Century Receipt Books. *Proceedings of the Royal Society of Medicine*, 6 (1913), Section of the History of Medicine, 150–70.

Haber, Louis: Women Pioneers of Science. Rev. edn. New York: Harcourt, Brace & Jovanovich, 1979.

Hacker, Carlotta: The Indomitable Lady Doctors. Toronto: Clarke Irwin, 1974.

Haight, Anne Lyon (ed.): Hroswitha of Gandersheim. Her Life, Times, and Works, and a Comprehensive Bibliography. New York: The Hroswitha Club, 1965.

Hale, Sarah Josepha: Woman's Record. Or Sketches of All Distinguished Women from the Creation to A. D. 1854. New York: Harper, 1860.

Hall, A. Rupert und Hall, Marie Boas: A Brief History of Science. New York: New American Library, 1964.

Hamel, Frank: An Eighteenth-Century Marquise. A Study of Emilie du Châtelet and her Times. New York: James Pott, 1911.

Hamilton, Edith: Mythology. London: Frederick Muller, 1940.

Hamilton, George L.: Trotula. *Modern Philology*, 4 (1906), 377–80.

Harles, Ch. F.: Die Verdienste der Frauen um Naturwissenschaft und Heilkunde. Göttingen: 1830.

Hausen, Karin u. Helga Nowotny (Hg.): Wie männlich ist die Wissenschaft. Frankfurt / M.: Suhrkamp, 1986.

Haywood, Eliza: The Female Spectator. 5th edn., 4 vols. London: Gardner, 1755.

Heath, Thomas L.: Diophantus of Alexandria. A Study on the History of Greek Algebra. New York: Dover, 1964.

Herschel, Caroline: An Account of a New Comet. *Philosophical Transactions*, 77 (1787), 1–4.

Herschel, Caroline: Account of the Discovery of a Comet, *Philosophical Transactions*, 84 (1794), 1.

Herschel, Caroline: An Account of the Discovery of a New Comet, *Philosophical Transactions*, 86 (1796), 131–4.

Herschel, Caroline: Memoir and Correspondence. Ed. Mary Herschel. New York: Appleton, 1876.

Herschel, Caroline: Memoiren u. Briefwechsel. 1775–1848. Hrsg. von Frau J. Herschel. Aus dem Engl. Berlin: Hertz, 1875.

Herzenberg, Caroline Littlejohn: Women Scientists From Antiquity to the Present: An Index. West Cornwall, CT: Locust Hill Press, 1986.

Hildegard von Bingen: Wisse die Wege. Der heiligen Hildegard von Bingen ›Wisse die Wege‹. Scivias. Nach dem Urtext des Wiesbadener kleinen Hildegardis-Kodex ins Deutsche übertragen und bearbeitet von Maura Böckeler. Salzburg: Otto Müller, 1976.

Hildegard von Bingen: Heilkunde. Das Buch von dem Grund und Wesen und der Heilung der Krankheiten. Nach den Quellen übersetzt und erläutert von Heinrich Schipperges. Salzburg: Otto Müller, 1981.

Hildegard von Bingen: Naturkunde. Das Buch von dem inneren Wesen der verschiedenen Naturen in der Schöpfung. Nach den Quellen übersetzt und erläutert von Peter Riethe. Salzburg: Otto Müller, 1959.

Hildegard von Bingen. Welt und Mensch. Das Buch »de operatione Dei«. Aus dem Genter Kodex übersetzt und erläutert von Heinrich Schipperges. Salzburg: Otto Müller, 1965.

Hildegard von Bingen: Briefwechsel. Nach den ältesten Handschriften übersetzt und nach den Quellen erläutert von Adelgundis Führkötter. Salzburg: Otto Müller, 1965.

Hildegard von Bingen: Der Mensch in der Verantwortung. Das Buch der Lebensverdienste (Liber Vitae Meritorum). Nach den Quellen übersetzt und erläutert von Heinrich Schipperges. Salzburg: Otto Müller, 1972.

Hoche, Richard: Hypatia, die Tochter Theons. *Philologus*, 15 (1860).

Hollingdale, J. H.: Charles Babbage and Lady Lovelace. Two 19th-Century Mathematicians. *Bulletin of the Institute of Mathematics and its Applications*, 2 (1966), 2–15.

Holmyard, E. J.: An Alchemical Tract Ascribed to Mary the Copt. The Letter of the Crown and the Nature of the Creation by Mary the Copt of Egypt. *Archivio di Storia della Scienza*, 8 (1927), 161–7.

Holmyard, E. J.: Alchemy. 1957; rpt. Harmondsworth: Penguin, 1968.

Homer: The Iliad. Trans. Richmond Lattimore. Chicago: University of Chicago Press, 1951.

Homer: The Odyssey. Trans. Robert Fitzgerald. Garden City: Doubleday, 1961.

Hopkins, Arthur John: A Modern Theory of Alchemy. *Isis*, 7 (1925), 58–76.

Hopkins, Arthur John: A Study of the Kerotakis Process as Given by Zosimus and Later Alchemical Writers. *Isis*, 29 (1938), 326–54.

Hoskin, M. A.: William Herschel and the Construction of the Heavens. London: Oldbourne, 1964.

Hoskin, Michael und Warner, Brian: Caroline Herschel's Comet Sweepers. *Journal for the History of Astronomy*, 12 (1981), 27–34.

Houlihan, Sherida und Wotiz, John H.: Women in Chemistry Before 1900. *Journal of Chemical Education*, 52 (1975), 362–4.

Hubbard, Elbert: Great Teachers. Vol. 10 of ›Little Journeys to the Homes of the Great‹. Cleveland: World Publishing, 1928.

Hughes, Muriel Joy: Women Healers in Medieval Life and Literature. Oxford: Oxford University Press, 1943.

Hume, Ruth Fox: Great Women of Medicine. New York: Random House, 1964.

Hurd-Mead, Kate C.: Trotula. *Isis*, 14 (1930), S. 349–67.

Hurd-Mead, Kate C.: An Introduction to the History of Women in Medicine. *Annals of Medical History*, NS 5 (1933).

Hurd-Mead, Kate C.: A History of Women in Medicine, from the Earliest Times to the Beginning of the Nineteenth Century. Haddom, Ct.: Haddom Press, 1938.

Iacobacci, Rora F.: Women in Mathematics. *The Arithmetic Teacher*, 17 (1970), 316–24.

Iltis [Merchant], Carolyn: Madame du Châtelet's Metaphysics and Mechanics. *Studies in History and Philosophy of Science*, 8 (1977), 29–48.

Jex-Blake, Sophia: Medical Women. A Thesis and a History. Edinburgh, 1886, rpt. New York: Source Book Press, 1970.

Johnson, R. Brimley (ed.): Mrs Delany. At Court and Among the Wits Being the Record of a Great Lady of Genius in the Art of Living. London: Stanley Paul, 1925.

Jones, Thomas P.: New Conversations on Chemistry... On the Foundation of Mrs. Marcet's ›Conversations on Chemistry‹. Philadelphia: Grigg & Elliot, 1846.

Jusserand, J.J.: English Wayfaring Life in the Middle Ages. Trans. Lucy Toulmin Smith, 8th edn. London: T. Fisher Unwin, 1891.

Kargon, Robert Hugh: Atomism in England from Hariot to Newton. Oxford: Clarendon, 1966.

à Kempis, Sister Mary Thomas: The Walking Polyglot. *Scripta Mathematica*, 6(1939), 211–17.

Kennedy, Don H.: Little Sparrow. A Portrait of Sophia Kovalévsky. Athens: Ohio University Press, 1983.

Kingsley, Charles: Hypatia. Or New Foes with an Old Face. 1853, rpt. New York: Hurst, 1910.

Kingsley, Charles: Hypatia oder Neue Feinde mit altem Gesicht. Ins Deutsche übertragen von Sophia v. Gilsa. 2 Bde. Leipzig: o. J.

Kovalévski, Sonya: Her Recollections of Childhood. Trans. Isabel F. Hapgood. New York: Century, 1895.

Kovalévski, Sonya: Vera Barantzova. London: Ward & Downey, 1895.

Kowalewski, Sonja: Bd. 1. Kindheitserinnerungen (von ihr selbst erzählt). Deutsch v. M. Kurella. Bd. 2. Was ich mit ihr zusammen erlebt u. was sie mir von sich selbst erzählt hat. Von Charlotte Leffler. Deutsch v. I. Wolf. Halle: O. Hendel, 1896.

Kowalewski, Sonja: Die Nihilistin. Roman. Aus dem Russischen von Louise Flachs-Fokschaneanu. In: *Wiener Mode*, 1896.

Kowalewski, Sonja: Vera Vorontzoff. Aus dem Schwed. v. Frieda Hoffmann. Halle: O. Hendel, 1902.

Kramer, Edna E.: The Nature and Growth of Modern Mathematics. New York: Hawthorn, 1970.

Lancaster, C. S.: Women, Horticulture, and Society in Sub-Saharan Africa. *American Anthropologist*, 78 (1976), 539–64.

Lancaster, Jane Beckmann: Primate Behavior and the Emergence of Human Culture. New York: Holt, Rhinehart & Winston, 1975.

Lauter, Werner: Hildegard-Bibliographie. Wegweiser zur Hildegard-Literatur. Alzey: Rheinhessische Druckwerkstätten, 1970.

Lee, Elizabeth: Jane Marcet. *DNB* (1917).

Leffler, Anna Carlotta: Biography of Sonya Kovalévsky. In: Her Recollections of Childhood. Trans. A. M. Clive Bayley. New York: Century, 1895.

Leffler, Anna Charlotte: Sonja Kovalevsky. Aus dem Schwedischen von H. Lenk. Leipzig: Reclam, 1894.

Leibniz, Gottfried Wilhelm: The Controversy Between Leibniz and Clarke, 1715–16. In: Philosophical Papers and Letters. Trans. and ed. Leroy E. Loemker, 2nd edn. Dordrecht: D. Reidel, 1970, S. 675–721.

Leibniz, Gottfried W.: Streitschriften zwischen Leibniz und Clarke. In: Die Philosophischen Schriften, Hg. v. C. J. Gerhardt (Bd. III, Berlin 1875–1890).

Lerner, Gerda: Placing Women in History: A 1975 Perspective. In: Liberating Women's History. Theoretical and Critical Essays. Ed. Berenice A. Carroll. Urbana: University of Illinois Press, 1976.

Lesko, Barbara S.: The Remarkable Women of Ancient Egypt. Berkeley: B. C. Scribe, 1978.

Levey, Martin: Babylonian Chemistry. A Study of Arabic and Second Millenium B. C. Perfumery. *Osiris*, 12 (1956), 376–89.

Levey, Martin: Chemistry and Chemical Technology in Ancient Mesopotamia. Amsterdam: Elsevier, 1959.

Lewis, W. S. und Smith, Warren Hunting (eds.): Horace Walpole's Correspondence with Madame du Deffand. New Haven: Yale University Press, 1939; Oxford: Oxford University Press, 1940, Vol. VI.

Lexikon der Frau in zwei Bänden. Zürich: Encyclios, 1953.

Leybourn, Thomas: The Mathematical Questions Proposed in the Ladies' Diary, and their Original Answers, together with some New Solutions… 1704 to 1816. 4 vols. London: Mawman, 1817.

Lindsay, Jack: The Origins of Alchemy in Graeco-Roman Egypt. London: Frederick Muller, 1970.

Lipinska, Mélina: Les femmes et le progrès des sciences médicales. Paris: Masson, 1930.

Lonsdale, Kathleen: Women in Science. Reminiscences and Reflections, *Impact of Science on Society*, 20 (1970), 45–59.

Loomis, Metta May: The Contributions Which Women Have Made to Medical Literature. *New York Medical Journal*, 100 (1914), 522–4.

Lovejoy, Arthur O.: The Great Chain of Being. A Study of the History of an Idea. Oxford: Oxford University Press, 1933, rpt. Cambridge, Mass., Harvard University Press, 1966.

Lovelace, Ada Augusta (trans.): ›Sketch of the Analytical Engine Invented by Charles Babbage‹ by L. F. Menabrea with Notes upon the Memoir by the Translator. In: Charles Babbage and His Calculating Engines, ed. Philip Morrison and Emily Morrison. New York: Dover, 1961, 225–97.

Lubbock, Constance A. (ed.): The Herschel Chronicle The Life-Story of William Herschel and His Sister Caroline Herschel. Cambridge: Cambridge University Press, 1933.

Lyell, Charles: Life. Letters and Journals. 2 vols., ed. Mrs Lyell. London: John Murray, 1881.

Mahl, Mary R. und Koon, Helen (eds.): The Female Spectator. English Women Writers before 1800. Bloomington: Indiana University Press, 1977.

Manly, John M. und Rickert, Edith: The Text of the Canterbury Tales, Vol. III. Cambridge: Cambridge University Press, 1940.

Manton, Jo: Elizabeth Garrett Anderson. London: Methuen, 1965.

[Marcet, Jane]: Conversations on Chemistry, in which the Elements of that Science are Familiarly Explained and Illustrated by Experiments. Revised by Thomas Cooper from the 5th London edn. Philadelphia: M. Carey & Sons, 1818.

[Marcet, Jane]: Conversations on Natural Philosophy in which the Elements of that Science are Familiarly Explained. Ed. Thomas P. Jones. Philadelphia: Grigg & Elliot, 1836.

[Marcet, Jane]: Conversations on Botany. 9th edn. London: Longman, Orme, Brown, Green & Longmans, 1840.

[Marcet, Jane]: Conversations on Natural Philosophy in which the Elements of that Science are Familiarly Explained, and adapted to the Comprehension of Young Pupils. Ed. J. L. Blake. Boston: Gould, Kendall & Lincoln, 1847.

Marcet, Jane: Unterhaltungen über die Chemie, in welchen die Anfangsgründe dieser nützlichen Wissenschaft allgemein verständlich erläutert werden. Hrsg. v. F. F. Runge. Berlin: Sander, 1839.

Marcet, Jane: Unterhaltungen über die Physiologie der Pflanzenwelt. Enthaltend die Elemente der Botanik u. die Anwendung derselben auf den Gemüse- u. Gartenbau. Aus dem Engl. Leipzig: Rein'sche Buchhdlg., 1844.

Marcet, Jane: Land und Wasser. Gespräche für Kinder von 9–12 Jahren. Nach dem Engl. bearbeitet v. einem Kinderfreunde. Berlin: Winckelmann u. Söhne, 1845.

Maren-Grisebach, Manon u. Ursula Menzer (Hg.): Philosophinnen. Von wegen ins dritte Jahrtausend. Mainz: Tamagnini, 1982.

Marks, Geoffrey und Beatty, William K.: Women in White. Their Roles as Doctors through the Ages. New York: Scribner's, 1972.

Marrou, H. I.: Synesius of Cyrene and Alexandrian Neoplatonism. In: The Conflict between Paganism and Christianity in the Fourth Century, ed. Arnaldo Momigliano. London: Oxford University Press, 1963, S. 126–50.

Martin, Benjamin: The Young Gentleman and Lady's Philosophy. 2nd ed., 2 vols. London: W. Owen, 1772.

Martin, M. Kay und Voorhies, Barbara: Female of the Species. New York: Columbia University Press, 1975.

Mason, Otis T.: Woman's Share in Primitive Culture. London, 1895, rpt. New York: Appleton, 1924.

Mason, Stephen F.: A History of the Sciences. Rev. edn. New York: Collier, 1962.

Mayne, Ethel Colburn: The Life and Letters of Anne Isabella, Lady Noel Byron. New York: Scribner's, 1929.

McCabe, Joseph: Hypatia. Critic, 43 (1903), 267–72.

McLeod, Enid: The Order of the Rose. The Life and Ideas of Christine de Pizan. London: Chatto & Windus.

McMaster, Gilbert: The First Woman Practitioner of Midwifery and the Care of Infants in Athens, 300 BC. American Medicine, 18 (1912), 202–5.

Medici, Michele: Compendio storico della scuola anatomica di Bologna dal renascimento delle scienze e delle lettere a tutto il secolo XVIII, con un paragone fra la sua anticha e quella delle scuole di Salerno e di Padova. Bologna: Tipografia governativa della Volpe e del Sossi, 1857.

A Medico-Literary Causerie: The Evolution of the Medical Woman. Practitioner, NS 3 (1896), 288–92, 407–12.

Menage, Gilles (Menagius, Aegidius): Historia mulierum philosopharum. Lugduni (Lyon): J. Posuel et C. Rigaud, 1960.

Merchant, Carolyn: The Death of Nature. Women, Ecology, and the Scientific Revolution. San Francisco: Harper & Row, 1980.

Merian, Maria Sibylla: Metamorphosis insectorum Surinamensium. Die schönsten Tafeln aus dem großen Buch der Schmetterlinge und Pflanzen. Ausgew. u. beschr. v. G. Nebel. Hamburg: Hoffmann u. Campe, 1964.

Merian, Maria Sibylla: Neues Blumenbuch. Hrsg. in Zusammenarbeit mit dem Gutenberg-Museum (Faks.-Ausg. der 1. Aufl. Nürnberg 1680). Mainz 1979.

Meyer, Gerald Dennis: The Scientific Lady in England 1650–1760. An Account of her Rise, with emphasis on the Major Roles of the Telescope and Microscope. Berkeley: University of California Press, 1955.

Meyer, Wolfgang Alexander. Hypatia von Alexandria. Ein Beitrag zur Geschichte des Neoplatonismus. Heidelberg: Georg Weiss, 1886.

Miers, Horst E.: Lexikon des Geheimwissens. 6. Aufl. München: Goldmann, 1986.

Mill, John Stuart: The Subjection of Women. 1869, rpt. London: Dent, 1965.

Miller, James: Humours of Oxford. 2nd edn. London: J. Watts, 1730.

Mintz, Samuel I.: The Duchess of Newcastle's Visit to the Royal Society. *Journal of English and Germanic Philology*, 51 (1952), 168–76.

Mitchell, Maria: Maria Somerville. *The Atlantic Monthly*, 5 (1860), 568–71.

Molière, Jean-Baptiste: The Learned Ladies. Trans. Richard Wilbur. New York: Harcourt, Brace & Jovanovich, 1978.

Montagu, Lady Mary Wortley: The Letters and Works. Ed. Lord Wharncliffe und W. Moy Thomas. 3rd edn., 2 vols. 1861, rpt. London: George Bell, 1886 (I), 1908 (II).

Montagu, Lady Mary Wortley: Briefe. Engl. u. dt. Übers. u. hrsg. v. L. Lewis. Leipzig: Renger'sche Buchhdlg., 1851.

[Montagu, Lady Mary Wortley]: Zwey Briefe von den Sitten und der Verfassung der Türkischen Damen, beschrieben von der Lady M★★★★, Gemahlin des Königl. Großbrittann. Gesandten bey der Pforte. Aus dem Engl. Langensalza: J. P. Heergarts Wittwe, 1770.

Moore, Doris Langley: Ada Countess of Lovelace. Byron's Legitimate Daughter. London: John Murray, New York: Harper & Row, 1977.

Morrell, Jack und Thackray, Arnold: Gentlemen of Science. Early Years of the British Association for the Advancement of Science. Oxford: Clarendon, 1981.

Moseley, Maboth: Irascible Genius. The Life of Charles Babbage. London, 1964, rpt. Chicago: Henry Regnery, 1970.

Mozans, H. J. [John Augustine Zahm]: Woman in Science. 1913; rpt. Cambridge, Mass.: MIT Press, 1974.

Münster, L.: Women Doctors in Mediaeval Italy. *Ciba Symposium* 10 (1962), 136–40.

Needham, Joseph: Science and Civilization in China. 5 vols. Cambridge: Cambridge University Press, 1954–80.

Needham, Joseph: A History of Embryology. Cambridge: Cambridge University Press, 1959.

Neugebauer, O.: The Early History of the Astrolabe. *Isis*, 40 (1949), 240–56.

Nickel, D.: Berufsvorstellungen über weibliche Medizinalpersonen in der Antike. *Klio*, 61 (1979), S. 515–518.

Nicolson, Marjorie Hope (ed.): Conway Letters. The Correspondence of Anne, Viscountess of Conway, Henry More, and their Friends; 1642–1684. Oxford: Oxford University Press, 1930.

North, Marianne: Recollections of a Happy Life. 2 vols., ed. Catherine Symonds. London: Macmillan, 1892.

Obit. of Sir Charles Lyell. *Nature*, 11 (1875), 341–2.

O'Faolain, Julia und Martines, Lauro (eds.): Not in God's Image. Women in History from the Greeks to the Victorians. London: Virago, 1979.

Ogilvie, Marilyn Bailey: Caroline Herschel's Contributions to Astronomy. *Annals of Science*, 32 (1975), 149–61.

Ogilvie, Marilyn Bailey: Women in Science, Antiquity through the Nineteenth Century. A Biographical Dictionary with Annotated Bibliography. Cambridge: MIT Press, 1986.

[Olney, Mary Allen]: The Private Life of Galileo. Compiled Principally From his Correspondence and that of his eldest daughter, Sister Maria Celeste. Boston: Nichols & Noyes, 1870.

Ormerod, Eleanor: Autobiography and Correspondence. Ed. Robert Wallace. London: John Murray, 1904.

Osen, Lynn M.: Women in Mathematics. Cambridge, Mass.: MIT Press, 1974.

Owen, Richard: The Life of Richard Owen by his Grandson. 2 vols. London: John Murray, 1894.

Packard, Francis R.: History of the School of Salernum. New York: Paul B. Hoeber, 1922.

Pagel, Walter: Hildegard of Bingen. In: Dictionary of Scientific Biography. Ed. Charles C. Gillespie. New York: Scribner, 1970, Vol. VI, S. 396–8.

Parish, H. J.: A History of Immunization. Edinburgh: E. & S. Livingston, 1965.

Parsons, Edward Alexander: The Alexandrian Library. Glory of the Hellenic World. Its Rise, Antiquities, and Destructions. Amsterdam: Elsevier, 1952.

Partington, James R.: A History of Chemistry. Vol. I, pt. I, Vol. III. London: Macmillan, 1970, 1962.

Parton, James: Life of Voltaire. London: Sampson Low, Marston, Searle & Rivington, 1881, Vol. I.

Patterson, Elizabeth C.: Mary Somerville. *British Journal for the History of Science*, 4 (1969), 311–39.

Patterson, Elizabeth C.: The Case of Mary Somerville. An Aspect of Nineteenth-Century Science. *Proceedings of the American Philosophical Society*, 118 (1974), 269–75.

Pepys, Samuel: The Diaries. Ed. Henry B. Wheatley. New York: The Collegiate Society, 1905, Vols. VII und XIV.

Perl, Teri: Math Equals. Biographies of Women Mathematicians + Related Activities. Menlo Park, Ca: Addison-Wesley, 1978.

Perl, Teri: The Ladies Diary or Woman's Almanack, 1704–1841. *Historia Mathematica*, 6 (1979), 36–53.

Perry, Henry ten Eyck: The First Duchess of Newcastle and Her Husband as Figures in Literary History. Harvard Studies in English, Vol. IV. 1918, rpt. New York: Johnson Reprint, 1968.

Pfeiffer, Ida: A Lady's Second Journey Round the World. From London to the Cape of Good Hope, Borneo, Java, Sumatra, Celebes, Ceram, the Moluccas, etc., California, Panama, Peru, Ecuador, and the United States. New York: Harper, 1856.

Pfeiffer, Ida: A Woman's Journey Round the World. From Vienna to Brazil, Chile, Tahiti, China, Hindostan, Persia and Asia Minor. 6th edn. London: Ward Lock, 1856.

Pfeiffer, John E.: The Emergence of Man. New York: Harper & Row, 1969.

Pierce, Elizabeth: Caroline Herschel. Tale of a Comet. Ms., January 1974, S. 16–17.

Plato: Symposium. Trans. Walter Hamilton, Harmondsworth: Penguin, 1951.

Pliny: Natural History. Trans. W. H. S. Jones, vols. 6–8. London: Heinemann, 1951–63.

Plutarch: Pompey. In: Lives of Illustrious Men. Vol. 3, trans. Dryden and Clough. Philadelphia: Winston, 1900.

Plutarch: Pericles. In: Twelve Lives. Trans. John Dryden. Cleveland: Fine Editions, 1950.

Polwhele, Richard: The Unsex'd Females. A Poem. London, 1798; rpt. New York: Garland, 1974.

Pomeroy, Sarah B.: Goddesses, Whores, Wives, and Slaves. Women in Classical Antiquity. New York: Schocken, 1975.

Power, Eileen: Some Women Practitioners of Medicine in the Middle Ages. *Proceedings of the Royal Society of Medicine*, 15 (1921), Section of the History of Medicine, S. 20–3.

Price, Derek J.: Precision Instruments to 1500. In: From the Renaissance to the Industrial Revolution c. 1500–c. 1750. Vol. III of A History of Technology, ed. Charles Singer et al. Oxford: Clarendon, 1957, S. 582–619.

Read, John: Humour and Humanism in Chemistry. London: G. Bell, 1947.

Reid, Robert: Microbes and Men. London: BBC Publications, 1974.

Reiter, Rayna A. (ed.): Toward an Anthropology of Women. New York: Monthly Review, 1975.

de Renzi, Salvatore: Collectio Salernitana. 5 vols. Naples: 1852–59.

Reynolds, Myra: The Learned Lady in England, 1650–1760. Boston: Houghton Mifflin, 1920.

Ricci, James V. (trans. and annot.): Aetios of Amida. The Gynaecology and Obstetrics of the VIth Century, A. D. Philadelphia: Blakiston, 1950.

Richardson, Robert S.: The Star Lovers. New York: Macmillan, 1967.

Richeson, A. W.: Mary Somerville. *Scripta Mathematica*, 8 (1941), 5–13.

Rist, J. M.: Hypatia. *Phoenix*, 19 (1965), 214–25.

Rizzo, P. V.: Early Daughters of Urania. *Sky and Telescope*, 14 (1954), 7–10.

Robb, Hunter: Remarks on the Writings of Louyse Bourgeois. *Johns Hopkins Hospital Bulletin*, 4 (1893), 75–81.

Robb, Hunter: The Works of Justine Siegemundin, the Midwife. *Johns Hopkins Hospital Bulletin*, 5 (1894), 4–13.

Rudolf, Emanuel D.: How it Developed that Botany Was the Science Thought Most Suitable for Victorian Young Ladies. *Children's Literature*, 2 (1973), 92–7.

Russell, M. P.: James Barry, 1792(?)–1865, Inspector-General of Army Hospitals. *Edinburgh Medical Journal*, 50 (1943), 558–67.

Sanderson, Marie: Mary Somerville. Her Work in Physical Geography. *The Geographical Review*, 64 (1974), 410–20, rpt. in: Woman's Role in Changing the Face of the Earth. Selected Readings for a Course. Ed. Marie Hartman. 1976, S. 56 bis 61.

Sarton, George: Introduction to the History of Science. 3 vols. London: Baillière, Tindall & Cox; Baltimore: Williams & Wilkins, 1927–48.

Scott, Sir Walter: Peveril of the Peak. Rev. edn. Philadelphia: Porter & Coates [n. d.], Vol. II.

Sewter, E. R. A. (trans.): The Chronographia of Michael Psellus. New Haven: Yale University Press, 1953.

Shapiro, Max S. und Hendricks, Rhoda A. (eds.): Mythologies of the World. A Concise Encyclopedia. Garden City: Doubleday, 1979.

Sharistanian, Janet et al.: The (Dr Aletta H. Jacobs) Gerritsen Collection, the University of Kansas. *Feminist Studies*, 3, Nos. 3/4 (1976), 200–6.

Sidgwick, J. B.: William Herschel. Explorer of the Heavens. London: Faber & Faber, 1953.

Siebold, Eduard C. J. von: Versuch einer Geschichte der Geburtshülfe. 2 Bde. Berlin: Enslin, 1839–1845.

Singer, Charles: From Magic to Science. Essays on the Scientific Twilight. 1928; rpt. New York: Dover, 1958.

Singer, Charles: The Scientific Views and Visions of Saint Hildegard (1098–1180). In: Studies in the History and Method of Science. Ed. Charles Singer, 2nd edn. London: William Dawson, 1955; Vol. I, S. 1–55.

Singer, Charles und Singer, Dorothea: The Origin of the Medical School of Salerno. The First European University. An Attempted Reconstruction. In: Essays on the History of Medicine Presented to Karl Sudhoff. Ed. Charles Singer und Henry E. Sigerist. London: Oxford University Press, 1924, S. 121–38.

Smith, Edgar Fahs: Old Chemistries. New York: McGraw Hill, 1927.

Socrates Scholasticus: The Murder of Hypatia. In: A Treasury of Early Christianity. Ed. Anne Fremantle. New York: Viking, 1953, S. 379–80.

Somerville, Mary: Mechanism of the Heavens. London: John Murray, 1831.

Somerville, Mary: Mechanism of the Heavens. Revd., *The Athenaeum*, 21 January 1832 (#221), S. 43–4.

Somerville, Mary: On the Connexion of the Physical Sciences. London: John Murray, 1834.

Somerville, Mary: On the Connexion of the Physical Sciences. Revd., *The Athenaeum*, 15 March 1834 (#333), S. 202–3.

Somerville, Mary: Astronomy – The Comet. *Quarterly Review*, 55 (1835), 195–233.

Somerville, Mary: On Molecular and Microscopic Science. 2 vols. London: John Murray, 1869.

Somerville, Mary: On Molecular and Microscopic Science. Revd., *The Athenaeum*, 6 February 1869 (#2154), S. 202–3.

Somerville, Mary: Personal Recollections. From Early Life to Old Age. With Selections from her Correspondence. Ed. Martha Somerville. London: John Murray, 1873.

Somerville, Mary: Personal Recollections. Revd., *Nature*, 9 (1874), 417–18.

Somerville, Mary: The Connexion of the Physical Sciences. 10th edn., ed. Arabella B. Buckley. London: John Murray, 1877.

Somerville, Mary: Physische Geographie. 2 Bde. Aus dem Engl. v. Adolph Barth. Leipzig: J. J. Weber, 1851.

Somerville, Mary: Kosmos für gebildete Frauen. Bearb. v. Carl Hartmann. Grimma: [Wurzen] Verlags-Comptoir, 1851.

Soranus: Gynaecology. Trans. Owsei Tempkin. Oxford: Oxford University Press, 1956.

South, James: An Address Delivered at the Annual General Meeting of the Astronomical Society of London, on February 8, 1828, on Presenting the Honorary Medal to Miss Caroline Herschel. *Memoirs of the Astronomical Society of London*, 3 (1829), 409–12.

Spender, Dale: Women of Ideas and What Men Have Done to Them. From Aphra Behn to Adrienne Rich. London: Routledge & Kegan Paul, 1982.

Steele, Francesca Maria: The Life and Visions of St Hildegarde. London: Heath, Cranton & Ousely, 1914.

Stillman, Beatrice: Sófya Kovalévskaya. Growing up in the Sixties. *Russian Literature Triquarterly*, 9 (1974), 276–302.

Stillman, Beatrice: Introduction to ›A Russian Childhood‹ by Sófya Kovalévskaya. Ed. and trans. Beatrice Stillman. New York: Springer-Verlag, 1978.

Stillman, John Maxson: The Story of Alchemy and Early Chemistry. 1924, rpt. New York: Dover, 1960.

Stuard, Susan Mosher: Dame Trot. *Signs*, 1 (1975), 537–42.

Sudhoff, Karl: Salerno. A Medieval Health Resort and Medical School on the Tyrrhenian Sea. Trans. John C. Hemmeter und Fielding H. Garrison. In: *Essays on the History of Medicine*, ed. Fielding H. Garrison. New York: Medical Life Press, 1926, S. 227–47.

Synesius of Cyrene: The Letters. Trans. Augustine FitzGerald. London: Oxford University Press, 1926.

Tanner, Nancy und Adriene Zihlman: Women in Evolution: Part I. Innovation and Selection in Human Origins. *Signs*, 1 (1976), 585–608.

Taton, René (ed.): Ancient and Medieval Science. From the Beginnings to 1450. Vol. I of History of Science, trans. A. J. Pomerans. New York: Basic Books, 1963.

Taylor, F. Sherwood: A Survey of Greek Alchemy. *Journal of Hellenic Studies*, 50 (1930), 109–39.

Taylor, F. Sherwood: The Evolution of the Still. *Annals of Science*, 5 (1945), 185–202.

Taylor, F. Sherwood: The Alchemists. Founders of Modern Chemistry. New York: Schuman, 1949.

Taylor, Henry Osborn: The Mediaeval Mind. A History of the Development of Thought and Emotion in the Middle Ages. Vol. I. London: Macmillan, 1911.

Tee, Garry J.: Sof'ya Vasil'yevna Kovalévskaya. *Mathematical Chronicle*, 5 (1977), 113–39.

Thorndike, Lynn: A History of Magic and Experimental Science. Vols. 1–4. New York: Columbia University Press, 1923–34.

Todd, Mary: The Life of Sophia Jex-Blake. London: Macmillan 1918.

Toth, Bruce und Toth, Emily: Mary Who? *Johns Hopkins Magazine*, January 1978, S. 25–9.

Trotula of Salerno: The Diseases of Women. Trans. Elizabeth Mason-Hohl. Los Angeles: Ward Ritchie, 1940.

Uglow, Jennifer S. und Frances Hinton (eds.): The Macmillan Dictionary of Women's Biography. London: Macmillan, 1982.

Valléry-Radot, René: The Life of Pasteur. Trans. Mrs. R. L. Devonshire. Garden City: Doubleday, 1926.

Wade, Ira O.: Voltaire and Madame du Châtelet. An Essay on the Intellectual Activity at Cirey. Oxford: Oxford University Press, 1941.

Wade, Ira O.: Studies on Voltaire. With some Unpublished Papers of Mme. du Châtelet. Princeton, N. J.: Princeton University Press, 1947.

Wade, Ira O.: The Intellectual Development of Voltaire. Princeton, N. J.: Princeton University Press, 1969.

Wagner, Ina: Die weibliche Alternative? Frauen in den Naturwissenschaften. In: *Zeitschrift für Hochschuldidaktik*, 7/4 (1983), S. 468–485.

Wakefield, Priscilla: An Introduction to Botany, in a Series of Familiar Letters, with Illustrative Engravings. 3rd Amer. edn. Philadelphia: Solomon W. Conrad, 1818.

Wallis, Ruth und Wallis, Peter: Female Philomaths. *Historia Mathematica*, 7 (1980), 57–64.

Walters, Robert L.: Chemistry at Cirey. *Studies on Voltaire and the Eighteenth Century*, 58 (1967), 1807–27.

Ward, Adolphus William: The Electress Sophia and the Hanoverian Succession. 2nd edn. London: Longmans, Green & Co., 1909.

Washburn, S. L. und Lancaster, C. S.: The Evolution of Hunting. In: Man the Hunter. Ed. Richard B. Lee und Irven DeVore. Chicago: Aldine, 1968, S. 293–303.

Weiser, Marjorie P. K. and Arbeiter, Jean S.: Womanlist. New York: Atheneum, 1981.

Welt, Ida: The Jewish Woman in Science. *Hebrew Standard*, 50 (1907), 4.

Whewell, William: On the Connexion of the Physical Sciences. By Mrs Somerville. *Quarterly Review*, 51 (1834), 54–68.

Wilson, Dorothy Clarke: Lone Woman. The Story of Elizabeth Blackwell, First Woman Doctor. London: Hodder & Stoghton, 1970.

Woolf, Virginia: The Duchess of Newcastle. In: The Common Reader. London: Hogarth Press, 1925, S. 98–109.

Wystrach, V. P.: Anna Blackburne (1726–1793) – a Neglected Patroness of Natural History. *Journal of the Society for the Bibliography of Natural History*, 8 (1977), 148–68.

Young, Arthur: Travels in France and Italy During the years 1787, 1788 and 1789. 1917, rpt. London: J. M. Dent, 1927.

ABBILDUNGSNACHWEIS

Hildegard von Bingen, Maria Sibylla Merian, Sonja Kowalewski: Archiv für Kunst und Geschichte, Berlin (West)

Anna Manzolini, aus: Geoffrey Marks and William K. Beatty, Women in White. New York 1972

Karoline Herschel, aus: J. B. Sidgwick, William Herschel. Explorer of the Heavens. London 1953.

Mary Somerville, Ada Lovelace, aus: Teri Pearl, Math Equals. Biographies of Women Mathematicians + Related Activities. Menlo Park (Ca) 1978.

Königin Christine, aus: Ausstellungskatalog Nationalmuseum, Stockholm 1966.

REGISTER

Frauen aller Länder im Unionsverlag

Sahar Khalifa
Der Feigenkaktus
Nach jahrelangem Aufenthalt in den Ölstaaten kehrt Usama, ein junger Palästinenser, mit einem militärischen Auftrag in seine Heimat zurück. Der Roman spielt in allen Sphären, die das Leben der Palästinenser heute bestimmen. 240 Seiten, broschiert oder als Taschenbuch

Sahar Khalifa
Die Sonnenblume
Jerusalem: Die Konfrontation bestimmt den Alltag der Palästinenser. Die Frauen leiden besonders, weil auch die Revolutionäre die Zukunft besingen und der Moral der Vergangenheit nachhängen. 476 Seiten, broschiert oder als Taschenbuch

Assia Djebar
Fantasia
Die Kindheit einer Frau verschmilzt mit dem Bericht von der Eroberung Algeriens im letzten Jahrhundert, verbindet sich dann mit den Erinnerungen von Landfrauen und Witwen an den Befreiungskrieg. 340 Seiten, gebunden

Kamala Markandaya
Nektar in einem Sieb
Dieser Roman gibt voller Anteilnahme Einblick in das Leben der indischen Dörfer. 276 Seiten, Taschenbuch

Ken Bugul
Die Nacht des Baobab
Aus einem senegalesischen Dorf kommt Ken Bugul nach Europa. Sie berichtet, was es bedeutet, unter Weißen schwarz und schön zu sein. 192 Seiten, Taschenbuch

Bestellen Sie den Verlagsprospekt:
Unionsverlag, Gletscherstraße 8a, CH-8034 Zürich